JN032531

スバラシク面白いと評判の

初めから始める数学Ⅰ 改訂2 revision

レベル：★（易）

馬場敬之（けいし）
高杉 豊

マセマ出版社

はじめに

みなさん，こんにちは。数学の**馬場敬之（ばばけいし）**です。この本を手にしている理由は，「数学が分からなくて，このままじゃツライ!」とか「一念発起して，数学を初めからやり直したい!」などなど…，人それぞれだろうと思う。でも，心配は無用です。そんな切実なみんなの思いをすべて引き受けようと思う。

この**「初めから始める数学Ⅰ 改訂2」**は，**偏差値40前後**の数学アレルギー状態の人でも理解できるように，**文字通り中学レベルの数学からスバラシク親切に解説した，講義形式の参考書**なんだよ。だから，これまで，どんな授業を受けても，どんな本を読んでも，数学がさっぱり分からなかった人も，この本を読めば，数学Ⅰの基本事項，本質的な考え方，計算テクニック，そして解法の流れまでマスターできるはずだ。しかも，**中間期末対策**は言うに及ばず，難解な入試に必要な**受験基礎力**まで養うことができる，まさに夢のような参考書なんだよ。

これまで，「自分は数学に向いていない。」と思っていたかもしれないね。でも，ボクと高杉先生の長～い指導経験から見て，本当に数学に向いていない人なんてほとんどいないんだよ。ただ，何らかの理由で勝手に「自分は数学ができない!」と思い込んでいるだけなんだね。**体系だった楽しく分かりやすい講義**をシッカリ受けて，キチンと**練習**すれば，誰だって**数学の実力を飛躍的に伸ばす**ことができるんだよ。だから，どうせ数学は強くなると考えて，気を楽にしてこの本の講義に取り組んでくれたらいい。

この本は**17回の講義形式**になっており，これで**数学Ⅰの内容**をすべて解説している。だから，最初は難しい証明など飛ばしても構わないから，まず1回流し読みから始めよう。これだけなら，1, 2週間もあれば十分で，まず数学Ⅰの全体像をつかむことが大切なんだね。

だけど，**「数学にアバウトな発想は通用しない!」**んだね。よく，「大体理解できました。」とか「何となく分かりました。」などという人がいるけれど，数学ではこれは0点を意味する。厳しいと思うかもしれないけれど，本当だ。

たとえば8割程度の理解で数学の問題を解いたら，どうなると思う？ そう，2割もミスがあれば最終的な解答にたどり着けるはずがないよね。だから，毎回この本の講義を本当に**自分の頭でマスター**する必要があるんだね。

次，では，どうすれば本当にマスターできたと分かるかだね。これは，この本で出題されている様々な**例題**や**練習問題**を，解答を見ずに自力で解けるかどうかで判断できる。だから，今度は各回の解説文を“精読”して，問題の解答もシッカリ読んで理解することだ。そして，理解できたと思ったら，必ず解答を見ずに**「自力で問題を解く！」**ことを心がけよう。エッ，もし解けなかったらって？ そのときは，まだ理解がアバウトな状態だった証拠だから，悔しいだろうけれど，もう一度，解答・解説をよく読んで，再度**「自力で解く」**ことにチャレンジしてくれたらいいんだよ。

そして，自力で解けたとしても，まだ安心してはいけないよ。何故って？人間はとっても忘れやすい生き物だからだ。そのときは本当にマスターしていても，1ヶ月後の定期試験や，2年後の受験のときに忘れてしまっていたんでは何にもならないからね。だから，1回問題を解いたとしても，また日を置いて再チャレンジしてみることだ。すなわち，この**「反復練習をする！」**ことによって，いつでも問題を解ける本物の実力を身に付けることができるんだね。だから，**練習問題**には3つのチェック欄を設けておいた。1回自力で解く毎に“○”を付けていこう。まず“流し読み”，次に“精読”，そして“自力で問題を解く”，“繰り返し解く”の4つのステップで数学Iをマスターできるんだね。それでは，早速，講義を始めよう！

マセマ代表　馬場 敬之（けいし）
高杉 豊

このところ，高校数学の教科書でさえ，マセマの本の記述や解法パターンにそのまま従うようになっています。つまり，**マセマ**の本は**日本の数学教材の最高峰**に位置しているのです。親切で分かりやすいマセマの本で**楽しみながら数学の実力**をどんどん伸ばしていきましょう!!

この改訂2では，新たに付録の補充問題として，基本対称式と対称式の典型問題を加えました。

◆ 目次 ◆

第1章　数と式

第2章　集合と論理

第3章　2次関数

第４章　図形と計量

第５章　データの分析

合格祈願!
馬場地ぞう

第 1 章
CHAPTER

1 数と式

▶指数法則

▶乗法公式，因数分解公式

▶実数の分類，根号・絶対値の計算

▶1 次方程式と 1 次不等式

1st day　指数法則，乗法（因数分解）公式（Ⅰ）

おはよう。さァ，これから数学Ⅰの第1日目の講義を始めよう！ ン？少し緊張してる？ 大丈夫だよ。数学Ⅰの基本の基本からスバラシク分かりやすい講義で，キミ達の実力をグイグイ引き上げて行くからね。今は数学アレルギーの人もこの講義が終わる頃には，数学大好き人間に変身しているはずだ。期待していいですよ。

● まず，式の意味とルールを押さえよう！

たとえば，サッカーのルールも知らずにプレイすることはできないだろう。それと同様で，数学に強くなりたいんだったら，まず，“式の意味とルールをしっかり理解する”こと，これが大事なんだね。かつてのボクの教え子で，

$\frac{3}{4}-\frac{1}{3}=\frac{3-1}{4-3}=\frac{2}{1}=2$ とやっちゃった人がいた。また，$3a-a=3$ と書いた人もいた。

（もちろん，これは誤りです！）

最初の人は，「どうせ引き算なんだから，分子同士，分母同士引けばいい。やっちゃえ！」と思ったんだろうし，次の人は「$3a$ から a を取ったら3になる。当然でしょ！」という発想だったんだろうね。いずれにせよ，式の意味とルールを無視した無茶苦茶な計算になってるんだね。

それでは，式の意味とルールを考えながら，1つ1つ見ていくことにしようか。まず分数の場合，1を丸ごと1つのホールケーキ［○］と考えるといいよ。すると，$\frac{3}{4}$ は［ ］のことだし，$\frac{1}{3}$ は［ ］となるので，この分数同士の引き算 $\frac{3}{4}-\frac{1}{3}$ は，［ － ］となる。でも，これでは分かりづらいので，2つの分母4と3の最小公倍数12から，全体

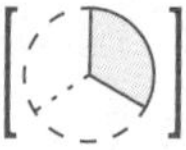

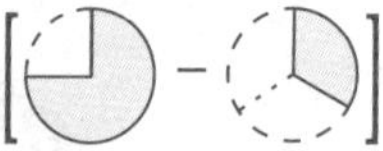

（4と3の公倍数12，24，36，48，…の内，最小のもの，つまり12だね。）

（ホールケーキ）の1を12等分したカットケーキで考えると，次のように意味もよく分かるはずだ。

分母・分子を3倍した　分母・分子を4倍した

$$\frac{3}{4} - \frac{1}{3} = \frac{3\times3}{4\times3} - \frac{1\times4}{3\times4} = \frac{9}{12} - \frac{4}{12}$$

これを12に"通分"したという

$$= \frac{9-4}{12} = \frac{5}{12}$$

このように，ケーキで考えると，分母の通分した**12**は，"全体を**12**等分する"ための**12**だから，引き算の対象にならない。そして，分子のみ，**9**ピースのカットケーキから**4**ピースのカットケーキを引いて，結果が導かれるんだね。どう？　やっていることの意味が分かれば，正しい計算のルールも理解できたと思う。

それじゃ，次，$3a-a$の計算についても説明しておこう。これは，nを自然数として，naの意味がaをn回たしたもの，つまり，

（自然数：1，2，3，4，…の正の整数のこと）

$na = \underbrace{a+a+a+\cdots+a}_{n個のaの和}$であることを知っていれば，間違えずに計算できたんだね。ここでnaは，$n\times a$または$n\cdot a$と表してもいい。

これから，$3a=a+a+a$のことだから，$3a-a$について，

（$3\times a = 3\cdot a$）

$3a-a=a+a+a-a=2a$という計算のルールが分かると思う。ちなみに，

（$3a$：$a+a+a$）

$0\cdot a=0$，$1\cdot a=a$となることも知っておくといいよ。どう？　式の意味が分かれば，計算のルールも明確になっただろう？

えっ？　aをn回たしたものをnaと表すんだったら，aをn回かけたものはどうなるのかって？　いい質問だ。aをn回かけたものは，a^nと表すんだよ。つまり，$a^n = \underbrace{a\times a\times a\times\cdots\times a}_{n個のaの積}$であることを知っていれば，これから解説する"**指数法則**(しすうほうそく)"という計算ルールも難なく理解できるはずだ。

● 指数法則をマスターしよう！

a を n 回かけたものを a^n と表し，これを“a の n 乗”と読む。そして，この上付の小さな添字の n を“**指数**(しすう)”と呼ぶんだよ。ン？ 何か抽象的な感じがする？ そうだね。文字で表すとそう感じるかも知れない。こういう場合は，たとえば a が 3，指数の n が 4 のときなどと具体的に考えるといいよ。すると，3^4 となり，これが，$3^4 = \underbrace{3\times3\times3\times3}_{4個の3の積} = 81$ と具体的に計算できるんだね。

このように具体的なものを文字を使うことによって，より一般的に，a^n と表しているだけなんだね。これから，“b^m は b を m 回かけたもの”，“x^{m+n} は x を $m+n$ 回かけたもの”など，話が発展していくんだね。それでは，まず，指数法則を下に並べて示しておこう。

指数法則

(1) $a^0 = 1$　(2) $a^1 = a$　(3) $a^m \times a^n = a^{m+n}$

(4) $(a^m)^n = a^{m\times n}$　(5) $\dfrac{a^m}{a^n} = a^{m-n}$　(6) $\left(\dfrac{b}{a}\right)^m = \dfrac{b^m}{a^m}$

(7) $(a\times b)^m = a^m \times b^m$　($a \neq 0$, m, n：自然数)

まず，(1) $a^0 = 1$ から，3^0 も 5^0 も $\left(\dfrac{1}{2}\right)^0$ もみんな 1 なんだよ。これは，(5) の公式から導けるんだけど，これについてはすぐ後で説明するよ。次，(2) $a^1 = a$ も当たり前の公式だね。これから，$3^1 = 3$，$5^1 = 5$ などとなる。(3) と (4) は似てるけど，混乱しないようにしよう。たとえば，$m = 3$，$n = 2$ のとき，(3) の公式から，

(3) $a^3 \times a^2 = a\times a\times a \times a\times a = a^{3+2} = a^5$ となるんだね。

a を 3 回かけたものと，a を 2 回かけたものの積は，a を $3+2$ 回かけたものになる。

次，(4) の公式から

(4) $(a^3)^2 = (a\times a\times a)^2 = (a\times a\times a)\times(a\times a\times a) = a^{3\times2} = a^6$

a を 3 回かけたものの 2 乗は，(a を 3 回かけたもの)×(a を 3 回かけたもの) となって，a を 3×2 回かけたものになる。

$m=5$，$n=3$ のときは，

(3) より，$a^5\times a^3=a^{5+3}=a^8$ となり，

(4) より，$(a^5)^3=a^{5\times3}=a^{15}$ と，機械的に計算できる。

どう？ $a^m\times a^n$ と $(a^m)^n$ の式の変形の違いが分かった？

では次，$m=5$，$n=3$ のとき，(5)，(6)，(7) の公式について調べてみよう。

(5) $\dfrac{a^5}{a^3}=a^{5-3}=a^2$ と計算できるけど，これは，元の意味から，

$$\frac{a^5}{a^3}=\frac{a\times a\times a\times a\times a}{a\times a\times a}=a^2$$ となるんだね。

(6) $\left(\dfrac{b}{a}\right)^5=\dfrac{b^5}{a^5}$ も，

$$\left(\frac{b}{a}\right)^5=\frac{b}{a}\times\frac{b}{a}\times\frac{b}{a}\times\frac{b}{a}\times\frac{b}{a}=\frac{b\times b\times b\times b\times b}{a\times a\times a\times a\times a}=\frac{b^5}{a^5}$$ から，

間違いないね。また，

(7) $(a\times b)^5=a^5\times b^5$ も

$$(a\times b)^5=(a\times b)\times(a\times b)\times(a\times b)\times(a\times b)\times(a\times b)$$

$$=(a\times a\times a\times a\times a)\times(b\times b\times b\times b\times b)$$

$=a^5\times b^5$ となって，大丈夫だね。

これを，$a^5\cdot b^5$ と書いてもいい。

かけ算ではかける順番を入れ替えられる。

交換の法則： $a\times b=b\times a$

以上から，$\dfrac{a^9}{a^4}=a^{9-4}=a^5$，$\left(\dfrac{b}{a}\right)^3=\dfrac{b^3}{a^3}$，$(a\times b)^8=a^8\times b^8$

などと計算できるのもいいね。

それでは，(5) $\dfrac{a^m}{a^n}=a^{m-n}$ の公式についてだけれど，もし $m=n$ だったらどうなると思う？ そう，(5) の n に m を代入するだけだね。

$$\underbrace{\frac{a^m}{a^m}}_{=1}=\underbrace{a^{m-m}}_{=a^0}$$ より，(1) $a^0=1$ の公式が導けるんだね。

$m=n$ より，(5) の n に m を代入した。

では，次の例題を実際に指数法則を使って解いてみよう。

練習問題 1	指数法則	CHECK 1	CHECK 2	CHECK 3

次の式を簡単にせよ。

(1) $2^0\times 2^1\times 2^2\times 2^4$　(2) $\dfrac{4^1\times 4^5}{4^0\times 4^3}$　(3) $(3^2)^4\times\left(\dfrac{1}{9}\right)^3$

(4) $(2x)^5$　(5) $(-3xy)^2\times(-2y)^3$　(6) $\dfrac{(4x^2y)^3}{2x^3y}$

どう？ うまく解けた？ 指数法則をうまく使いこなすことがポイントなんだよ。それでは，1つずつみていってみよう。

(1) $\underline{2^0}\times 2^1\times 2^2\times 2^4=\underline{2^1\times 2^2\times 2^4}=2^{1+2+4}=2^7=128$

（2^0 ＝ 1（公式(1)より））

この $2^1\times 2^2\times 2^4=2^{1+2+4}$ の計算には，公式(3) $a^m\times a^n=a^{m+n}$ を2回使っているんだよ。まず，$2^1\times 2^2=2^{1+2}$ だね。次に $2^{\overset{m}{1+2}}\times 2^{\overset{n}{4}}=2^{\overset{m+n}{1+2+4}}$ としたんだね。納得いった？

2^n の計算は頻出なので，

$2^5=32$
$2^{10}=1024$

は，覚えておこう。すると，今回の 2^7 も

$2^7=2^{2+5}=2^2\times 2^5$（$2^5$ ＝ 32）
$=4\times 32=128$

とすぐ計算できる！

(2) $\dfrac{4^1\times 4^5}{4^0\times 4^3}$ は，公式(3)と(5)を使って，（4^0 ＝ 1）

$a^m\times a^n=a^{m+n}$　$\dfrac{a^m}{a^n}=a^{m-n}$　$(2^2)^3=2^6=2\times 2^5=2\times 32$

$\dfrac{4^1\times 4^5}{4^0\times 4^3}=\dfrac{4^{1+5}}{1\times 4^3}=\dfrac{4^6}{4^3}=4^{6-3}=4^3=64$ となるんだね。

(3) $(3^2)^4\times\left(\dfrac{1}{9}\right)^3$ の計算では，公式(4)(5)(6)を使って，（9 ＝ 3^2）

$(a^m)^n=a^{m\times n}$　$\left(\dfrac{b}{a}\right)^m=\dfrac{b^m}{a^m}$　$\dfrac{a^m}{a^n}=a^{m-n}$

$(3^2)^4\times\left(\dfrac{1}{3^2}\right)^3=3^{2\times 4}\times\dfrac{1^3}{(3^2)^3}=\dfrac{3^8}{3^{2\times 3}}=\dfrac{3^8}{3^6}=3^{8-6}=3^2=9$ となる。（1^3 ＝ 1）

$(a\times b)^m=a^m\times b^m$　$2^5=32$

(4) $\underline{(2x)}^5=(2\times x)^5=2^5\times x^5=\underline{32x^5}$ となる。

（$2\cdot x=2\times x$ のこと）

（このように（定数）×（x の式）の形にまとめる。）

(5) $(-3xy)^2\times(-2y)^3$ は，(定数)×(x の式)×(y の式)の形にまとめよう。

$$(-3xy)^2\times(-2y)^3=(-3)^2\times x^2\times y^2\times(-2)^3\times y^3$$

$(a\times b)^m=a^m\times b^m$

$-3\times x\times y$ のこと　$-2\times y$ のこと　$(-3)\times(-3)=9$　$(-2)\times(-2)\times(-2)=-8$

$$=9\times(-8)\times x^2\times y^2\times y^3=-72\times x^2\times y^{2+3}=-72x^2y^5$$

-72　$a^m\times a^n=a^{m+n}$

とまとまるんだね。-2 などの負の数は，2 乗すると $(-2)^2=4$ と正になり，3 乗すると $(-2)^3=-8$ と負，4 乗すると $(-2)^4=16$ と正，… のように，負と正の値を交互にとっていくんだね。

(6) $\dfrac{(4x^2y)^3}{2x^3y}$ も最終的には，(定数)×(x の式)×(y の式)の形にまとめられる。

頑張って変形してみよう。

$(a\times b)^m=a^m\times b^m$

$$\frac{(4x^2y)^3}{2x^3y}=\frac{4^3\times(x^2)^3\times y^3}{2x^3\cdot y}=\frac{64}{2}\times\frac{x^6}{x^3}\times\frac{y^3}{y}$$

$$=32\times x^{6-3}\times y^{3-1}=32x^3y^2$$ となるんだね。

解き損ねた人は，また日を替えて再チャレンジしてごらん。完答できた人は **CHECK** 欄に○をつけよう。**3** つのチェック欄にすべて○がつけられるよう，反復練習するんだよ。基本を固めれば，応用は早いから，今の内にシッカリ練習しておこう！

● 整式の展開と因数分解に挑戦しよう！

これから単項式(たんこうしき)と整式(せいしき)について解説しよう。エッ，言葉が難しそうだって？ そんなことないよ。単項式については，練習問題 **1** の **(4)(5)(6)** の解答，$32x^5$，$-72x^2y^5$，$32x^3y^2$ が単項式そのものなんだよ。**単項式**は“定数と文字の積で表わされる式”のことで，$32x^5$ の定数 **32** を“**係数**(けいすう)”と呼び，$32x^5$ を x の **5 次式**という。同様に，$-72x^2y^5$ の係数は -72 で，x^2y^5 は，

x の指数が 5 から，5 次式という

x と y を $2+5=7$ 個かけたものだから，x と y の **7 次式**という。ただし，

$-72x^2y^5$ を "x の式" とみると，$-72y^5$ が係数で，x の **2次式**になる。また，$-72x^2y^5$ を "y の式" と見ると，$-72x^2$ が係数で，y の **5次式**になるんだね。要領を覚えた？

最後の単項式 $32x^3y^2$ についても，同様に，(i) 係数 32 の x と y の 5次式，(ii) 係数 $32y^2$ の x の 3次式，(iii) 係数 $32x^3$ の y の 2次式，という言い方が出来る。

そして，このような複数の単項式の和(差)を "**多項式**(たこうしき)" または "**整式**" と呼ぶ。

(xの3次の単項式)(2次式)(1次式)(0次式)

たとえば，$4x^3-2x^2+3x+5$ が x の整式の例で，これは x の最高次数(指数の1番大きなもの)が 3 なので，"x の3次の整式(多項式)" または，簡単に "x の3次式" という。ここで，定数 5 は，$5\times \underset{1}{x^0}$ とも書けるので，x の **0次式**(0次の単項式)という。一般に，0以外の定数はすべて 0次式といっていいよ。

(xの3次の整式(多項式))

(aとbの5次式)(3次式)(3次式)

次に，$a^4b-ab^2+b^3$ は a^4b が a と b の最高次数で，a と b の $4+1=5$ 次式といえる。でも，これを a の式と見ると，"a の4次式"，b の式と見ると "b の3次式" になるんだね。納得いった？

それじゃ，ここで，$3\times7=21$ について解説しておこう。エッ，何でこんな初歩的な "かけ算九九" をもち出すのかって？ 理由は "**分配の法則**(ぶんぱいのほうそく)" について話したいからなんだ。$7=2+5$ だから，$3\times7=3(2+5)$ と変形できる。ここで，$3\times(2+5)$ を計算するときに，3 が 2 と 5 それぞれに分配されてかけられるんだね。よって，

$3\times(2+5)=3\times2+3\times5=6+15=21$ と，同じ結果になる。

同様に，$7=10-3$ とおくと，分配の法則より，

$3(10-3)=3\times10-3\times3=30-9=21$ と，同じ結果になる。

この分配の法則を公式の形で書くと，

$$\begin{cases} a\times(b+c)=a\times b+a\times c \quad \cdots\cdots(*) \\ a\times(b-c)=a\times b-a\times c \quad \cdots\cdots(**) \end{cases}$$

や，（上の式）となるんだね。

この両辺を入れ替えてみると，たとえば$(*)$は，

$a\times b+a\times c=a\cdot(b+c)$となって，後で出てくる因数分解の公式にも

（共通因数）（これを，“共通因数aでくくった”という）

なるんだね。だから，$3a-a=2a$の話をしたけれども，これも$3a-a=3\cdot a-1\cdot a=(3-1)\times a=2\cdot a$と変形することも出来る。このような計算

（共通因数）（共通因数aでくくった）

のカラクリが分かると，整式を実数倍したり，整式同士の和や差が自由に行えるようになるんだよ。

それでは，2つのxの整式$2x^3+5x^2-3x+1$とx^2-x+4を使って計算練習し

（xの3次式）（xの2次式）

てみようか？ これらの式変形が自然に出来るようになるといいんだよ。

(a) $2x^3+5x^2-3x+1+3(x^2-x+4)$

$=2x^3+5x^2-3x+1+3x^2-3x+12$ （分配の法則）

$=2x^3+5x^2+3x^2-3x-3x+1+12$

（x^2でまとめ，x^2をくくり出す）（xでまとめ，xをくくり出す）

$-3x-3x$
$=(-3-3)x$ （xをくくり出した）
$=-1\cdot(3+3)x$ （さらに，-1をくくり出した）
$=-(3+3)x$

$=2x^3+(5+3)x^2-(3+3)x+13$

$=2x^3+8x^2-6x+13$

(b) $2x^3+5x^2-3x+1-(x^2-x+4)$

$=2x^3+5x^2-3x+1-1\cdot(x^2-x+4)$

$=2x^3+5x^2-3x+1-x^2+x-4$ （分配の法則）

$=2x^3+5x^2-x^2-3x+x+1-4$

（x^2でまとめ，x^2をくくり出す）（xでまとめ，xをくくり出す）

$-3x+x$
$=-3x+1\cdot x$ （xをくくり出した）
$=(-3+1)x$
$=-1\cdot(3-1)x$ （さらに，-1をくくり出した）
$=-(3-1)x$

$=2x^3+(5-1)x^2-(3-1)x-3$

$=2x^3+4x^2-2x-3$

どう？ 計算は間違いなく出来た？ それじゃ，次，整式同士の積（かけ算）の話に入ろう。そのために，また，$\mathbf{3\times7=21}$ をもち出すよ。ここで，

$\mathbf{3=2+1}$，$\mathbf{7=2+5}$ としてもいいので，

分配の法則

$$3\times7=(2+1)\times(2+5)=\underset{①}{\underline{2\times2}}+\underset{②}{\underline{2\times5}}+\underset{③}{\underline{1\times2}}+\underset{④}{\underline{1\times5}}$$

$=4+10+2+5=21$ となって，同じ結果になるだろう。これからたとえば，次のような整式同士のかけ算も同様に行えるんだよ。

$$(c)\ (x^2+y)(2x-y^2)=\underset{①}{\underline{x^2\times2x}}+\underset{②}{\underline{x^2\times(-y^2)}}+\underset{③}{\underline{y\times2x}}+\underset{④}{\underline{y\cdot(-y^2)}}$$

$$=2\cdot x^{2+1}-x^2y^2+2xy-y^{1+2}$$

$$=2x^3-x^2y^2+2xy-y^3$$

実数のかけ算では $a\times b=b\times a$ が成り立つ。これを“**交換の法則**”という。だから，たとえば，③は $y\times2x=2x\cdot y$ となる。

このようにして，整式同士の積が“**展開**（てんかい）”できるんだね。
それでは，次の整式同士の積も展開してみようか。

$$(d)\ (x-1)(x^2+x+1)=\underset{x^3}{\underline{x\times x^2}}+\underset{x^2}{\underline{x\times x}}+\underset{x}{\underline{x\times1}}-\underset{x^2}{\underline{1\times x^2}}-\underset{x}{\underline{1\times x}}-\underset{1}{\underline{1\times1}}$$

ていねいに書くと，$1\cdot x-1\cdot x=(1-1)\cdot x=0\cdot x=0$ だね。

$$=x^3+\underset{0}{\underline{x^2-x^2}}+\underset{0}{\underline{x-x}}-1=x^3-1$$ とスッキリ展開できる。

一般に，式の変形で $A=B$ の形のものは，“A を変形して B になる”と読むんだよ。よって，(c)，(d) も並べて書くと，“左辺を展開して右辺になった”と考える。つまり，

$(c)\ (x^2+y)(2x-y^2)=2x^3-x^2y^2+2xy-y^3$
展開

$(d)\ (x-1)(x^2+x+1)=x^3-1$
展開

“左辺を展開して右辺になった”と読む。

となる。ここで，これらの式の左辺と右辺を入れ替えて書くと，今度は次のような“**因数分解**（いんすうぶんかい）”の例になるんだね。

$(c)'$ $2x^3 - x^2y^2 + 2xy - y^3 = (x^2 + y)(2x - y^2)$

因数分解

"左辺を因数分解して右辺になった"と読む。

$(d)'$ $x^3 - 1 = (x - 1)(x^2 + x + 1)$

因数分解

この**因数分解**とは，"展開された形の整式を，複数の整式の積の形にまとめること"なんだ。このように，整式の"展開"と"因数分解"はちょうどコインの表と裏の関係になるんだね。だから，これから示す"乗法公式(じょうほうこうしき)"（展開の公式のこと）と"因数分解の公式"も，左右両辺を入れ替えれば，どちらにも成り得ることを知っておくといいよ。

乗法公式(1)

(i) $m(a+b) = ma + mb$

(ii) $(a+b)^2 = a^2 + 2ab + b^2$

$(a-b)^2 = a^2 - 2ab + b^2$

(iii) $(a+b)(a-b) = a^2 - b^2$

因数分解の公式(1)

(i) $ma + mb = m(a+b)$

(ii) $a^2 + 2ab + b^2 = (a+b)^2$

$a^2 - 2ab + b^2 = (a-b)^2$

(iii) $a^2 - b^2 = (a+b)(a-b)$

どう？ 乗法公式と因数分解公式って，左辺と右辺が入れ替わっているだけなのが分かっただろう。そして， 整式を展開したいときには乗法公式(展開公式)を使い，因数分解したいときには因数分解の公式を利用すればいいんだね。

それじゃ，(i)の公式から見ていこう。

乗法公式(i)は，$m(a+b) = ma + mb$ だから，分配の法則そのものだね。これに対して，因数分解の公式(i)は，$ma + mb$（共通因数）と与えられたならば，**共通因数** m をくくり出して，$ma + mb = m(a+b)$ と因数分解できると言ってるんだね。次の例題をやってみよう。

(e) $2x^3y^2 - 6x^2y^4$ **を因数分解してみよう。**すると，

$$2x^3y^2 - 6x^2y^4 = 2x^2y^2 \times x - 2x^2y^2 \times 3y^2 = 2x^2y^2 \cdot (x - 3y^2)$$

$2x^2y^2 \times x$　$2x^2y^2 \times 3y^2$　共通因数　共通因数

と，共通因数 $2x^2y^2$ をくくり出して，因数分解できるんだね。
次，展開公式(ⅱ)は，$(a+b)^2=(a+b)(a+b)$ として，実際に展開すると，

$$(a+b)^2=(a+b)(a+b)=a^2+ab+\underbrace{ba}_{ab}+b^2=a^2+2ab+b^2$$

（$ba = ab$ ←交換法則）

となるのが分かるね。よって，公式(ⅱ) $(a+b)^2=a^2+2ab+b^2$ は成り立つ。
ここで，この左辺 $(a+b)^2$ は，1 辺の長さが $a+b$ の正方形の面積と考えると，次のように図形的に解釈することも可能なんだね。

$$(a+b)^2 \quad = \quad a^2 \quad + \quad 2ab \quad + \quad b^2$$

[（1辺 $a+b$ の正方形）＝（1辺 a の正方形）＋ $2\times$（$a\times b$ の長方形）＋（1辺 b の正方形）]

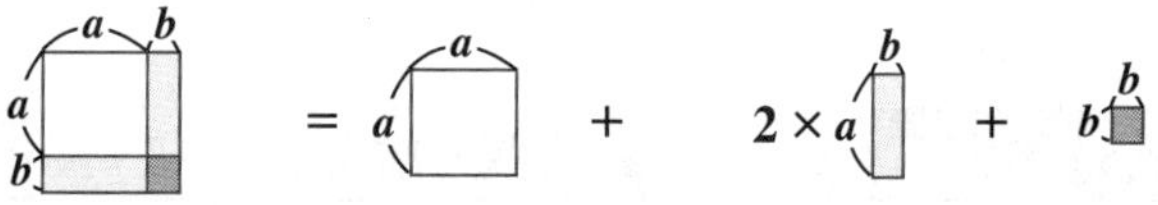

どう？ $(a+b)^2$ の乗法(展開)公式がヴィジュアルに理解できただろう。
そして，この左右両辺を入れ替えたものが，$a^2+2ab+b^2=(a+b)^2$ となって，これが因数分解公式(ⅱ)のことだったんだね。
次に，$(a+b)^2=a^2+2ab+b^2$ の b に $-b$ を代入すると，

$(a-b)^2=a^2+2a\times(-b)+(-b)^2=a^2-2ab+b^2$ と，(ⅱ)の次の乗法公式になるんだね。それじゃ，次の例題をやってごらん。

(*f*) $(2x^2-3y)^2$ **を展開してみよう。**ここで，$2x^2=a$，$3y=b$ とおくと，
展開公式(ⅱ) $(a-b)^2=a^2-2ab+b^2$ が使えるのが分かるはずだ。
よって，

$$(2x^2-3y)^2=(2x^2)^2-2\cdot 2x^2\cdot 3y+(3y)^2$$

$$[\ (a-b)^2 = a^2 - 2\cdot a \cdot b + b^2\ ]$$

$$=4x^4-12x^2y+9y^2$$ と展開できる。

次，展開公式(ⅲ) $\underbrace{(a+b)}_{和}\underbrace{(a-b)}_{差}=\underbrace{a^2-b^2}_{2乗の差}$ は，“和と差の積は，2 乗の差”と口ずさみながら覚えると，忘れないかも知れないね。これも実際に左辺を展開してみると，

$(a+b)(a-b)=a^2-\cancel{ab}+\cancel{ba}-b^2=a^2-b^2$ とすぐに公式が導ける。そして，

この左・右両辺を入れ替えたものが因数分解公式(iii)となる。これも，展開や因数分解で非常に役に立つ公式なので，是非覚えて使いこなせるようになってくれ。それでは，次の例題で練習しよう。

(g) **$18p^2-50q^2$ を因数分解しよう。**まず，$18p^2=2\times9p^2$，$50q^2=2\times25q^2$ より，この **2** 項の共通因数 **2** をくくり出すことから始めるんだよ。

$$18p^2-50q^2=\underline{2}\times9p^2-\underline{2}\times25q^2=\underline{2}(\underbrace{9p^2}_{(3p)^2}-\underbrace{25q^2}_{(5q)^2})$$

共通因数 → くくり出し

$$=2\{(\boxed{3p})^2-(\boxed{5q})^2\} \quad (3p=a,\ 5q=b)$$

→ 公式(iii) $a^2-b^2=(a+b)(a-b)$

$$=2(3p+5q)(3p-5q)$$

と因数分解ができるんだね。$3p=a$，$5q=b$ とおくと｛　｝内が a^2-b^2 の形になっていることに気付けばよかったんだね。このように，文字を置き換えて公式に当てはめていくことが，展開や因数分解を行なう上でのポイントになる。では，次の練習問題にチャレンジしてごらん。

練習問題 2	整式の展開・因数分解	CHECK 1	CHECK 2	CHECK 3

(1) 次の式を展開せよ。

(i) $(x+y-z)(x-y+z)$　(ii) $(a-1)a(a+1)(a+2)$

(2) 次の式を因数分解せよ。

(i) $3x^3+12x^2y+12xy^2$　(ii) x^4-1

(1) (i) は展開の問題だから，$(x+y-z)(x-y+z)$ と分配の法則を使ってまともに展開していっても，もちろん解ける。でも，文字をまとめて，置き換えると，乗法公式が使えるようになるんだよ。今回，**2** つの(　)内の文字で，x の符号は同じで，y と z の符号が異なるので，ここに着目すればよかったんだよ。つまり，$x+y-z=x+(y-z)$，また $x-y+z=x-(y-z)$ とし，$y-z$ を新たに A とでも頭の中で置けば，話が見えてくるはずだ。よって，

$$(x+y-z)(x-y+z)=\{x+(\overset{A}{y-z})\}\{x-(\overset{A}{y-z})\}$$

$$=x^2-(y-z)^2$$

$(x+A)(x-A)=x^2-A^2$ となるので，後は，A に $(y-z)$ を代入した！

$$=x^2-(y^2-2yz+z^2)$$

$$=x^2-y^2+2yz-z^2=x^2-y^2-z^2+2yz$$ となる。

(ⅱ) $(a-1)a(a+1)(a+2)$ の展開も，$(a-1)(a+2)=a^2+a-2$ と，

$a(a+1)=a^2+a$ の 2 つの“かけ算”を先に行って，この中に同じ a^2+a が出てくるので，これを X とでもおくと，計算が楽になるんだね。

よって，

$$(a-1)a(a+1)(a+2)=(a-1)(a+2)a(a+1)$$

$(a-1)(a+2)=a^2+2\cdot a-1\cdot a-2$，$a(a+1)=a^2+1\cdot a$

$$=(\overset{X}{a^2+a}-2)(\overset{X}{a^2+a})$$

ここで，$X=a^2+a$ とおくと，

$$与式=(X-2)X=X^2-2\cdot X$$

$X^2=(a^2+a)^2$，$X=(a^2+a)$

“よしき”と読む。“与えられた式”のことだね。今回は，$(a-1)a(a+1)(a+2)$ のことだ。

ここで，X に a^2+a を代入して元に戻すと，与式は

$$与式=(a^2+a)^2-2(a^2+a)$$

$(a^2+a)^2=(a^2)^2+2a^2\cdot a+a^2$

$$=a^4+2a^3+a^2-2a^2-2a$$

$$=a^4+2a^3-a^2-2a$$ と展開できる。

一般に，x や a の整式は，このように次数(指数)の大きい順に並べることが多い。これを“**降**(こう)**べきの順**(じゅん)に整理する”という。

次，**(2)** は因数分解の問題だね。

(i) は複雑そうな形をしているけれど，まず共通因数をくくり出すところから始めると話が見えてくるんだよ。

$$3x^3+12x^2y+12xy^2=3x\cdot x^2+3x\cdot 4xy+3x\cdot 4y^2$$

$3x^3 = 3x\cdot x^2$，$12x^2y = 3x\cdot 4xy$，$12xy^2 = 3x\cdot 4y^2$　（$3x$：共通因数）

くくり出した！

$$=3x(x^2+4xy+4y^2)$$

$$=3x\{x^2+2\cdot x\cdot 2y+(2y)^2\}$$

（$a^2+2ab+b^2$）

ここで，$x=a$，$2y=b$ とおくと，$a^2+2ab+b^2=(a+b)^2$ の因数分解公式が使える！

$$=3x(x+2y)^2 \text{ となる。}$$

（$(a+b)^2$）

(ii) x^4-1 については，まず，$(x^2)^2-1^2$ として，$x^2=a$，$1=b$ とおくと，公式 $a^2-b^2=(a+b)(a-b)$ の使える形になるんだね。よって，

$$x^4-1=(x^2)^2-1^2=(x^2+1)(x^2-1)$$

$$[\ a^2\ -b^2=(a+b)\ (a-b)\ ]$$

これをさらに x^2-1^2 とみるとまだ，因数分解できる！

$$=(x^2+1)(x^2-1^2)=(x^2+1)(x+1)(x-1)$$

と因数分解できた！ やったね !!

フ～，疲れたって？初日から内容満載だったからね。でも，これで，指数法則と整式の展開・因数分解の基本が終了したんだよ。ここまで理解できた人は，シッカリ反復練習して，知識を自分の頭に定着させることだ。この繰り返しが本物の実力を培っていくからなんだね。それでは次回は，さらに整式の展開と因数分解を深めていくことにしよう。

今日は，よく頑張ったね。次回も頑張ろうな！

2nd day　乗法（因数分解）公式（Ⅱ）

おはよう！　今日の気分はどう？　これから，**2** 日目の講義に入ろう。前回は，指数法則と，そして比較的易しい乗法公式・因数分解公式について解説したんだね。今回はさらに，より本格的な応用レベルの乗法公式・因数分解公式について勉強していこう。レベルは上がるけど，また分かりやすく解説するから，シッカリついてらっしゃい。

● "たすきがけ" をマスターしよう！

前回やった乗法公式(因数分解の公式)は次の通りだね。

乗法公式(1)

(ⅰ) $m(a+b)=ma+mb$　　(m：共通因数)

(ⅱ) $(a+b)^2=a^2+2ab+b^2$

$(a-b)^2=a^2-2ab+b^2$

(ⅲ) $(a+b)(a-b)=a^2-b^2$

左・右両辺を入れ替えたものが"因数分解の公式"になるが，以降このように，乗法公式のみで表わすことにするよ。

今回はさらに，次の乗法公式(因数分解の公式)を付け加えよう。

乗法公式(2)

(ⅳ) $(a+b+c)^2=a^2+b^2+c^2+2ab+2bc+2ca$

(ⅴ) $(x+a)(x+b)=x^2+(a+b)x+ab$

$(ax+b)(cx+d)=acx^2+(ad+bc)x+bd$

"たすきがけ" による因数分解

エッ？　式が長すぎるって？　そうだね。でも，どれもとても重要な公式なのでよく練習して，使いこなせるようになろう。

まず，(ⅳ)の公式が成り立つことを示してみよう。$a+b=A$ とでもおけば，計算がしやすくなるだろう。よって，

$(a+b+c)^2$ について，$A=a+b$ とおくと，

$$(\underbrace{a+b}_{A}+c)^2=(A+c)^2=A^2+2Ac+c^2$$

公式(ⅱ) $(a+b)^2=a^2+2ab+b^2$ を使った！

ここで，$A=a+b$ を代入して，

$$(a+b+c)^2=\underbrace{(a+b)^2}_{a^2+2ab+b^2}+\underbrace{2(a+b)c}_{2ca+2bc}+c^2$$

$$=a^2+2ab+b^2+2ca+2bc+c^2$$

$$=a^2+b^2+c^2+2ab+2bc+2ca$$

と，キレイに公式 (iv) が導けたね。それでは，次の例題で，実際にこの公式を利用してみようか。

(a) $(2x-y+3z)^2$ を展開しよう。

ここで，$a=2x$，$b=\underline{-y}$，$c=3z$ とおくと，公式 (iv) が使えるので，

(⊖符号も含める)

$$(2x-y+3z)^2=\{\underbrace{2x}_{a}+\underbrace{(-y)}_{b}+\underbrace{3z}_{c}\}^2$$

$$=\underbrace{(2x)^2}_{a^2}+\underbrace{(-y)^2}_{b^2}+\underbrace{(3z)^2}_{c^2}+\underbrace{2\cdot2x\cdot(-y)}_{2ab}+\underbrace{2\cdot(-y)\cdot3z}_{2bc}+\underbrace{2\cdot3z\cdot2x}_{2ca}$$

$=4x^2+y^2+9z^2-4xy-6yz+12zx$ と展開できる！

次，(v) の公式も分配の法則を使って，

- $(x+a)(x+b)=x^2+bx+ax+ab=x^2+(a+b)x+ab$

- $(ax+b)(cx+d)=acx^2+adx+bcx+bd$
  $=acx^2+(ad+bc)x+bd$

と，2 つ共間違いなく導けるね。でも，この (v) の 2 つの公式については，もっと後で解説する“2 次方程式”のところの因数分解公式として重要な役割を演じるので，これらは共に因数分解公式：

- $x^2+(a+b)x+ab=(x+a)(x+b)$ （因数分解）

- $acx^2+(ad+bc)x+bd=(ax+b)(cx+d)$ （因数分解） ←“たすきがけ”

として覚えておいた方がいい。特に 2 番目のものは“たすきがけ”による因数分解公式ともいうんだよ。これも後で詳しく教えるよ。

それでは，まず，因数分解公式 $x^2+(a+b)x+ab=(x+a)(x+b)$ の方から，例題で練習しておこう。これは，x^2 の係数が 1 で，x の係数が $a+b$ (和)，定数項が ab (積) の形をしているんだね。

(b) $x^2+\underset{(a+b)}{7}x+\underset{ab}{12}$ **を因数分解しよう。** $\underset{\text{たして}7}{a+b=7}$，$\underset{\text{かけて}12}{ab=12}$ より，これをみたす数 a，b は $a=3$，$b=4$ (または，$a=4$，$b=3$) となる。よって，

$x^2+7x+12=(x+3)(x+4)$ と因数分解できる。

これはもちろん $(x+4)(x+3)$ でもいい。← 交換法則

もう 1 題やっておこう。

(c) x^2-x-6 **を因数分解しよう。** 話は見える？

$x^2\underset{(a+b)}{-1}\cdot x\underset{ab}{-6}$ から $\underset{\text{たして}-1}{a+b=-1}$，$\underset{\text{かけて}-6}{ab=-6}$ より，$a=-3$，$b=2$

(これは，$a=2$，$b=-3$ でもいい) となる。よって，

$x^2-x-6=(x-3)(x+2)$ と因数分解できる。

これは，$(x+2)(x-3)$ でもいい。

以上で，$x^2+(a+b)x+ab=(x+a)(x+b)$ の因数分解公式の使い方も分かったと思う。

それでは次，$acx^2+(ad+bc)x+bd=(ax+b)(cx+d)$ の因数分解公式についても，その使い方を説明しよう。今回の特徴は，x^2 の係数が 1 ではなく，ac というある定数ということなんだね。この場合，次のように **"たすきがけ"** ("クロスしたかけ算" のこと) により，左辺を因数分解して右辺にもち込むことができる。まず，x^2 の係数 ac を分解し，定数項 bd も分解して並べ，"たすきがけ(クロス状のかけ算)" したものの和によって，x の係数 $ad+bc$ を導ければ，因数分解が出来るってことなんだ。つまり，具体的には，次の通りだ。

$$acx^2+(ad+bc)x+bd=(ax+b)(cx+d)$$

$a \quad\quad b \to bc$

$c \quad\quad d \to ad\ (+$

$\quad\quad\quad\quad ad+bc$

x の係数が導けた！OK!

エッ？ 分かりづらい？ いいよ。例題を **3** つ程やれば慣れると思う。

(*d*) $6x^2+\underset{\sim}{7}x+2$ を因数分解してみよう。

まず，x^2 の係数 **6** を $6=2\times3$ とみて，**2** と **3** に分解し，定数項 **2** も $2=2\times1$ とみて，**2** と **1** に分解し，たすきがけしたものの和が x の係数 $\underset{\sim}{7}$ となるようにできれば，因数分解に必要な a，b，c，d の数値がすべて分かって，$(ax+b)(cx+d)$ と因数分解できるんだね。それじゃ，いくよ。

$6x^2+\underset{\sim}{7}x+2=(2x+1)(3x+2)$ と因数分解できる。

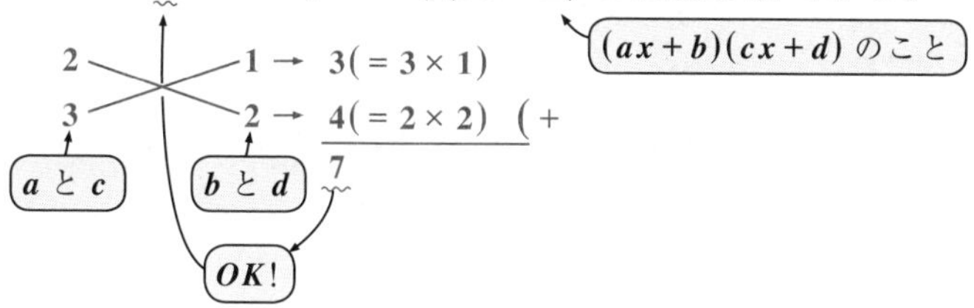

どう？ 少しは要領つかめた？ それじゃ，もっと練習しよう。

(*e*) $2x^2+3x+1$ を因数分解しよう。

$2x^2+\underset{\sim}{3}x+1=(2x+1)(1\cdot x+1)=(2x+1)(x+1)$

2　1 → 1
1　1 → 2　(+
3
OK!

と因数分解できる。じゃ，もう **1** つオマケだ！

(*f*) $3x^2\underset{\sim}{-4}x-4=(3x+2)(1\cdot x-2)=(3x+2)(x-2)$

3　2 → 2
1　−2 → −6　(+
−4
OK!

と因数分解できる。どう？ これで，“たすきがけ”による因数分解も完璧に理解できたと思う。

それでは，次の練習問題でさらに実力に磨きをかけてくれ。これらは易し目だけど，立派な (?) 受験問題なんだよ。

練習問題 3	因数分解	CHECK 1	CHECK 2	CHECK 3

次の式を因数分解せよ。

(1) $x(x+1)(x+2)(x+3)-3$　　(松山大＊)　（＊は，改題を表す）

(2) $2x^2-7x-4$

(3) $ax^2-(a^2+2a-1)x-a-2$　　(奈良大)

どう？ うまく解けた？ エッ，(1) はもう因数分解できてるって？ そんなことないよ。最後に -3 が付いているだろう。これまで取り込んで整式の積の形にもち込まないといけないんだね。それじゃ，具体的に 1 題ずつ解いていこう。

(1) ではまず，$x(x+1)(x+2)(x+3)$ を $x(x+3)=x^2+3x$，$(x+1)(x+2)=x^2+3x+2$ に分けて計算して，$x^2+3x=A$ とおくと，話が見えてくるパターンなんだね。

$$x(x+1)(x+2)(x+3)-3=\underbrace{x(x+3)}_{(x^2+3x)}\cdot\underbrace{(x+1)(x+2)}_{(x^2+3x+2)}-3$$

$$=(\overset{A}{x^2+3x})(\overset{A}{x^2+3x}+2)-3$$

ここで，$x^2+3x=A$ とおくと，

与式 $=A(A+2)-3=A^2+\underset{(a+b)}{2}A\underset{ab}{-3}$

“よしき”と読む。今回は，$x(x+1)(x+2)(x+3)-3$ のことだね。

$=(A+3)(A-1)$

A^2 の係数が 1 なので，$A^2+(a+b)A+ab=(A+a)(A+b)$ の因数分解公式が使える。$a+b=2$，$ab=-3$ より，$a=3$，$b=-1$（または $a=-1$，$b=3$）となる！

ここで，$A=x^2+3x$ を代入して，

与式 $=(x^2+3x+3)(x^2+3x-1)$ と因数分解が完了だ！

x^2+3x+3 について，$a+b=3$，$a\cdot b=3$ をみたす整数 a，b は見当たらないのでひとまずこれで因数分解を終了する。x^2+3x-1 も同様だね。

(2) $2x^2-7x-4$ は，x^2 の係数が 2 で，1 ではないので，“たすきがけ”の因数分解のパターンだね。

$$2x^2\underset{\sim\sim}{-7x}-4=(2x+1)(1\cdot x-4)=(2x+1)(x-4)$$

$$\begin{array}{ccccc} 2 & \diagdown\!\!\!\diagup & 1 & \to & 1 \\ 1 & & -4 & \to & \underline{-8}\ (+ \\ & & & & -7 \end{array}$$

OK!

と因数分解できる。(3) はこの応用だね。

(3) $ax^2-(a^2+2a-1)x-a-2$ を x の 2 次式と見るとどう？

a や $-(a^2+2a-1)$ や $-a-2$ は定数と同様に考えて，"たすきがけ" の因数分解にもち込めるのが分かるだろう。頑張ろうね。

与式 $=ax^2\underline{-(a^2+2a-1)}x-(a+2)$

$$\begin{array}{ccccc} a & \diagdown\!\!\!\diagup & 1 & \longrightarrow & 1 \\ 1 & & -(a+2) & \longrightarrow & \underline{-a^2-2a}\ (+ \\ & & & & -a^2-2a+1=-(a^2+2a-1) \end{array}$$

OK!

$$=(ax+1)\{1\cdot x-(a+2)\}=(ax+1)(x-a-2)$$

と因数分解できる。この定数 a が 2 のとき，実は (2) の問題になるんだよ。もう 1 度 (2) の解答・解説を見返してみるといいよ。(2) と (3) がまったく同じ変形だということが分かるはずだ。(3) のように，2 つの文字 a と x が入った式でも，x の 2 次式と見て "たすきがけ" による因数分解が出来るんだね。面白かった？

● 3 次の乗法公式・因数分解の公式も攻略しよう！

それでは次，3 次の整式について，その乗法公式 (因数分解の公式) を勉強しよう。実は，これは数学 II の範囲のものなんだけれど，まとめて勉強しておく方が効果的なので，先取りして解説しておくよ。

それではまず，公式を示そう。

乗法公式 (因数分解の公式)(3)

(vi) $(a+b)^3=a^3+3a^2b+3ab^2+b^3$

$(a-b)^3=a^3-3a^2b+3ab^2-b^3$

(vii) $(a+b)(a^2-ab+b^2)=a^3+b^3$

$(a-b)(a^2+ab+b^2)=a^3-b^3$

この左辺，右辺を入れ替えると，"因数分解の公式" になるんだね。

さすがに，3 次の整式の公式になると，結構複雑に見えるかも知れないね。でも，よく練習して慣れれば当たり前に見えてくるんだよ。まず，それぞれの公式が実際に成り立つことを調べてみよう。

(vi) $(a+b)^3=(a+b)\underline{(a+b)(a+b)}=(a+b)\underline{(a^2+2ab+b^2)}$

$(a+b)^2=a^2+2ab+b^2$（公式 (ii) より）

$=a^3+\underbrace{a\cdot 2ab}_{2a^2b}+a\cdot b^2+\underbrace{b\cdot a^2}_{a^2b}+\underbrace{b\cdot 2ab}_{2ab^2}+b^3$

$=a^3+(2+1)a^2b+(1+2)ab^2+b^3$

$=\underline{a^3+3a^2b+3ab^2+b^3}$ と，ナルホド公式が導けた。

この式は，a で見ると，a^3, a^2, a, 定数項 (b^3) の順に並んでいるね。また，4 つの項の係数が，1, 3, 3, 1 とキレイに並んでいる。これが式を覚えるポイントだよ。

次，$(a+\underline{b})^3=a^3+3a^2\underline{b}+3a\underline{b}^2+\underline{b}^3$ の b に，$-b$ を代入したものが

$-b$　$(-b)$　$(-b)^2$　$(-b)^3$ ← これを代入

(vi) の 2 番目の公式になるんだね。よって，

$(a-b)^3=a^3+3a^2(-b)+3a\underbrace{(-b)^2}_{b^2}+\underbrace{(-b)^3}_{-b^3}$

⊖を 2 回かけると，⊕　⊖を 3 回かけると，⊖

$=a^3-3a^2b+3ab^2-b^3$ となって，2 番目の公式も導けた！

それでは，例題で練習しておこう。

(g) $(2\alpha+3\beta)^3$ を展開してみよう。

$2\alpha=a$, $3\beta=b$ とおくと，$(a+b)^3$ の公式が使えるんだね。

$(2\alpha+3\beta)^3=\underbrace{(2\alpha)^3}_{8\alpha^3}+\underbrace{3\cdot(2\alpha)^2\cdot 3\beta}_{36\alpha^2\beta}+\underbrace{3\cdot 2\alpha\cdot(3\beta)^2}_{54\alpha\beta^2}+\underbrace{(3\beta)^3}_{27\beta^3}$

$[\ (a+b)^3\ =\ a^3\ +3\cdot\ a^2\ \cdot\ b+3\cdot\ a\ \cdot\ b^2\ +\ b^3\ ]$

$=8\alpha^3+36\alpha^2\beta+54\alpha\beta^2+27\beta^3$ と展開できる。では，次，

(h) $8x^3-12x^2y+6xy^2-y^3$ を因数分解してみよう。

これは，$2x=a$, $y=b$ とおくと，$a^3-3a^2b+3ab^2-b^3$ の形が見えてきて，$(a-b)^3$ の因数分解公式が利用できるんだよ。それじゃいくよ。

与式$=(2x)^3-3\cdot(2x)^2\cdot y+3\cdot 2x\cdot y^2-y^3=(2x-y)^3$ とキレイに

$$[\ a^3-3\cdot a^2\cdot b+3\cdot a\cdot b^2-b^3=(a-b)^3\ ]$$

因数分解できるんだね。与えられた式の形から，公式が使えることを見抜く目を鍛えることが大切だ。練習すれば出来るようになるよ。

次，(vii) の公式も，証明しておこう。

$$(a+b)(a^2-ab+b^2)=a^3-\underbrace{a\cdot ab}_{a^2b}+ab^2+\underbrace{b\cdot a^2}_{a^2b}-\underbrace{b\cdot ab}_{ab^2}+b^3$$

$$=a^3-a^2b+ab^2+a^2b-ab^2+b^3$$

$=a^3+b^3$ と，公式が導けたね。

この公式：$(a+b)(a^2-ab+b^2)=a^3+b^3$ の b に $-b$ を代入すると，

$$(a-b)\{a^2\underbrace{-a(-b)}_{+ab}+\underbrace{(-b)^2}_{b^2}\}=a^3+\underbrace{(-b)^3}_{-b^3}$$ となって，

(vii) の **2** 番目の公式：$(a-b)(a^2+ab+b^2)=a^3-b^3$ も導ける。

スッキリした形に展開できるね。

これは，逆に見ると，a^3+b^3 や a^3-b^3 が次のように因数分解されることにもなる。

$$a^3+b^3=(a+b)(a^2-ab+b^2)$$
$$a^3-b^3=(a-b)(a^2+ab+b^2)$$

公式の符号 (⊕, ⊖) に気を付けよう！

これは，因数分解したものの方が複雑な形に見える特殊な公式だね。それでは，この公式についても，例題で練習しておこう。

(*i*) $(x-1)(x^2+x+1)$ **を展開しよう。**

$x=a$, $1=b$ とおくと，$(a-b)(a^2+ab+b^2)=a^3-b^3$ の公式が使えるので，

与式$=(x-1)(x^2+x\cdot 1+1^2)=x^3-1^3=x^3-1$ と展開できる。

$$[(a-b)(a^2+ab+b^2)=a^3-b^3]$$

これは，**P16** で，分配の法則を使って計算したものと同じ結果だね。

(*j*) $16x^4+2xy^3$ **を因数分解しよう。** 複雑そうだって？ 因数分解の **1** 番の基本はなんだった？ そう，“共通因数のくくり出し”だね。まず，共通因数の $2x$ をくくり出せば，$a^3+b^3=(a+b)(a^2-ab+b^2)$ の公式が

使える，分かりやすい形になるんだよ。

$$与式 = \underline{2x} \cdot 8x^3 + \underline{2x} \cdot y^3 = \underline{2x}(8x^3 + y^3)$$

共通因数

$$= 2x\{(2x)^3 + y^3\} = 2x \cdot (2x+y)\{(2x)^2 - 2x \cdot y + y^2\}$$

$$[\ a^3 \quad + b^3 \ = \quad (a\ + b)(\ a^2 \ - a \ \cdot b + b^2)]$$

$$= 2x(2x+y)(4x^2 - 2xy + y^2)$$ と，因数分解できた！

それでは，次の練習問題でさらに腕に磨きをかけてくれ。

練習問題 4	因数分解・展開	CHECK 1	CHECK 2	CHECK 3

(1) $x^9 - 3x^6 + 3x^3 - 1$ **を因数分解せよ。**

(2) $(a+b)(a^2 - ab + b^2)(a^6 - a^3b^3 + b^6)$ **を展開せよ。**

どう？ 解けた？ いずれの問題も，**3** 次の乗法（因数分解）公式を利用して解いていくものだったんだね。それでは，**1** 題ずつ見ていこう。

(1) $x^3 = a$, $1 = b$ とおくと，因数分解の公式 $a^3 - 3a^2b + 3ab^2 - b^3 = (a-b)^3$ が利用できるんだね。よって，

$$与式 = (x^3)^3 - 3(x^3)^2 \cdot 1 + 3x^3 \cdot 1^2 - 1^3 = (x^3 - 1)^3$$

$$[\ a^3 \ - 3\ a^2 \ \cdot b + 3a \ \cdot b^2 - b^3 = (a-b)^3\ ]$$

（ ）内の $x^3 - 1$ はさらに因数分解できる。

$$= \{(x-1)(x^2 + x \cdot 1 + 1^2)\}^3 = (x-1)^3(x^2 + x + 1)^3$$

指数法則：$(a \cdot b)^3 = a^3 \cdot b^3$ を使った！

と因数分解できる。

(2) では，展開公式 $(a+b)(a^2 - ab + b^2) = a^3 + b^3$ を **2** 回連続して使えばいいんだね。それじゃ，いくよ。

$$(a+b)(a^2 - ab + b^2)(a^6 - a^3b^3 + b^6)$$

公式 $(a+b)(a^2 - ab + b^2) = a^3 + b^3$ を使った！(**1** 回目！)

$$= (a^3 + b^3)(a^6 - a^3b^3 + b^6)$$

$$= (a^3 + b^3)\{(a^3)^2 - a^3b^3 + (b^3)^2\}$$

$$[(\alpha + \beta)(\ \alpha^2 \ - \alpha\beta \ + \ \beta^2\ )]$$

ここで，$a^3 = \alpha$, $b^3 = \beta$ とおくと，$(\alpha+\beta)(\alpha^2 - \alpha\beta + \beta^2) = \alpha^3 + \beta^3$ となる。(**2** 回目！)

$$= (a^3)^3 + (b^3)^3 = a^{3\times3} + b^{3\times3} = a^9 + b^9$$ と展開終了だ！

$$[\ \alpha^3 \ + \beta^3\ ]$$

どう？ **3** 次の展開公式，因数分解の公式も使いこなせるようになった？今回の練習問題では，**(1)** で $x^3 = a$ とおいたり，**(2)** で $a^3 = \alpha$, $b^3 = \beta$ とおい

たりすることにより，高次の整式も，手持ちの公式を使える形にもち込む

"次数が高い"という意味

ことができたんだね。これは因数分解では特に重要な手法なので，さらに練習しておこう。次の例題を解いてごらん。

(k) x^4+3x^2-4 **を因数分解しよう。**これは，x の 4 次式だけれど，x^4 と x^2 と定数項だけから出来ているので，$x^2=t$ とでもおけば，t の 2 次式として，簡単に因数分解できるんだね。

x^4+3x^2-4 について，$x^2=t$ とおくと，

$$\text{与式}=(\underbrace{x^2}_{t})^2+3\underbrace{x^2}_{t}-4=t^2+\underbrace{3}_{(a+b)}t\underbrace{-4}_{a\cdot b}$$

$a+b=3,\ ab=-4$
をみたす
$a,\ b$ は，
$a=-1,\ b=4$
(または，$a=4,\ b=-1$)
より

$$=(t-1)(t+4)$$

ここで，t に x^2 を代入して，

$$\text{与式}=(x^2-1)(x^2+4)=(x-1)(x+1)(x^2+4)$$

$x^2-1^2=(x-1)(x+1)$ ← これは，まだ因数分解できる！

と，最終結果が得られる。

(l) $4x^4-5x^2+1$ **を因数分解してみよう。**これも，(k) と同様に，$x^2=t$ とおくと，$x^4=t^2$ より，t の 2 次式になる。後は，たすきがけによる因数分解にもち込めばいいんだね。では，いくよ。

$4x^4-5x^2+1$ について，$x^2=t$ とおくと，

$$\text{与式}=4t^2-5t+1=(4t-1)(t-1)$$

4	-1	→	-1
1	-1	→	-4 (+
			-5

OK!

ここで，$t=x^2$ より，

$$\text{与式}=(4x^2-1)(x^2-1)=(2x-1)(2x+1)(x-1)(x+1)$$

$(2x)^2-1^2=(2x-1)(2x+1)$

$x^2-1^2=(x-1)(x+1)$

と，因数分解できるんだね。どう？面白かっただろう？

3rd day　実数の分類，根号・絶対値の計算

みんな，元気にしてるか？ さァ，今回は，"数と式" の中でも特に重要な計算テクニックについて解説しよう。"**平方根**(へいほうこん)"，"**有理化**(ゆうりか)"，"**繁分数**(はんぶんすう)"，"**2重根号**(にじゅうこんごう)のはずし方" そして，"**対称式**(たいしょうしき)" と "**基本対称式**(きほんたいしょうしき)" さらに，"**絶対値**(ぜったいち)" まで教えるつもりだ。エッ，言葉が難しそうで，引きそうって!? 大丈夫！これらの用語の意味はもちろんのこと，具体的な計算手法についても親切に解説するから，すべて理解できるはずだ。頑張ろう！

● まず，数の種類を調べておこう！

ここでまず，数学 **I**・**A** で扱う数の種類について調べておこうか。数って，これからやっていくすべての計算の対象となるものだから，それがどういうものなのか，最初に押さえておく必要があるんだね。

まず，ボク達に **1** 番なじみの深い数が，**1, 2, 3,** … という，"**自然数**(しぜんすう)" だ。これはものの個数を数え上げたりするとき，自然に使うから，このように呼ばれるんだろうね。この自然数は "**正の整数**(せいのせいすう)" ともいわれ，これに **0** や負の整数を加えたものを，一般に "**整数**(せいすう)" という。つまり，整数とは，… ，**−3, −2, −1, 0, 1, 2, 3, 4,** … のことなんだね。ここまではいい？

そして，この整数に，$\frac{3}{4}$ や，$-\frac{1}{3}$ などの分数を加えたものを "**有理数**" というんだよ。ここで，たとえば，整数の **5** や **−2** だって，$\frac{5}{1}$ や $-\frac{2}{1}$ と書いてもいいわけだから，整数も分数と考えることが出来る。よって，整数も含めた分数そのものを有理数，といってもいいんだね。

ここで，有理数 (分数) はすべて，小数で表すことも出来る。たとえば，

(i) $\frac{3}{4}=0.75$ や $\frac{2}{5}=0.4$ のように，小数点以下が有限個の数で表されるものを "**有限小数**(ゆうげんしょうすう)" という。また，

(ii) $\frac{1}{3}=0.33333\cdots$ ，や $\frac{4}{33}=0.12121212\cdots$ のように，無限に続く小数なんだけれど，同じ数字が循環しながらくり返し表れるものを "**循環**(じゅんかん)

小数”という。この表し方として，循環して現われる数字の両端の上に“•”をつけて，$\frac{1}{3}=0.\dot{3}$ や，$\frac{4}{33}=0.\dot{1}\dot{2}$ などと表示することも覚えておこう。

(0.3333…のこと)　(0.121212…のこと)

いずれにせよ，有理数(分数)を小数表示すると，(i)有限小数か，または(ii)循環小数のいずれかになることを覚えておこう。フ〜，疲れたって？もう少しだ！

この有理数に対して“**無理数**”という数もあるんだね。無理数は小数表示したとき，その小数点以下が，無限に続く，循環しない小数になる数のことで，これを分数(有理数)で表すことは出来ないんだ。無理数の例として，みんなよく知っているものでは，円周率 π がある。この π は，$\pi=3.14159\cdots$ と循環しない無限小数でしか表せない数なので，無理数なんだね。この他にも，$\sqrt{2}=1.41421\cdots$ や，$\sqrt{3}=1.73205\cdots$ などが，無理数の例だ。

(2乗して2になる正の数のこと)　(2乗して3になる正の数のこと)

そして，この有理数と無理数を併せて，“**実数**”という。以上がこれから，数学I・Aで扱う数のすべてなんだよ。エッ，頭の中が混乱してるって？ 当然だね。これまで解説してきたことを，次にまとめて表で示すから，もう1度頭の中で整理し直しておくといいよ。(なお，次の表では，整数と分数を区別して，示しておいた。)

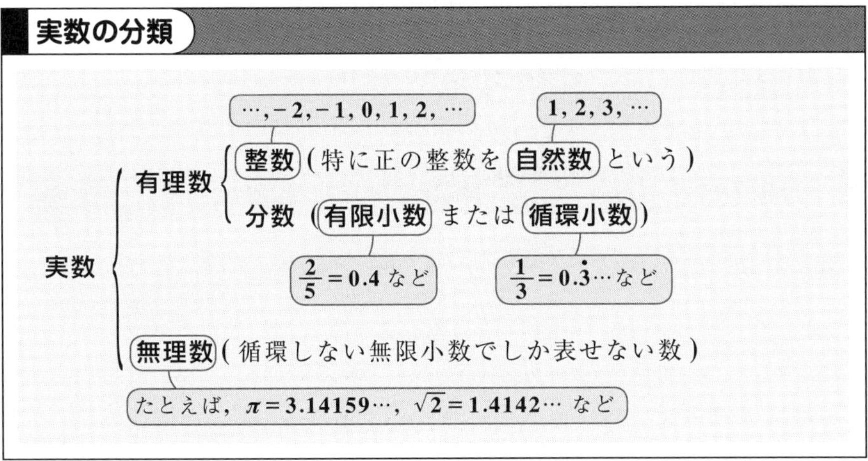

それでは，これらの数の計算法について，1つ1つ勉強していこう！

● 平方根の計算に慣れよう！

a を 0 以上の実数としよう。そして，2 乗して a になる正の数を，$\sqrt{a}$ と表し，これを“a の正(せい)の**平方根**(へいほうこん)”という。つまり，$(\sqrt{a})^2=a$ なんだね。2 乗して a になる数は，$-\sqrt{a}$ でもいいね。$(-\sqrt{a})^2=(-1)^2\cdot(\sqrt{a})^2=a$ となるからだ。この $-\sqrt{a}$ を“a の負(ふ)の**平方根**(へいほうこん)”というんだよ。ン？ 抽象的だって!? いいよ。具体的にやってみよう。

$\sqrt{0}=0$ はいいね。0 を 2 乗しても 0 だからだ。次，平方して 4 になる正の数は何？ そう，2 だね。だから，$\sqrt{4}=2$ となる。$-\sqrt{9}=-3$ だね。平方して 9 になる負の数は -3 だからだ。他にも，$\sqrt{16}=4$，$-\sqrt{25}=-5$ となるのも大丈夫だね。

（2乗して3になる正の数）（2乗して5になる正の数）

しかし，$\sqrt{2}$，$\sqrt{3}$，$\sqrt{5}$，$\sqrt{6}$，… などは，これまで示したようなキレイな整

（2乗して2になる正の数）（2乗して6になる正の数）

数で表すことは出来ない，無理数と呼ばれる数なんだね。これらは循環しない無限小数でしか表せない数だけど，大体の値は押さえておいた方がいいよ。

$\sqrt{2}=1.4142\cdots$，$\sqrt{3}=1.7320\cdots$，$\sqrt{5}=2.2360\cdots$，$\sqrt{6}=2.4494\cdots$，

$\sqrt{7}=2.6457\cdots$，$\sqrt{8}=2.8284\cdots$，$\sqrt{10}=3.1622\cdots$

以上より，$\sqrt{2}\fallingdotseq1.4$，$\sqrt{3}\fallingdotseq1.7$，$\sqrt{5}\fallingdotseq2.2$，$\sqrt{6}\fallingdotseq2.4$，$\sqrt{7}\fallingdotseq2.6$，$\sqrt{8}\fallingdotseq2.8$，$\sqrt{10}\fallingdotseq3.2$ と覚えておくと，何かと役に立つんだね。

それでは，この平方根(ルート)の計算公式を下に示そう。

平方根の計算

$a>0$，$b>0$ のとき

（$\sqrt{a}\sqrt{b}=\sqrt{ab}$ または $\sqrt{a}\cdot\sqrt{b}=\sqrt{a\cdot b}$ と書いてもいい）

(i) $\sqrt{a^2}=a$　(ii) $\sqrt{a}\times\sqrt{b}=\sqrt{a\times b}$　(iii) $\dfrac{\sqrt{b}}{\sqrt{a}}=\sqrt{\dfrac{b}{a}}$

この公式を使うと，$\sqrt{5^2}=5$，$\sqrt{3}\times\sqrt{2}=\sqrt{3\times2}=\sqrt{6}$，$\dfrac{\sqrt{6}}{\sqrt{2}}=\sqrt{\dfrac{6}{2}}=\sqrt{3}$ などと変形できるんだね。また，$\sqrt{8}=\sqrt{4\times2}=\sqrt{4}\times\sqrt{2}=\sqrt{2^2}\times\sqrt{2}=2\sqrt{2}$ となる

ので，$\sqrt{8}=2.8284\cdots$ は，$\sqrt{2}=1.4142\cdots$ のちょうど 2 倍になっているのも分かるね。数学って，よく出来てるだろう。

それでは，例題で，さらに平方根の計算をやっておこう。

(a) $\sqrt{5}\times\sqrt{10}=\sqrt{5}\times\sqrt{5\times2}=\sqrt{5}\times\sqrt{5}\times\sqrt{2}=\underbrace{(\sqrt{5})^2}_{5}\times\sqrt{2}=5\sqrt{2}$

(b) $\dfrac{\sqrt{54}}{\sqrt{2}}=\sqrt{\dfrac{54}{2}}=\sqrt{27}=\sqrt{3^3}=\sqrt{3^2\times3}=\underbrace{\sqrt{3^2}}_{3}\times\sqrt{3}=3\sqrt{3}$

(c) $(2+\sqrt{3})^2=2^2+2\cdot2\cdot\sqrt{3}+\underbrace{(\sqrt{3})^2}_{3}$ ← 公式 $(a+b)^2=a^2+2ab+b^2$ を使った！

$=4+4\sqrt{3}+3=7+4\sqrt{3}$

(d) $\sqrt{6}(\sqrt{3}-\sqrt{2})=\underbrace{\sqrt{6}}_{\sqrt{2}\times\sqrt{3}}\times\sqrt{3}-\underbrace{\sqrt{6}}_{\sqrt{3}\times\sqrt{2}}\times\sqrt{2}$ ← 分配の法則

$=\sqrt{2}\times\underbrace{(\sqrt{3})^2}_{3}-\sqrt{3}\times\underbrace{(\sqrt{2})^2}_{2}=3\sqrt{2}-2\sqrt{3}$ となる。

どう？平方根の計算にも少しは慣れた？それじゃ，次のテーマに入ろう。

● 有理化・繁分数の計算をマスターしよう！

一般に，分数 $\dfrac{b}{a}$ $(a\neq0)$ の分子・分母に 0 でない同じ定数 c をかけた

（0 では割れないので，分母に 0 はこない。）

$\dfrac{b\cdot c}{a\cdot c}$ は，元の $\dfrac{b}{a}$ と等しいのは大丈夫だね。これは逆も言えるので，模式図的に描くと下のようになるよ。

分子・分母に同じ c をかけた

$$\frac{b\cdot c}{a\cdot c}=\frac{b}{a}\qquad(a\neq0,\ c\neq0)$$

分子・分母を同じ c で割った

これは，日頃の分数計算でよくやってることだね。たとえば，

$\dfrac{8}{10}=\dfrac{4}{5}$ (既約分数) (分子・分母を2で割った) や，$\dfrac{12}{18}=\dfrac{2}{3}$ (既約分数) (分子・分母を6で割った) などの計算だね。

分子・分母が共に整数のとき，$\dfrac{4}{5}$ や $\dfrac{2}{3}$ のように，分子と分母の公約数が1で，最も簡単な整数比になった分数を特に"**既約分数**(きやくぶんすう)"ということも覚えておこう。

ここで，$\dfrac{1}{\sqrt{2}}$ や $\dfrac{3}{\sqrt{7}}$ など，分母が無理数である分数の分母を有理数にすることを"**有理化**(ゆうりか)"という。たとえば，

$$\frac{1}{\sqrt{2}}=\frac{\sqrt{2}}{\sqrt{2}\times\sqrt{2}}=\frac{\sqrt{2}}{2}$$

(分子・分母に $\sqrt{2}$ をかけた) (分母が有理数になったので，有理化終了！)

この要領で有理化するんだね。ここで，注意を1つ。有理化というのはあくまでも分母を有理数にするだけで，分数そのものを有理数にできるわけではないんだよ。大丈夫だね。それじゃ，例題でさらに練習しておこう。

$$(e)\quad \frac{10}{5+\sqrt{5}}=\frac{10(5-\sqrt{5})}{(5+\sqrt{5})(5-\sqrt{5})}=\frac{10(5-\sqrt{5})}{5^2-(\sqrt{5})^2}=\frac{10(5-\sqrt{5})}{25-5}$$

(分母が無理数) (分子・分母に $5-\sqrt{5}$ をかけた) (公式：$(a+b)(a-b)=a^2-b^2$)

$$=\frac{10(5-\sqrt{5})}{20}=\frac{5-\sqrt{5}}{2}$$

と，有理化できた！ (分母が有理数になった！)

このように，有理化の計算には，乗法公式：$(a+b)(a-b)=a^2-b^2$ も利用されるんだね。

では，2つの分数の四則計算 (＋，－，×，÷) も復習しておこう。

2つの分数の四則計算

(i) たし算

$$\frac{b}{a}+\frac{d}{c}=\frac{b\boxed{c}+\boxed{a}d}{\boxed{a}\cdot\boxed{c}}$$

(ii) 引き算

$$\frac{b}{a}-\frac{d}{c}=\frac{b\boxed{c}-\boxed{a}d}{\boxed{a}\cdot\boxed{c}}$$

一般に，分数同士の“たし算”や“引き算”では，2つの分母の“最小公倍数”で通分するが，公式としてはこのように覚えておいてもいいよ。
最終的に，分子と分母を“最大公約数”で割って，簡単な“既約分数”にすればいいだけだからね。

(iii) かけ算

$$\frac{b}{a}\times\frac{d}{c}=\frac{b\times d}{a\times c}$$

分数同士の“かけ算”では，そのまま分子同士，分母同士をかければいい。

(iv) 割り算

$$\frac{b}{a}\div\frac{d}{c}=\frac{b}{a}\times\frac{c}{d}=\frac{b\times c}{a\times d}$$

分数同士の“割り算”では，割る数の逆数をとって，“かけ算”にもち込めばいい。

$\frac{d}{c}$ の逆数 $\frac{c}{d}$ をとって，かける！

$(a \neq 0,\ c \neq 0,\ d \neq 0)$

分数同士の(i)たし算，(ii)引き算については，分子・分母が整数ならば，ケーキの考え方でも計算できた。1題練習しておこう。

(f) $\frac{2}{3}+\frac{1}{4}=\frac{2\times 4}{3\times 4}+\frac{3\times 1}{3\times 4}=\frac{8}{12}+\frac{3}{12}=\frac{8+3}{12}=\frac{11}{12}$

でも，これも公式を使うと，$\frac{2}{3}+\frac{1}{4}=\frac{2\times\boxed{4}+\boxed{3}\times 1}{\boxed{3}\cdot\boxed{4}}=\frac{11}{12}$ と機械的に計算できる。では，無理数の分数計算もやってみよう。

(g) $\frac{3}{\sqrt{6}-\sqrt{3}}-\frac{3}{\sqrt{6}+\sqrt{3}}=\frac{3(\sqrt{6}+\sqrt{3})-3(\sqrt{6}-\sqrt{3})}{(\sqrt{6}-\sqrt{3})(\sqrt{6}+\sqrt{3})}$

公式
$\frac{b}{a}-\frac{d}{c}=\frac{b\boxed{c}-\boxed{a}d}{\boxed{a}\cdot\boxed{c}}$
を使った！

$=\frac{3(\sqrt{6}+\sqrt{3})-3(\sqrt{6}-\sqrt{3})}{(\sqrt{6})^2-(\sqrt{3})^2}=\frac{3\sqrt{3}+3\sqrt{3}}{6-3}$

$\sqrt{3}=a$ と考えると，
$3a+3a=6a$ より，
$3\sqrt{3}+3\sqrt{3}=6\sqrt{3}$ なんだね。

$=\frac{\overset{2}{\cancel{6}}\sqrt{3}}{\cancel{3}}=2\sqrt{3}$ と，キレイにまとまるだろう。要領覚えた？

分数同士の(iii) かけ算の場合，分子・分母同士をかけるだけだから，簡単

だね。たとえば，$\frac{3}{2\sqrt{2}}\times\frac{2}{5}=\frac{3\times 2}{2\sqrt{2}\times 5}=\frac{3}{5\sqrt{2}}=\frac{3\sqrt{2}}{5\times 2}=\frac{3\sqrt{2}}{10}$ となる。

分子・分母に$\sqrt{2}$をかけた

分子同士・分母同士をかける

最後に，分数同士の(iv)割り算では，割る数の逆数をとって，かければいいんだね。

割る数

たとえば，$\frac{3}{2\sqrt{2}}\div\frac{2}{5}=\frac{3}{2\sqrt{2}}\times\frac{5}{2}=\frac{3\times 5}{2\sqrt{2}\times 2}$

割る数$\frac{2}{5}$の逆数をとって$\frac{5}{2}$とし，これをかける！

$=\frac{15}{4\sqrt{2}}=\frac{15\times\sqrt{2}}{4\sqrt{2}\times\sqrt{2}}=\frac{15\sqrt{2}}{4\times 2}=\frac{15\sqrt{2}}{8}$ となる。

この分数同士の割り算についても，大丈夫？ 実は，この分数同士の割り算については，“**繁分数**（はんぶんすう）”の計算法と合わせて理解しておくと，さらに分数計算が上手になるんだよ。“繁分数”については，これから解説しよう。

$1\div 3=\frac{1}{3}$ と表せるように，公式(iv)の分数同士の割り算も

$\frac{b}{a}\div\frac{d}{c}=\frac{\frac{b}{a}}{\frac{d}{c}}$ と表すことが出来る。ヒェ～，って思った？ このように，

分数の分子と分母がまた分数になっている繁雑な形をした分数だからこれを“繁分数”と呼ぶんだろうね。これは，この分子・分母に$a\times c$をかけると，スッキリまとまって，(iv)の公式の結果と一致する。

分子・分母に$a\cdot c$をかけた！

$\frac{\frac{b}{a}}{\frac{d}{c}}=\frac{\frac{b}{a}\times a\cdot c}{\frac{d}{c}\times a\cdot c}=\frac{b\times c}{a\times d}$

(iv) $\frac{b}{a}\div\frac{d}{c}=\frac{b}{a}\times\frac{c}{d}=\frac{b\times c}{a\times d}$
と一致する！

この“繁分数”については，「(ア) 分子の分母は下に行き，(イ) 分母の分母は上に行く」と口ずさみながら覚えておくと，機械的に結果が得られるんだよ。つまり，

$$\frac{\frac{b}{a}}{\frac{d}{c}} = \frac{b \times c}{a \times d}$$ と計算できるんだね。どう？ 前と同じ結果になるだろ。

(ア) 分子の分母は下へ

(イ) 分母の分母は上へ

それじゃ，例題と練習問題でこの“繁分数”の計算を実際にやってみよう。

(h) $\dfrac{\frac{2}{5}}{\frac{3}{4}}$ **を計算しよう。**これは，$\dfrac{\frac{2}{5}}{\frac{3}{4}} = \dfrac{2 \times 4}{3 \times 5} = \dfrac{8}{15}$ となるんだね。

下へ

上へ

練習問題 5	繁分数の計算	CHECK 1	CHECK 2	CHECK 3

次の繁分数を簡単にせよ。

(1) $\dfrac{\frac{2}{3}}{\frac{5+\sqrt{7}}{9}}$　　**(2)** $\dfrac{1}{1-\dfrac{1}{1+\dfrac{1}{\sqrt{2}-1}}}$

どう？ (1) は解けたけど，(2) が難しかった？ いいよ。1 題ずつ解説していこう。

(1) $\dfrac{\frac{2}{3}}{\frac{5+\sqrt{7}}{9}} = \dfrac{2 \times 9}{3(5+\sqrt{7})} = \dfrac{2 \times 9(5-\sqrt{7})}{3(5+\sqrt{7})(5-\sqrt{7})}$

下へ

上へ

分子・分母に $5-\sqrt{7}$ をかけて分母を有理化する！

$= \dfrac{2 \times 9 \times (5-\sqrt{7})}{3\{5^2-(\sqrt{7})^2\}} = \dfrac{2 \times 9 \times (5-\sqrt{7})}{3 \times 18} = \dfrac{5-\sqrt{7}}{3}$ となる。

エッ，(2) が難しそうだって！？そうでもないよ。

(2) これは，下から順に通分と“繁分数”の計算を行っていけばいいんだよ。

$$\frac{1}{1-\frac{1}{1+\frac{1}{\sqrt{2}-1}}}=\frac{1}{1-\frac{1}{\frac{\sqrt{2}-1+1}{\sqrt{2}-1}}}=\frac{1}{1-\frac{\sqrt{2}-1}{\sqrt{2}}}$$

通分　繁分数

$$=\frac{1}{\frac{\sqrt{2}-(\sqrt{2}-1)}{\sqrt{2}}}=\frac{\sqrt{2}\times 1}{1}=\sqrt{2}$$　となる。

通分　繁分数

これで，分数計算にも自信が付いただろう？　いいね。その調子だ！

● 2重根号は，こうすればはずせる！

たとえば，$\sqrt{3+2\sqrt{2}}$ のように根号(ルート)が2重に付いたものが与えられたとしよう。何これ？って，思ってるかも知れないね。でも，これは次のように，$\sqrt{3+2\sqrt{2}}=\sqrt{2}+1$ と変形できるんだ。このような変形を“**2重根号**(にじゅうこんごう)をはずす”というんだよ。この2重根号のはずし方について，これから詳しく解説していこう。

一般に，$a>0$, $b>0$ のとき，$(\sqrt{a}+\sqrt{b})^2$ は

$$(\sqrt{a}+\sqrt{b})^2=\underbrace{(\sqrt{a})^2}_{a}+2\underbrace{\sqrt{a}\cdot\sqrt{b}}_{\sqrt{ab}}+\underbrace{(\sqrt{b})^2}_{b}$$ より，

$$(a+b)+2\sqrt{ab}=(\sqrt{a}+\sqrt{b})^2$$ となる。

（$\sqrt{a}+\sqrt{b}$ は ⊕）

この両辺は正で，$\sqrt{a}+\sqrt{b}>0$ より，

この両辺の正の平方根をとると，

$4=2^2$ の両辺の正の平方根をとって，$\sqrt{4}=2$ とするようなものだね。

$$\sqrt{\underbrace{(a+b)}_{\text{たして}}+2\underbrace{\sqrt{ab}}_{\text{かけて}}}=\sqrt{a}+\sqrt{b}$$

となる！　この式が，“2重根号をはずす”公式そのものなんだよ。さっきの例で見てみると，$\sqrt{3+2\sqrt{2}}$ は，$a+b=3$，$a\cdot b=2$ となる正の整数 a, b

（3：$a+b$（たして）　2：$a\cdot b$（かけて））　（$a+b$：たして）　（$a\cdot b$：かけて）

は **1** と **2** だね。よって,

$$\sqrt{3+2\sqrt{2}} = \sqrt{1}+\sqrt{2} = \sqrt{2}+1$$ となって，結局同じ結果だね。

$$\left[\ \sqrt{(a+b)+2\sqrt{ab}} = \sqrt{a}+\sqrt{b}\ \right]$$

同様に, $a>b>0$ のとき,

$(\sqrt{a}-\sqrt{b})^2 = (\sqrt{a})^2 - 2\sqrt{a}\cdot\sqrt{b} + (\sqrt{b})^2 = a+b-2\sqrt{ab}$ より,

$a>b$ より，$\sqrt{a}>\sqrt{b}$ から，これは⊕

$$a+b-2\sqrt{ab} = (\sqrt{a}-\sqrt{b})^2$$

この両辺は正, また, $a>b$ より $\sqrt{a}-\sqrt{b}>0$ なので, この両辺の正の平方根をとって, 次のような, もう **1** つの“**2** 重根号をはずす”公式が導ける。

$$\sqrt{(a+b)-2\sqrt{ab}} = \sqrt{a}-\sqrt{b} \qquad (a>b>0)$$

たして　かけて　大　小

この左辺は正より，右辺 $=\sqrt{a}-\sqrt{b}>0$ となる。そのため, 今回は $a>b$ の条件が付くんだね。ここは，要注意だ。

2 重根号のはずし方

$a>b>0$ のとき,

(i) $\sqrt{(a+b)+2\sqrt{ab}} = \sqrt{a}+\sqrt{b}$

たして　かけて　この大小関係はどうでもいい。

(ii) $\sqrt{(a+b)-2\sqrt{ab}} = \sqrt{a}-\sqrt{b}$

たして　かけて　大　小

次の例題で, 実際に計算してみよう。

(i) $\sqrt{5+2\sqrt{6}} = \sqrt{3}+\sqrt{2}$　となる。← これは, $\sqrt{2}+\sqrt{3}$ でもいい。

たして $3+2$　かけて 3×2

(ii) $\sqrt{7-2\sqrt{10}} = \sqrt{5}-\sqrt{2}$　となる。← $\sqrt{2}-\sqrt{5}$ は負となるのでダメ！

たして $5+2$　かけて 5×2

● 対称式は基本対称式で表せる！

2つの文字，たとえば x と y の式 x^2y+xy^2 が与えられたとする。このとき，この式の x と y を入れ替えてみようか。x^2y+xy^2 の x のところに y を，また y のところに x を代入すると，y^2x+yx^2 となることが分かるだろう。ここで，"かけ算" や "たし算" に関しては "交換の法則" が成り立つので，

（$x\cdot y=y\cdot x,\ x+y=y+x$ のこと）

y^2x+yx^2 のかける順番，たす順番を入れ替えてもいいんだね。よって，

$y^2x+yx^2=xy^2+x^2y=x^2y+xy^2$ となって，元の x^2y+xy^2 と同じであることが分かるだろう。このように，2つの文字 x と y を入れ替えても変化しない式を "**対称式**(たいしょうしき)" というんだね。そして，これら対称式の中でも最も基本的な $x+y$ と $x\cdot y$ を特に，"**基本対称式**(きほんたいしょうしき)" と呼ぶ。この "対称式" と "基本対称式" の間には次のような重要な定理が成り立つ。

（x と y を入れ替えても変化しない最も基本となる式）

対称式と基本対称式の関係

対称式 $(x^2y+xy^2,\ x^2+y^2,\ x^3+y^3,\ \cdots$ など$)$ は，すべて基本対称式 $(x+y,\ xy)$ のみの式で表すことができる。

対称式は，この他にも $\frac{y}{x}+\frac{x}{y}$ や，$x^3y^2+x^2y^3$ などなど，無数にあるけれど，基本対称式はこの2つだけだ。そして，この無数に存在するどんな対称式も，$x+y$ と xy の2つの基本対称式だけで表されると言ってるんだね。さっきの例の対称式 x^2y+xy^2 も，共通因数 xy をくくり出せば，

$x^2y+xy^2=xy(x+y)$ となって，基本対称式だけで表されているね。

（基本対称式）

その他にも，対称式が基本対称式で表される典型的な例として，次の2つは是非覚えておこう。これらは試験でも，頻出だからだ。

(i) $x^2+y^2=(x+y)^2-2xy$　（x^2+y^2：対称式，$x+y$，xy：基本対称式）

(ii) $x^3+y^3=(x+y)^3-3xy(x+y)$　（x^3+y^3：対称式，$x+y$，xy：基本対称式）

ここでは,「対称式はすべて基本対称式で表される」と言っているだけで,この式の変形は,因数分解や展開とは無関係のものなんだよ。分かった?エッ,(ⅰ)(ⅱ)がなぜそうなるのか分からないって!? いいよ。**1**つずつ見ていこう。

展開公式

(ⅰ)では,$(x+y)^2=x^2+\underset{\sim\sim}{2xy}+y^2$ だから,$(x+y)^2$ から $\underset{\sim\sim}{2xy}$ を引けば,

x^2+y^2 になるね。よって,$x^2+y^2=(x+y)^2-\underset{\sim\sim}{2xy}$ だ!

展開公式

(ⅱ)では,$(x+y)^3=x^3+\underset{\sim\sim}{3x^2y+3xy^2}+y^3$ だから,$(x+y)^3$ から

$\underset{\sim\sim}{3x^2y+3xy^2}=\underset{\sim\sim}{3xy(x+y)}$ を引いたものが x^3+y^3 になるんだね。

それじゃ,練習問題でこの対称式・基本対称式に慣れてくれ。

練習問題 6	対称式の計算	CHECK 1	CHECK 2	CHECK 3

$x=\dfrac{\sqrt{2}+1}{\sqrt{2}-1}$, $y=\dfrac{\sqrt{2}-1}{\sqrt{2}+1}$ **のとき,(ⅰ)** x^2+y^2 **と,(ⅱ)** x^3+y^3 **の値を求めよ。**

x と y の値を,(ⅰ),(ⅱ)の式に代入して,$\left(\dfrac{\sqrt{2}+1}{\sqrt{2}-1}\right)^2+\left(\dfrac{\sqrt{2}-1}{\sqrt{2}+1}\right)^2$ や,$\left(\dfrac{\sqrt{2}+1}{\sqrt{2}-1}\right)^3+\left(\dfrac{\sqrt{2}-1}{\sqrt{2}+1}\right)^3$ として,計算した人はいない? やっぱりいたか! でも,こんなやり方をしてると時間を消耗してしまう。(ⅰ),(ⅱ)は共に対称式だから,基本対称式 $(x+y,\ xy)$ で表される。よって,まず,$x+y$ と xy の値を求めるところから始めると早いんだよ!

$$\cdot\ x+y=\frac{\sqrt{2}+1}{\sqrt{2}-1}+\frac{\sqrt{2}-1}{\sqrt{2}+1}=\frac{(\sqrt{2}+1)^2+(\sqrt{2}-1)^2}{(\sqrt{2}-1)(\sqrt{2}+1)}=\frac{3+3}{1}=6$$

$(\sqrt{2}+1)^2 = 2+2\sqrt{2}+1$, $(\sqrt{2}-1)^2 = 2-2\sqrt{2}+1$

$(\sqrt{2}-1)(\sqrt{2}+1) = (\sqrt{2})^2-1^2=2-1=1$

$$\cdot\ x\cdot y=\frac{\sqrt{2}+1}{\sqrt{2}-1}\cdot\frac{\sqrt{2}-1}{\sqrt{2}+1}=1$$

これで基本対称式 $x+y$ と xy の値が求まった!

(ⅰ) $\underline{x^2+y^2}=(x+y)^2-2xy=6^2-2\times1=36-2=34$ となる。

（対称式）（基本対称式）（$x+y$ は 6，xy は 1）

(ⅱ) $\underline{x^3+y^3}=(x+y)^3-3xy(x+y)=6^3-3\times1\times6=\underline{6(6^2-3)}$

（対称式）（基本対称式）（6でくくり出した）

$=6\times33=198$ と，アッサリ答えが求められるんだね。

どう？ 対称式と基本対称式の考え方の威力が分かっただろう。

それでは次のテーマ，"**絶対値**"について解説するよ。

● 絶対値 $|a|$ の計算にも慣れよう！

ある実数 a の"**絶対値**（ぜったいち）"は $|a|$ と表し，次のように定義する。

絶対値の定義

$$|a|=\begin{cases}a & (a\geqq0\text{ のとき})\\ -a & (a<0\text{ のとき})\end{cases}\qquad(a:\text{実数})$$

これから，(ⅰ) $a\geqq0$ のとき，$|a|$は，a のままでいい。ゆえに $|a|=a$ だね。

そして，(ⅱ) $a<0$ のとき，$|a|$は，正の数 $-a$ になる。よって，$|a|=-a$ だ。

（$a<0$ だから，$-a>0$ だね。）

文字式だけではピンとこない？ いいよ。具体的に絶対値を求めてみよう。

$|3|=3$, $|-3|=-(-3)=3$, $|\sqrt{5}|=\sqrt{5}$, $|-\sqrt{5}|=\sqrt{5}$

（$a<0$ のとき，$-a$ は正。）

$|7.32|=7.32$, $|-7.32|=7.32$, $|0|=0$

どう？ 絶対値って単純だよね。0 以上の数の絶対値はそのままでよく，負の数の絶対値は符号を変えて正になるだけだからね。これから，$|a|$は，a の正，0，負に関わらず，常に $|a|\geqq0$ が成り立つんだね。これも重要なポイントだ。

それじゃ，方程式 $|x|=2$ と与えられたとき，x の値がどうなるか分かる？ 答えは，$x=2$ または -2 だね。なぜって，2 でも -2 でも，その絶対値は 2 となるからだ。（これを，$x=\pm2$ と書いてもいい。）

では，$|x|=-1$ と与えられたとき，x の値はどうなるだろう？ 難しい？ これは，さっき話した通り，常に $|x|\geqq 0$ だから，$|x|=-1$ (<0) となることなんてあり得ない。よって，$|x|=-1$ をみたす実数 x は存在しないんだね。つまり，解なし，ってことだ！ 大丈夫？

それではここで，絶対値に関する重要公式を示しておこう。

絶対値の性質

(i) $|a|^2=a^2$　　　(ii) $\sqrt{a^2}=|a|$

(a は，正，0，負いずれでもよい。)

(i) について，たとえば $a=\pm 3$ のとき，

（$a=3$ または -3 のこと）

$|a|^2=|\pm 3|^2=3^2=9$，また $a^2=(\pm 3)^2=9$，と同じ結果になるので，

（$|\pm 3|$ は 3）（これは，3^2 または $(-3)^2$ を，まとめて表したもの。）

$|a|^2=a^2$ が成り立つことが分かったと思う。

これは，a に何か式がきてもいいので，たとえば，

$|x+2|^2=(x+2)^2$，$|3b-4|^2=(3b-4)^2$ などと，変形してもいいってことなんだよ。分かった？

(ii) $\sqrt{a^2}=|a|$ についても考えてみよう。$\sqrt{\ }$ 内の a^2 は 0 以上なんだけれど，

（0 以上）

a の値そのものは，正，0，負のいずれでもかまわない。だから，ここで，$a=3$ のとき，$a=0$ のとき，そして，$a=-3$ のときについて，実際に調べてみよう。

・$a=3$ のとき，$\sqrt{a^2}=\sqrt{3^2}=\sqrt{9}=3$，$|a|=|3|=3$ となって，

$\sqrt{a^2}=|a|$ が成り立つのが分かるね。

・$a=0$ のとき，$\sqrt{a^2}=\sqrt{0^2}=\sqrt{0}=0$，$|a|=|0|=0$ となって，

$\sqrt{a^2}=|a|$ が成り立つ。

・$a=-3$ のときも，$\sqrt{a^2}=\sqrt{(-3)^2}=\sqrt{9}=3$，$|a|=|-3|=3$ となって，

$\sqrt{a^2}=|a|$ が，やっぱり成り立つ。

どう？ a の値が正，0，負に関わりなく，$\sqrt{a^2}=|a|$ が成り立つことが分かったと思う。

でも，このことは，これまで習った内容と何か矛盾するように感じている人もいるかも知れないね。少し，復習しておこう。これまで，平方根について次のように説明してきたね。

(ア) $\sqrt{a}$ は 2 乗して a になる数だから，$(\sqrt{a})^2=a$ となる。

(イ) $a\geqq 0$ のときは，$\sqrt{a^2}=a$ となる。

P34 の解説では，$a>0$ としたけれど，本当は $a\geqq 0$ でもいい。

まず，(ア) の場合，$\sqrt{a}$ は 2 乗して a になる 0 以上の数だから，自動的に $a\geqq 0$ の条件が付き，当然 $(\sqrt{a})^2=a$ となるね。

次，(イ) では，$a\geqq 0$ の条件が付いているので，$|a|=a$ となる。よって，(ⅱ) の公式から，$\sqrt{a^2}=|a|=a$ となって，$a\geqq 0$ のときは $\sqrt{a^2}=a$ でいいんだね。

でも，a が負の値もとる可能性があるときは，今回解説したように，$\sqrt{a^2}=|a|$ と変形しなければならない。

以上をまとめると，次のようになるんだね。区別してシッカリ頭に入れておこう。

$(\sqrt{a})^2$ と $\sqrt{a^2}$ の変形

(Ⅰ) $(\sqrt{a})^2$ の場合，

$\sqrt{\ }$ 内の数は常に 0 以上だ。2 乗して，この数になるからだ。

自動的に $a\geqq 0$ となって，$(\sqrt{a})^2=a$ となる。

(Ⅱ) $\sqrt{a^2}$ の場合，

$\sqrt{\ }$ 内が a^2 なので，$a^2\geqq 0$ だが，a そのものは，正，0，負のいずれにもなり得る。

・$a\geqq 0$ の条件が付けば，$\sqrt{a^2}=a$ となる。

・a が負にもなり得るときは，$\sqrt{a^2}=|a|$ と変形する。

この公式は，「2 乗のルートは，絶対値」と覚えておくと忘れないかも知れないね。

（2 乗のルート：$\sqrt{a^2}$ のこと）（絶対値：$|a|$ のこと）

それでは，次の練習問題で，公式：$\sqrt{a^2}=|a|$ を実際に使ってみよう。

練習問題 7 $\sqrt{a^2}=|a|$ の計算 CHECK 1 CHECK 2 CHECK 3

$\sqrt{x^2-2x+1}+\sqrt{x^2-4x+4}$ を簡単にせよ。また，$x=\sqrt{2}$ のとき，この式の値を求めよ。

今回のポイントは，公式 $\sqrt{a^2}=|a|$ を利用することだ。頑張ろう！

$$\sqrt{\underbrace{x^2-2x+1}_{(x-1)^2}}+\sqrt{\underbrace{x^2-4x+4}_{(x-2)^2}}=\sqrt{(x-1)^2}+\sqrt{(x-2)^2}$$

公式：$\sqrt{a^2}=|a|$ を使った！

$$=|x-1|+|x-2|$$ と簡単になる。

ここで，$x=\underbrace{\sqrt{2}}_{1.4}$ のとき，

与式 $=|\underbrace{\sqrt{2}-1}_{\oplus}|+|\underbrace{\sqrt{2}-2}_{\ominus}|=\sqrt{2}-1-(\sqrt{2}-2)=-1+2=1$ となる。

$a<0$ のとき，$|a|=-a$

$a\geqq0$ のとき，$|a|=a$

参考

$x=\sqrt{2}$ のとき，この式の値を求めるだけなら，次のように2重根号の問題として解くこともできる。

2重根号の公式　(i) $\sqrt{(a+b)+2\sqrt{ab}}=\sqrt{a}+\sqrt{b}$　$(a>0,\ b>0)$

(ii) $\sqrt{(a+b)-2\sqrt{ab}}=\sqrt{a}-\sqrt{b}$　$(a>b>0)$

$x=\sqrt{2}$ のとき，

与式 $=\sqrt{\underbrace{(\sqrt{2})^2}_{2}-2\cdot\sqrt{2}+1}+\sqrt{\underbrace{(\sqrt{2})^2}_{2}-4\cdot\sqrt{2}+4}=\sqrt{3-2\sqrt{2}}+\sqrt{6-\underbrace{4\sqrt{2}}_{2\times\sqrt{2^2\times2}=2\sqrt{8}}}$

$$=\sqrt{\underbrace{3}_{2+1}-2\sqrt{\underbrace{2}_{2\cdot1}}}+\sqrt{\underbrace{6}_{4+2}-2\sqrt{\underbrace{8}_{4\cdot2}}}=\sqrt{2}-\underbrace{\sqrt{1}}_{1}+\underbrace{\sqrt{4}}_{2}-\sqrt{2}=-1+2=1$$

と，同じ結果になる。数学って，理解が進むといろんな解き方が出来るようになるから，さらに面白くなるんだね。

● 実数は数直線上の点で表される！

図1(i)に示すように，矢線を横に1本引き，適当に，原点**0**とその右に点**1**を定める。そして，**0**と**1**の間隔と等間隔に正側(右側)に**2**，**3**，**4**，…の点を取り，**0**より負側(左側)に-1，-2，-3，…の点を取ることにより，"**数直線**"を作ることができるんだね。

図1(i) 数直線

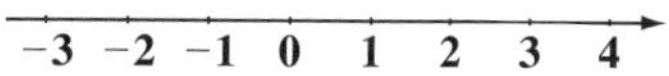

$-3\quad -2\quad -1\quad 0\quad 1\quad 2\quad 3\quad 4$

(ii) 数直線と実数

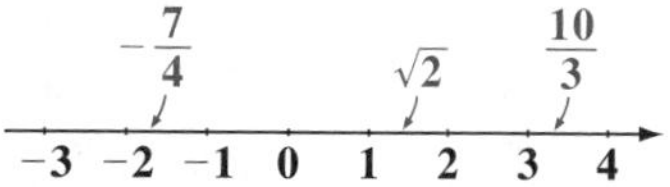

$-\frac{7}{4}$　$\sqrt{2}$　$\frac{10}{3}$

$-3\quad -2\quad -1\quad 0\quad 1\quad 2\quad 3\quad 4$

そして，これまで解説した実数はすべて，この数直線上の点として表すことができる。例として，図1(ii)に$-\frac{7}{4}$ $(=-1.75)$，$\sqrt{2}$ $(=1.414\cdots)$，$\frac{10}{3}$ $(=3.\dot{3}=3.333\cdots)$に対応する点を数直線上に示しておいた。一般に，$a<b$のとき，bはaの右側の位置にくる。

ここで，$\sqrt{2}=\underset{\text{整数部分}}{1}.\underset{\text{小数部分}}{414\cdots}$の**1**を整数部分，**0.414**…を小数部分という。同様に$\frac{10}{3}=\underset{\text{整数部分}}{3}.\underset{\text{小数部分}}{333\cdots}$の**3**を整数部分，**0.333**…を小数部分というんだね。

一般に，実数aの整数部分と小数部分は，次のように定義される。

実数の整数部分と小数部分

実数aが，$n\leqq a<n+1$ (n：整数)をみたすとき，

$$\begin{cases} a\text{の整数部分は}n\text{であり，} \\ a\text{の小数部分は}a-n\text{である。} \end{cases}$$

$a=\underset{\text{整数部分}}{n}.\underset{\text{小数部分}}{\cdots\cdots}$ ($n\geqq 0$のとき)

したがって，$a=4$ $(=4.0)$のとき，aの整数部分は**4**であり，aの小数部分は**0**となる。では，$b=-\frac{7}{4}$ $(=-1.75)$の整数部分と小数部分はどうなるか，分かる？ ン!? $b=-1.75$の整数部分は-1で，小数部分は**0.75**だって!? 違うね。このとき，図1(ii)の$b=-1.75$の位置から，$\underset{\text{整数部分}}{-2}\leqq \underset{-1.75}{b}<-1$となるので，$b$の整数部分は$-2$であり，$b$の小数部分は$b-(-2)=-1.75+2=0.25$となるんだね。これは間違いやすいところなので，気を付けよう。

では，次の例でもう少し練習しておこう。

$(ex1)$ $x=\sqrt{3}$ $(=1.732\cdots)$ の整数部分は 1，小数部分は $\underbrace{\sqrt{3}-1}_{0.732\cdots}$ である。

$(ex2)$ $y=-\sqrt{3}$ $(=-1.732\cdots)$ は，$\underbrace{-2}_{整数部分}\leqq y<-1$ より，y の整数部分は -2，

であり，小数部分は $y-(-2)=-\sqrt{3}+2=\underbrace{2-\sqrt{3}}_{2-1.732\cdots=0.267\cdots}$ となるんだね。大丈夫？

次に，実数の絶対値と数直線上の点との関係についても解説しよう。図 2(ⅰ) に示すように，点 3 の絶対値 $|3|$ は，原点 0 と点 3 との間の距離を表す。同様に，点 -3 の絶対値は $|-3|=3$ となるので，これも原点 0 と点 -3 との間の距離を表しているんだね。

図 2(ⅰ) 数直線上の $|3|$ と $|-3|$

$|-3|$　$|3|$
-3　0　3

(ⅱ) $a>0$ のとき　(ⅲ) $a<0$ のとき

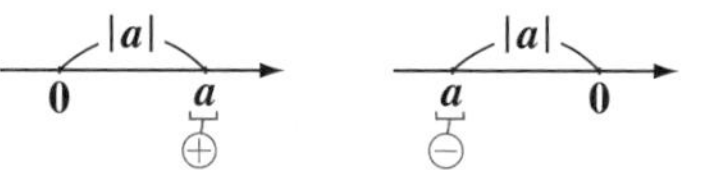

一般に図 2(ⅱ)(ⅲ) に示すように，実数 a の正・負に関わらず $|a|$ は，原点 0 と点 (実数) a との間の距離を表しているので，$|a|=|a-0|$ と考えることができるんだね。ン？ $a=0$ のときはどうなるのかって？ $a=0$ のときは，点 a は原点 0 と一致するので，当然 $|a|=|0|=|0-0|=0$ となるんだね。

では，2 点 (2 つの実数) a，b の間の距離は，$|a-b|$ となるのではないかって？いい勘しているね。その通りです。

図 3 に示すように，数直線上に 2 つの実数 (2 点) a，b が与えられたとき，2 点 a，b の間の距離は，$|a-b|$ または $|b-a|$ で表すことができる。絶対値内の符号は $|-3|=|3|=3$ のように影響しないので，$|b-a|=|-(a-b)|=|a-b|$ となって，いずれで求めても同じ結果になるからなんだね。では，1 つ例を挙げておこう。

図 3　2 点 a，b の間の距離

$|a-b|$
b　0　a

$(ex3)$ $a=2-3\sqrt{2}$，$b=1+\sqrt{2}$ のとき，数直線上の 2 点 a，b の間の距離は，

$$|a-b|=\left|2-3\sqrt{2}-(1+\sqrt{2})\right|=\left|2-3\sqrt{2}-1-\sqrt{2}\right|=|\underbrace{1-4\sqrt{2}}_{\ominus}|=\underbrace{4\sqrt{2}-1}_{\oplus}$$

となる。

4th day　1次方程式・1次不等式

みんな，おはよう！ 今回は**1**次方程式や**1**次不等式について解説しよう。**1**次方程式については，中学でもう習っているって!? そうだね。でも，この講義は“初めから始める”のがモットーだから，復習も兼ねて“**1次方程式**”の解法から始めよう。そして，“**1次不等式**”さらに“**連立1次不等式**”まで解説するつもりだ。今回はグラフも利用して分かりやすく教えるつもりだ。

● 方程式の解法は，天秤（てんびん）法で考えよう！

等式と呼ばれるものは，$A=B$ の形をしている。そして，この等式には(ⅰ) **恒等式**と(ⅱ) **方程式**の**2**種類があることに気を付けよう。

(ⅰ) **恒等式**とは，左右両辺がまったく同じ式のことで，乗法公式

$(a+b)(a-b)=a^2-b^2$ などが恒等式の**1**例なんだね。

さらに，$x+2=x+2$ …①も左右両辺がまったく同じ式なので，恒等式だ。①の恒等式の場合，両辺がまったく同じ式だから，当然 x にどんな値を代入しても成り立つんだね。たとえば，

$x=1$ のとき，①は　$1+2=1+2$　となって成り立つ。

$x=100$ のとき，①は　$100+2=100+2$　となって成り立つ。

$x=-\sqrt{5}$ のとき，①は　$-\sqrt{5}+2=-\sqrt{5}+2$　となって成り立つ。…

(ⅱ) これに対して，**方程式**の例を下に示そう。

$2x-2=-x+4$ …②　　これは x の**1**次式の方程式なので，

“**x の1次方程式**”という。②の x にさまざまな値を代入してみるよ。

$x=1$ のとき，②は　$2\times1-2\neq-1+4$　となって成り立たない。

$x=2$ のとき，②は　$2\times2-2=-2+4$　となって成り立つ。

$x=10$ のとき，②は　$2\times10-2\neq-10+4$　となって成り立たない。…

さらに，x にいろんな値を代入していっても，$x=2$ のときしか②は成り立たない。この $x=2$ のように方程式が成り立つ x の値を“**解**”と呼び，この解を求めることを“**方程式を解く**”という。実際に方程式を解くときは，もちろん上記のように適当に x に値を代入して調べたりしない。

キチンとした解法があるんだね。これから，この方程式を解くための式変形の公式を天秤の図と共に下に示そう。

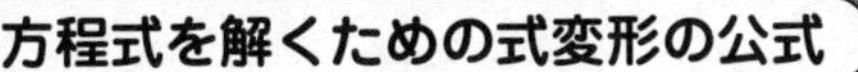

方程式を解くための式変形の公式

方程式 $A=B$ が与えられたとき，次式が成り立つ。

$A=B$ のイメージを，天秤で 2 つの重り Ⓐ と Ⓑ がつり合っていると考えると分かりやすい。

(ⅰ) $A+C=B+C$

両辺に同じ C をたしても等しい。

(ⅱ) $A-C=B-C$

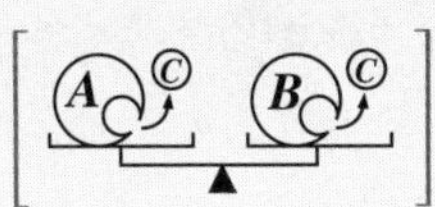

両辺から同じ C を引いても等しい。

(ⅲ) $C\cdot A=C\cdot B$

両辺に同じ C をかけても等しい。

$C=2$ のときのイメージ（$2A$，$2B$）

(ⅳ) $\dfrac{A}{C}=\dfrac{B}{C}\quad(C\neq 0)$

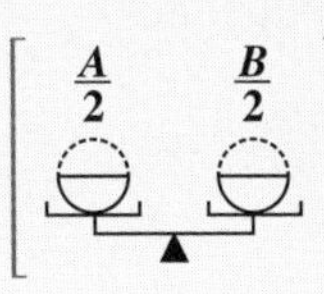

両辺を同じ C で割っても等しい。

$C=2$ のときのイメージ（$\dfrac{A}{2}$，$\dfrac{B}{2}$）

方程式 $A=B$ が与えられたならば，(ⅰ) この両辺に同じ C をたしても，(ⅱ) この両辺から同じ C を引いても，(ⅲ) この両辺に同じ C をかけても，(ⅳ) この両辺を同じ C ($\neq 0$) で割っても等しいことが，天秤のイメージから分かるね。では，これらの公式を使って簡単な方程式を解いてみよう。

(ⅰ) 方程式　$x-1=3$　のとき，

両辺に同じ 1 をたした → $x-1+1=3+1$

$x=3+1$

左辺の -1 が右辺に移項されて $+1$ になる。

$\therefore x=4$ と答えが出てくる。

(ⅱ) 方程式　$x+5=4$　のとき，

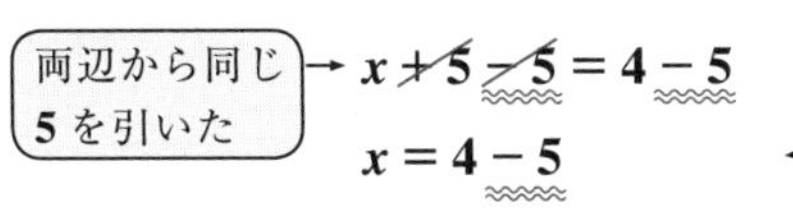

両辺から同じ 5 を引いた → $x+5-5=4-5$

$x=4-5$

左辺の $+5$ が右辺に移項されて -5 になる。

$\therefore x = -1$ が答えだね。

(iii) 方程式　$\frac{1}{2}x = 3$　のとき，

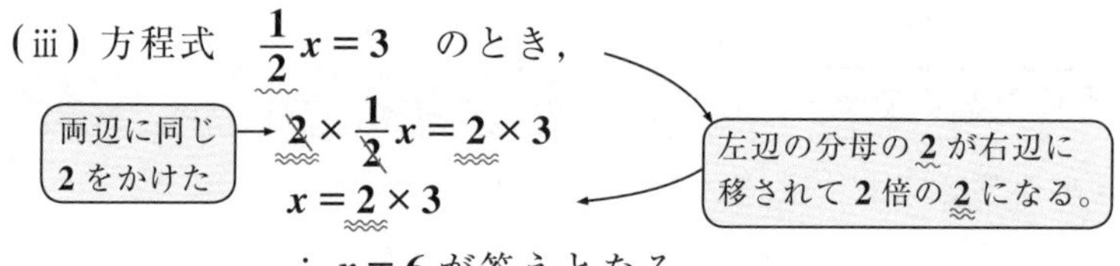

$\therefore x = 6$ が答えとなる。

(iv) 方程式　$3x = 9$　のとき，

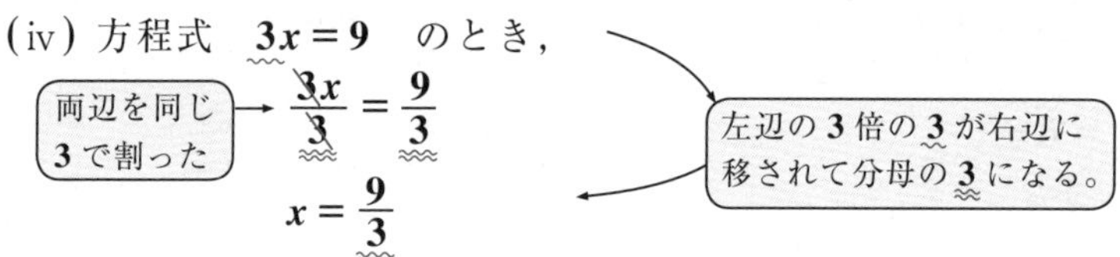

$\therefore x = 3$ が答えだね。

どう？ (i)～(iv)の方程式の変形公式を使うと，ある数が1つの辺から他方の辺に移されるとき，(i)引き算はたし算に，(ii)たし算は引き算に，

（$x-1=3$ より $x=3+1$）　（$x+5=4$ より $x=4-5$）

(iii)割り算はかけ算に，そして(iv)かけ算は割り算に変化することが分

（$\frac{1}{2}x=3$ より $x=2\times3$）　（$3x=9$ より $x=\frac{9}{3}$）

かると思う。x の1次方程式が与えられたならば，この要領で変形を繰り返して，$x=$(解)の形にもち込めばいいんだよ。それでは，

$2x-2=-x+4$ …② (P50) の方程式の解をキチンと求めてみよう。

$2x+x=4+2$　（右辺の $-x$ を左辺に移項して $+x$ になった。左辺の -2 を右辺に移項して $+2$ になった。）

$3x=6$　（左辺の3倍の3が右辺に移って，分母の3になった。）

$\therefore x=\frac{6}{3}=2$　が答えだ。

この $x=2$ を②の方程式に代入すると，$2\times2-2=-2+4$ となって成り立つことが分かるね。それじゃさらに，例題で方程式を解いてみよう！

(*a*) $3x+1=4-x$ を解こう。これを変形して，

$3x+x=4-1$　　$4x=3$　　$\therefore x=\dfrac{3}{4}$

(*b*) $3(1-x)=4x+1$ を解こう。これを変形して，

$3\times1-3x=4x+1$　　$3-1=4x+3x$　　$2=7x$

$7x=2$　　$\therefore x=\dfrac{2}{7}$

左右両辺を入れ替えてもいい。

次に，1 次方程式の応用として，循環小数を既約分数になおす操作も練習しておこう。

(*c*) 循環小数 $0.\dot{1}\dot{5}$ を，$x=0.\dot{1}\dot{5}=0.15151515\cdots$ とおく。

ここで，この両辺に 100 をかけて，

$100\cdot x=15.151515\cdots\cdots$　となる。

$0.151515\cdots=0.\dot{1}\dot{5}=x$ のこと。

この右辺は $15+x$ とおけるので，

$100x=15+x$ の 1 次方程式となる。これを解いて，

$100x-x=15$　　$99x=15$　　$\therefore x=\dfrac{15}{99}=\dfrac{5}{33}$　となる。

これが，$0.\dot{1}\dot{5}$ を既約分数の形で表したものだ。

(*d*) 循環小数 $0.\dot{1}2\dot{3}$ を，$x=0.123123123\cdots$　とおく。

ここで，この両辺に 1000 をかけて，

$1000\cdot x=123.123123\cdots\cdots$　となる。

$0.123123\cdots=0.\dot{1}2\dot{3}=x$

この右辺は $123+x$ とおけるので，

$1000x=123+x$ の 1 次方程式となる。これを解いて，

$1000x-x=123$　　$999x=123$　　$x=\dfrac{123}{999}$

分子・分母を 3 で割る。

$\therefore x=\dfrac{41}{333}$　となる。どう？要領を覚えた？

これが，$0.\dot{1}2\dot{3}$ を既約分数の形で表したものだ。

● 1次方程式をグラフで考えよう！

直線 $y = \underset{傾き}{m}x + \underset{y切片}{n}$ が与えられたとき，m は傾き，n は y 切片をそれぞれ表すので，図1に示すようなグラフになることは，中学で既に習ったね。

図1　直線 $y = mx + n$ のグラフ

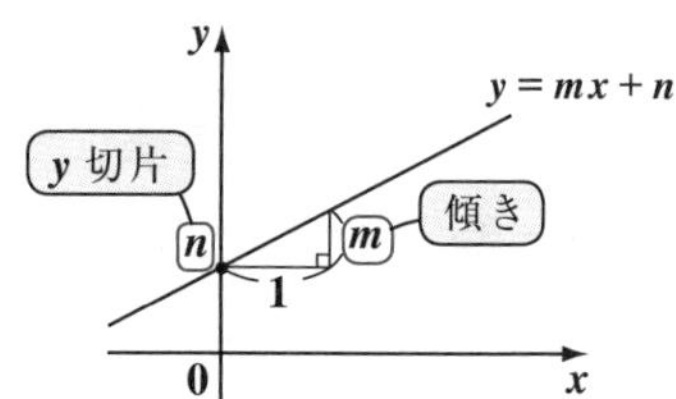

それでは，前に解説した方程式：

$2x - 2 = -x + 4$ …②を，グラフで考えてみることにしようか。

②の左右両辺をそれぞれ y とおいて分解すると，次のような㋐と㋑の2本の直線の方程式が出来るだろう。

$$\begin{cases} y = \underset{傾き}{2}x \underset{y切片}{-2} & \cdots\cdots\text{㋐} \\ y = \underset{傾き}{-1} \cdot x + \underset{y切片}{4} & \cdots\cdots\text{㋑} \end{cases}$$

図2　$y = 2x - 2$ と $y = -x + 4$ のグラフ

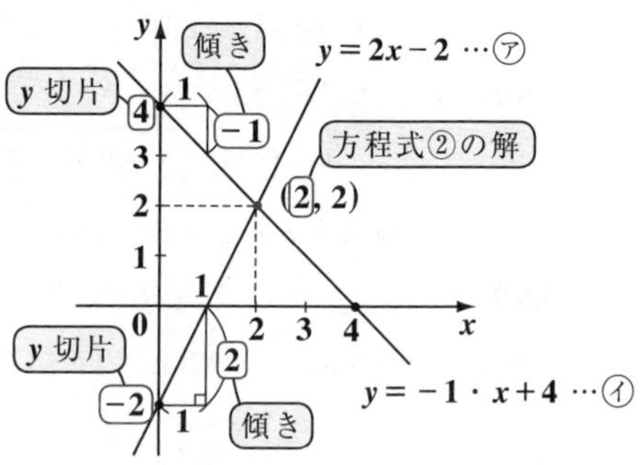

図2のように，この2直線㋐と㋑のグラフを xy 座標平面上に描くと，その交点の x 座標の2が，②の方程式の解になるんだね。これは逆に㋐と㋑の直線の交点の x 座標を求めようとするとき㋐，㋑から y を消去して，x の1次方程式②を作って解くわけだから，当たり前のことだったんだけれどね。

さらに，②の方程式を変形して，

$2x + x - 2 - 4 = 0$　　$3x - 6 = 0$ …②′ とし，これを分解して，

$$\begin{cases} y = 3x - 6 \\ y = 0 \leftarrow \boxed{x\text{軸のこと}} \end{cases}$$

図3　$y = 3x - 6$ と $y = 0$ のグラフ

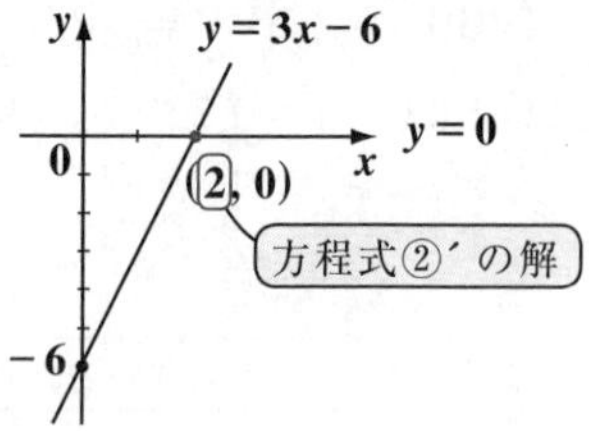

としても，同様に図3に示すようにこの2直線の交点 $(2,\ 0)$ の x 座標2が方程式②′（または②）の解になるんだね。

このように，1次方程式の解というのは分解して，2直線の交点の x 座標

として，ヴィジュアルに(視覚的に)とらえることが出来ることも知っておくと，視野が広がって解ける問題の幅が広がっていくんだね。

それでは，最初に示した x の恒等式　$x+2=x+2$ …①も，これを方程式と考えて，同様に **2** つの直線の式に分解してみよう。すると，

図4　$y=x+2$ と $y=x+2$ のグラフ

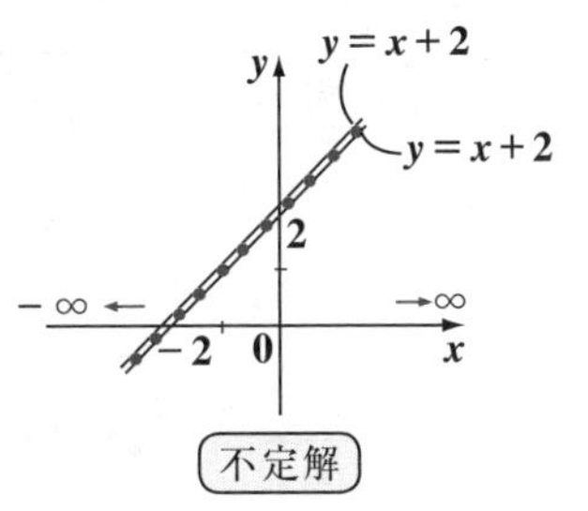

$$\begin{cases} y=x+2 \\ y=x+2 \end{cases}$$

となる。これら同一の **2** 直線の交点(共有点)の x 座標が①の方程式の解となるわけだから，この場合，

（これは“無限大”記号）

$-\infty<x<\infty$ の全範囲に渡って，無数に解が存在することになる。これを特に“**不定解**(ふていかい)”と呼ぶことも覚えておこう。また，①を変形すると，

（定まらない位，解が無数に存在するという意味だ！）

$x-x=2-2$　$\therefore 0=0$　となってしまう。これは，$0\cdot x=0$ と見れば，x （…，-500，$-\sqrt{3}$，0，3，$\sqrt{11}$，1000，…）がどんな値のときだって成り立つので，同じく不定解をもつことを意味している。また，$0=0$ を同様に分解して，$y=0$ と $y=0$ とおくと，これは **2** つの同じ x 軸を表すので，この共有点の x 座標も無数に存在して，これからも不定解をもつことが分かるだろう。

図5　$y=2x+1$ と $y=2x+3$

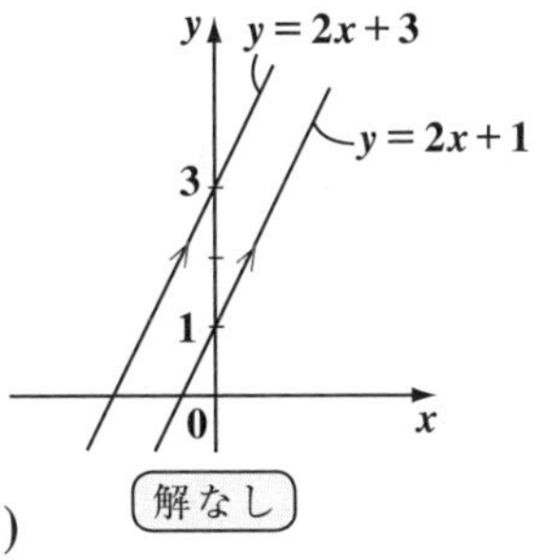

次，方程式：$2x+1=2x+3$ …③についても考えてみよう。これも，両辺をそれぞれ y とおいて，**2** 直線の式に分解すると，

$$\begin{cases} y=2x+1 \\ y=2x+3 \end{cases}$$

解なし

となって，平行な **2** 直線になるので交点(共有点)が **1** つも存在しない。だから，③の方程式の解は存在しない。これを，“**解なし**(かいなし)”または“**不能**(ふのう)”と呼ぶ。実際に③を変形してみると，$2x-2x=3-1$　$\therefore 0=2$ と矛盾が導かれるので，③の方程式が解をもたないことが分かると思う。

以上から，x の 1 次方程式は(i) ただ 1 つの実数解をもつ場合，(ii) 不定解をもつ場合，そして(iii) 解なしとなる場合，の 3 つの場合があることが分かったと思う。どう？ 1 次方程式って意外と奥が深いだろう。

それでは，次の練習問題でさらに腕を磨いてごらん。

練習問題 8	1 次方程式	CHECK 1	CHECK 2	CHECK 3

方程式 $1=\dfrac{2}{1-\dfrac{1}{x-2}}$ を解け。

$1=\dfrac{2}{1-\dfrac{1}{x-2}}$　$(x\neq 2)$　これを変形して，

(分母に 0 はこない)

$1=\dfrac{2}{\dfrac{x-2-1}{x-2}}$ ← 通分　　$1=\dfrac{2}{\dfrac{x-3}{x-2}}$ (分母の分母は分子へ — 繁分数の計算)

$1=\dfrac{2(x-2)}{x-3}$ (移す)　$(x\neq 3)$ (分母に 0 はこない)　$x-3=2(x-2)$ (分配の法則)

$x-3=2x-4$　　$-3+4=2x-x$　　$1=x$

$\therefore x=1$ が答えとなる。(これは，$x\neq 2$，$x\neq 3$ をみたす。)

大丈夫だった？ では次，絶対値の付いた 1 次方程式について考えてみよう。

● 絶対値が付いた 1 次方程式も解いてみよう！

絶対値のついた 1 次方程式の問題についてもチャレンジしてみよう。次の x の方程式を例題として解いてみよう。

$|2x-1|=x$ ……①

エッ，難しそうだって！？でも，絶対値が出てきたら場合分けで対処すればよいことを思い出してくれたらいいんだよ。

一般論として，実数 a の絶対値 $|a|$ は，

(i) $a\geqq 0$ のとき，a のままであり，(ii) $a<0$ のときは，$-a$ のことだった。

つまり，$|a| = \begin{cases} a & (a \geqq 0 \text{ のとき}) \\ -a & (a < 0 \text{ のとき}) \end{cases}$　となるんだね。

今回の方程式①では，左辺が，式 $2x-1$ の絶対値 $|2x-1|$ になっているので，

(ⅰ) $2x-1 \geqq 0$，または (ⅱ) $2x-1 < 0$ に分類して，

これから，$x \geqq \frac{1}{2}$ とする　　これから，$x < \frac{1}{2}$ と変形できる。

$$|2x-1| = \begin{cases} 2x-1 & \left(x \geqq \frac{1}{2} \text{のとき}\right) \\ -(2x-1) & \left(x < \frac{1}{2} \text{のとき}\right) \end{cases}$$　と表せるんだね。

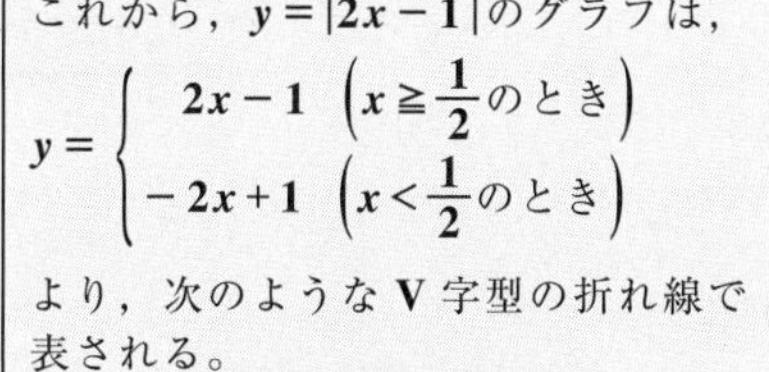

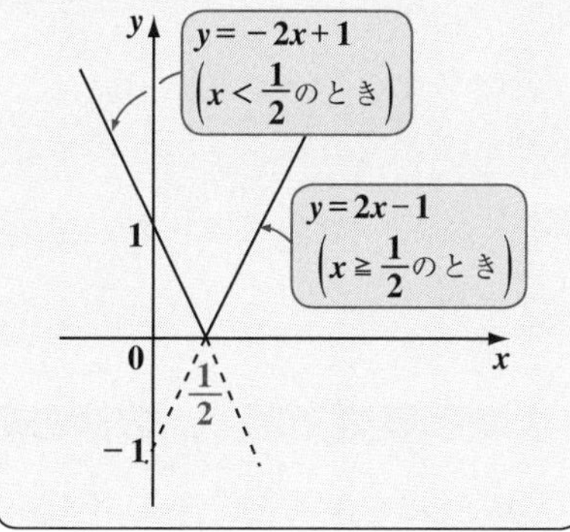

以上より，①の方程式は，次のように場合分けして解けばいいことが分かるはずだ。

(ⅰ) $x \geqq \frac{1}{2}$ のとき

$2x-1 = x$ …………②

(ⅱ) $x < \frac{1}{2}$ のとき

$-(2x-1) = x$ ……③

それでは，具体的に②，③の方程式を解いてみよう。

(ⅰ) $x \geqq \frac{1}{2}$ のとき，

$2x-1 = x$ …②　を解いて，$2x - x = 1$

$\therefore\ x = 1$　$\left(\text{これは，} x \geqq \frac{1}{2} \text{ をみたすから答えだ。}\right)$

(ⅱ) $x < \frac{1}{2}$ のとき，

$-(2x-1) = x$ …③　を解いて，$-2x+1 = x$

$1 = x + 2x$　　よって，$3x = 1$ より，

$x = \frac{1}{3}$　　$\left(\text{これも，} x < \frac{1}{2} \text{をみたすから答えだね。}\right)$

このように，絶対値の付いた 1 次方程式では，解いた方程式の解が，x の値の範囲の条件をみたしているか，否かを必ず確認しなければならないんだね。今回は，(ⅰ)，(ⅱ)のいずれの解もそれぞれの条件をみたしている。よって，

方程式 $|2x - 1| = x$ …①の解は，$x = \frac{1}{3}$ と 1 になるんだね。

①の方程式を分解して，2 つの関数の形で表すと，

$$\begin{cases} y = |2x - 1| & \cdots④ \\ y = x & \cdots\cdots\cdots⑤ \end{cases}$$

← P57 で示した V 字型折れ線

← 原点 0 を通る傾き 1 の直線

となる。よって，④，⑤のグラフを示すと右図のようになり，これら④，⑤のグラフの交点の x 座標 $\frac{1}{3}$ と 1 が①の解となっているんだね。

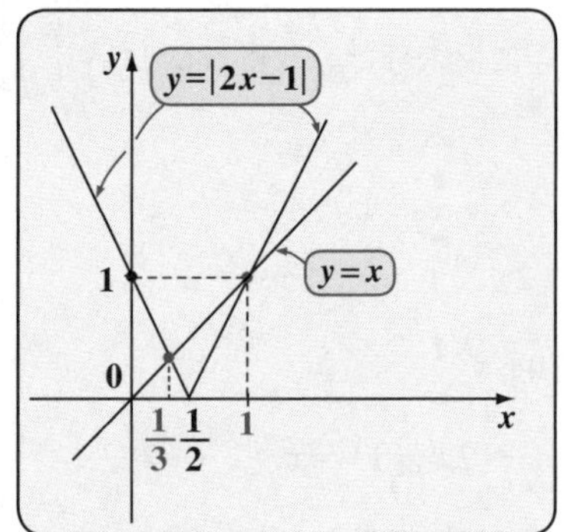

● 1 次不等式では，x の値の範囲が求まる !?

$\underline{A > B}$ や $\underline{A \leqq B}$ など，不等号 (＞または＜) の入った式を "**不等式**(ふとうしき)" という。

("A は B より大")("A は B 以下")

この不等式も，$\underline{x^2 \geqq 0}$ のように，x の値に関わりなく恒等的に成り立つものと，$2x - 2 \geqq -x + 4$ …①のように，x がある値の範囲にあるときのみ成り立つものとがある。①のように，x の 1 次式の不等式を "**x の 1 次不等式**" といい，この不等式をみたす x の値の範囲を，この不等式の "**解**" という。不定解や解なしの場合を除いて，1 次方程式では 1 つの x

(x が実数ならば，x^2 は常に 0 以上になる！)("常に" という意味)

の値が解として求まったけれど，一般に 1 次不等式では x の値の範囲が解として求まる。この x の値の範囲を求めることを，“1 次不等式を解く”という。

それでは，不等式を解くための式変形の公式を天秤の図と共に示そう。

不等式を解くための式変形の公式

不等式 $A>B$ [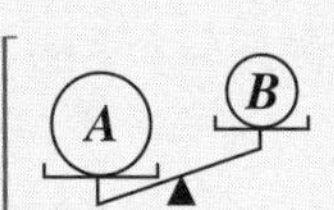] が与えられたとき，次式が成り立つ。

重り Ⓐ の方が重り Ⓑ より重いイメージ

(i) $A+C>B+C$

両辺に同じ C をたしても大小関係は変わらない。

(ii) $A-C>B-C$

両辺から同じ C を引いても大小関係は変わらない。

(iii) ・$C>0$ のとき　$CA>CB$

両辺に同じ正の数 C をかけても大小関係は変わらない。

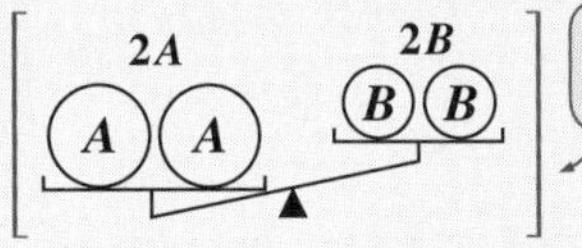

C が 2 のときのイメージ

・$C<0$ のとき　$CA<CB$

両辺に同じ負の数 C をかけると大小関係は逆転する。

[このときのイメージは示せない。ゴメン！]

(iv) ・$C>0$ のとき　$\dfrac{A}{C}>\dfrac{B}{C}$

両辺を同じ正の数 C で割っても大小関係は変わらない。

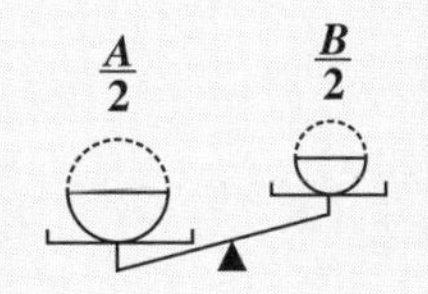

C が 2 のときのイメージ

・$C<0$ のとき　$\dfrac{A}{C}<\dfrac{B}{C}$

両辺を同じ負の数 C で割ると大小関係は逆転する。

[このときのイメージは示せない。ゴメン！]

不等式$A>B$が与えられたならば，(i) この両辺に同じCをたしても，(ii) この両辺から同じCを引いても，大小関係が変化しないことが，天秤のイメージから分かったと思う。これは方程式のときと同様だね。でも，(iii) 同じCを両辺にかけたり，(iv) 同じCで両辺を割ったりするとき，Cが正の数ならば大小関係(不等号の向き)に変化はないけれど，Cが負の数ならば大小関係(不等号の向き)が変化することに注意しないといけないね。これが不等式の解法の**1**番大きな注意点なんだ。でも，逆に言うならば，これさえ注意すれば，他は方程式のときの式の変形と大差はないんだよ。

それじゃ，簡単な例で具体的な計算練習をして，不等式の解法にも慣れていくことにしようか。

(i) 不等式　$x-1 \geqq 3$ のとき，

$x \geqq 3+1$

$\therefore x \geqq 4$ が答えだ。

> 両辺に同じ**1**をたした。左辺の-1が右辺に移項されて$+1$になった。

(ii) 不等式　$x+5<4$ のとき，

$x<4-5$

$\therefore x<-1$ となる。

> 両辺から同じ**5**を引いた。左辺の$+5$が右辺に移項されて-5になった。

(iii) 不等式　$\frac{1}{2}x>3$ のとき，

$x>2\times 3$

$\therefore x>6$ となるね。

> 両辺に同じ正の数**2**をかけた。左辺の分母の2が右辺に移されて**2**倍の2になった。(不等号の向きは，そのまま)

(iii)′ 不等式　$-\frac{1}{3}x \leqq 1$ のとき，

$x \geqq -3\times 1$

$\therefore x \geqq -3$ が答えになる。

> 両辺に同じ負の数-3をかけた。左辺の分母の-3が右辺に移されて-3倍の-3になった。(不等号の向きが逆転!)

(iv) 不等式　$3x \geqq 9$ のとき，

$x \geqq \frac{9}{3}$

$\therefore x \geqq 3$ が答えだね。

> 両辺を同じ正の数**3**で割った。左辺の**3**倍の3が右辺に移されて分母の3になった。(不等号の向きは，そのまま)

(iv)´ 不等式 $-4x \leqq 16$ のとき，

$$x \geqq \frac{16}{-4}$$

両辺を同じ負の数 -4 で割った。左辺の -4 倍の -4 が右辺に移されて分母の -4 になった。（不等号の向きが逆転！）

$\therefore x \geqq -4$ が答えとなる。

どう？ これで不等式の基本となる式変形のパターンも分かっただろう？それでは，1 次不等式 $2x-2 \geqq -x+4$ …①を具体的に解いてみることにしよう。

$2x-2 \geqq -x+4$ …①の解を求める。これを変形して

$2x+x \geqq 4+2$

$3x \geqq 6$

$x \geqq \frac{6}{3}$ より，$x \geqq 2$ が，不等式①の解になる。

これをグラフでも調べておこう。

図 6　$2x-2 \geqq -x+4$

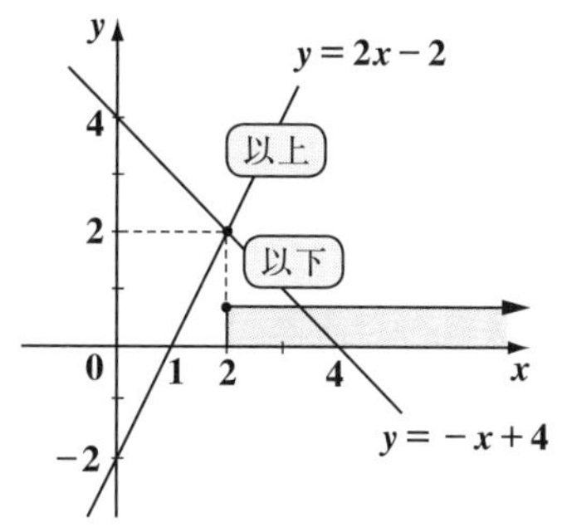

①の両辺をそれぞれ y とおくと，

$$\begin{cases} y=2x-2 & \cdots ㋐ \\ y=-x+4 & \cdots ㋑ \end{cases}$$ となるね。

この㋐，㋑の 2 直線のグラフを図 6 に示すよ。すると，①の不等式から㋐の y 座標が㋑の y 座標以上となる x の値の範囲が $x \geqq 2$ であることが分かるはずだ。これは①の解と一致してるね。大丈夫？

あるいは，①を変形して

$x-2 \geqq 0$

となるので，これを同様に分解して

$$\begin{cases} y=x-2 & \cdots\cdots ㋒ \\ y=0\ [x\text{ 軸}] & \cdots ㋓ \end{cases}$$ としてもいい。

図 7　$x-2 \geqq 0$

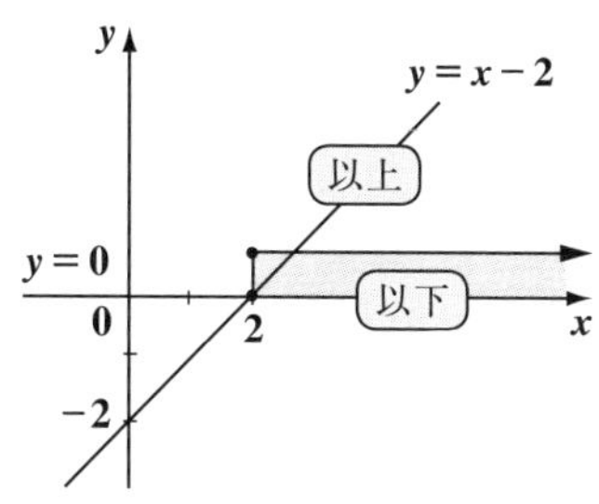

これから，㋒の y 座標が㋓の y 座標，つまり 0 以上となる x の値の範囲が $x \geqq 2$ となるのも，図 7 から分かると思う。

練習問題 9	1次不等式（I）	CHECK 1	CHECK 2	CHECK 3

x の1次不等式　$x+1<\frac{1-x}{4}$　を解け。

不等式の変形を正確に行っていけばいいんだね。

$x+1<\frac{1-x}{4}$ を変形して

$4(x+1)<1-x$ ←（正の数4を両辺にかけた。不等号の向きはそのまま）

$4x+4<1-x$　　$4x+x<1-4$

$5x<-3$　　$\therefore x<-\frac{3}{5}$ ←（正の数5で両辺を割った！不等号の向きはそのまま）

● 連立1次不等式も解いてみよう！

それでは，x の**連立1次不等式**についても，その解法の説明をしておこう。具体例で示そう。次のように，2つの1次不等式①と②がペアとなって並べられたものを**連立1次不等式**というんだね。

$$\begin{cases} 2x-1<x+3 & \cdots\cdots① \\ 2x-2\leqq 3x-1 & \cdots\cdots② \end{cases}$$

この連立1次不等式の場合，①かつ②をみたす x の値の範囲が答えとなることに気を付けよう。つまり，①を解いて得られる x の範囲と②を解いて得られる x の値の範囲のいずれをもみたす x の範囲（共通部分）が，この連立1次不等式の解となるんだね。

(i) では，まず①を解いて，

$2x-1<x+3$ より，　$2x-x<3+1$

$\therefore x<4$ ……①′ となる。

(ii) では次，②も解いて，

$2x-2\leqq 3x-1$ より，$-2+1\leqq 3x-2x$

$\therefore -1\leqq x$ ……②′ となる。

(i) $x<4$　(ii) $-1\leqq x$

以上(i)，(ii)より，①′，②′ のいずれもみたす x の値の範囲が，この連立

1 次不等式の解となる。よって，右図より，$-1 \leqq x < 4$ となる。

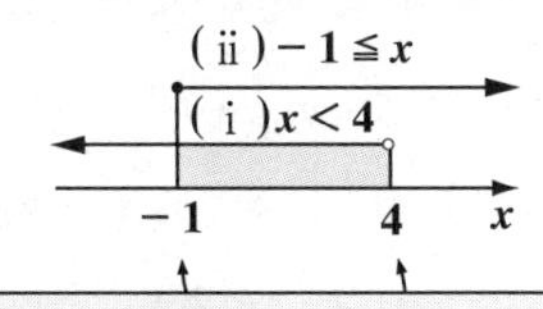

この解の範囲は，$x = -1$ を含むが，$x = 4$ は含んでいないんだね。

x の値の範囲で，
“○”は，その値を含まず，
“●”は，その値を含むことを表す。

それでは，次の例題で，連立 **1** 次不等式の解法を練習しておくことにしよう。

練習問題 10	1 次不等式（Ⅱ）	CHECK 1	CHECK 2	CHECK 3

次の x の連立 1 次不等式 を解け。

$$\begin{cases} 3(x+2) < 5x + \dfrac{x-3}{2} & \cdots\cdots (a) \\ \dfrac{x-4}{2} \leqq \dfrac{x-2}{5} & \cdots\cdots\cdots\cdots\cdots\cdots (b) \end{cases}$$

（金沢工大）

(a)，(b) をそれぞれ独立に解いて範囲を求め，その共通部分が解となるんだね。

(ⅰ) $3(x+2) < 5x + \dfrac{x-3}{2}$ …… (a) について，

両辺に **2** をかけて，

$6(x+2) < 10x + x - 3 \qquad 6x + 12 < 11x - 3$

$12 + 3 < 11x - 6x$

$15 < 5x \qquad \therefore 3 < x$

(ⅱ) $\dfrac{x-4}{2} \leqq \dfrac{x-2}{5}$ …… (b) について，

両辺に $10(=2\times5)$ をかけて，分母を払うと，

$5(x-4) \leqq 2(x-2) \qquad 5x - 20 \leqq 2x - 4$

$5x - 2x \leqq 20 - 4$

$3x \leqq 16 \qquad \therefore x \leqq \dfrac{16}{3}$ （$\dfrac{16}{3} = 5.333\cdots$）

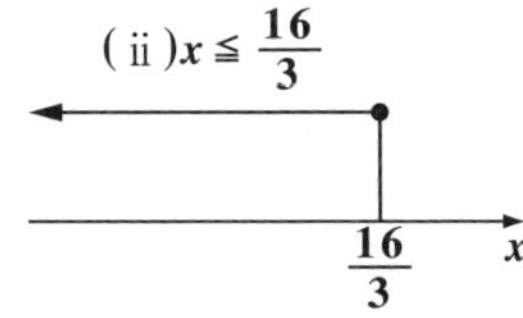

以上(ⅰ)，(ⅱ)より，求める連立 **1** 次不等式の解は，$3 < x \leqq \dfrac{16}{3}$ となる。

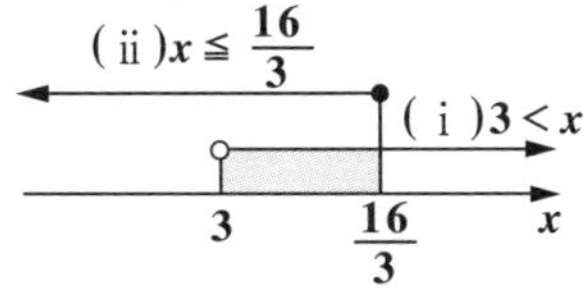

● 絶対値の付いた1次不等式も解いてみよう！

最後に絶対値の付いた1次不等式の問題にもチャレンジしてみよう。これも次の具体例を実際に解きながら解説しよう。

$$|x-1| \leqq \frac{13-x}{5} \quad \cdots\cdots①$$

一般に，実数 a の絶対値 $|a|$ が導かれたら，

これは(ⅰ) $a \geqq 0$，または(ⅱ) $a < 0$ の場合に分類して，

$$|a| = \begin{cases} a & (a \geqq 0 \text{ のとき}) \\ -a & (a < 0 \text{ のとき}) \end{cases}$$ と表せるんだったね。(P44)

今回は，①の左辺が，$x-1$ の絶対値 $|x-1|$ になっているので

これも，(ⅰ) $x-1 \geqq 0$，または(ⅱ) $x-1<0$ の場合に分類して

$x \geqq 1$　　$x < 1$

$$|x-1| = \begin{cases} x-1 & (x \geqq 1 \text{ のとき}) \\ -(x-1) & (x < 1 \text{ のとき}) \end{cases}$$ と表せるんだね。

以上より，①の不等式は，次のように場合分けして解けばいい。

(ⅰ) $x \geqq 1$ のとき，　$x-1 \leqq \dfrac{13-x}{5}$ ……②　← $x \geqq 1$ のとき $|x-1| = x-1$ より

または

(ⅱ) $x < 1$ のとき，　$-(x-1) \leqq \dfrac{13-x}{5}$ ……③　← $x < 1$ のとき $|x-1| = -(x-1)$ より

ここで，連立1次不等式のときと違って，②または③の関係であることに気を付けよう。これは，(ⅰ) $x \geqq 1$ の条件で②を解いた x の範囲と，(ⅱ) $x<1$ の条件で③を解いた x の範囲とを，たし合わせること（和集合）を意味している。

では，(ⅰ)，(ⅱ)それぞれの1次不等式を解いてみよう。

(ⅰ) $x \geqq 1$ のとき，②の両辺に5をかけて，

$5(x-1) \leqq 13-x$　　$5x-5 \leqq 13-x$

$5x+x \leqq 13+5$　　$6x \leqq 18$　← 両辺を6で割って

$\therefore x \leqq 3$

よって $1 \leqq x$ の条件の下で $x \leqq 3$ が分かったので，これは，$1 \leqq x$ かつ $x \leqq 3$ と同じなんだね。よってこの共通部分が解となる。

$\therefore\ 1 \leqq x \leqq 3$

(i) $x \geqq 1$ の条件の下

$x \leqq 3$　②の解

(ii) $x < 1$ のとき，③の両辺に **5** をかけて，

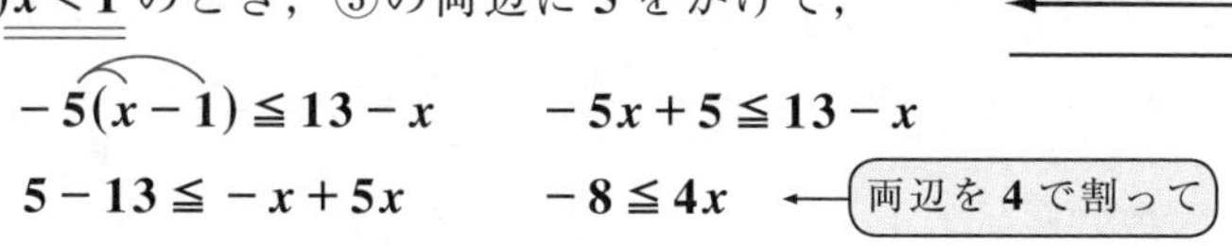

$-5(x-1) \leqq 13 - x$　　$-5x + 5 \leqq 13 - x$

$5 - 13 \leqq -x + 5x$　　$-8 \leqq 4x$ ←（両辺を **4** で割って）

$\therefore\ -2 \leqq x$

よって $x < 1$ の条件の下で $-2 \leqq x$ が分かったので，これは，$x < 1$ かつ $-2 \leqq x$ と同じだ。よって，この共通部分が解となるんだね。

(ii) $x < 1$ の条件の下

③の解　$-2 \leqq x$

$\therefore\ -2 \leqq x < 1$

以上より，①の絶対値の付いた **1** 次不等式の解は，(i) $1 \leqq x \leqq 3$ または (ii) $-2 \leqq x < 1$ となるので，右図のようにして，これらをたし合わせた和集合になるんだね。

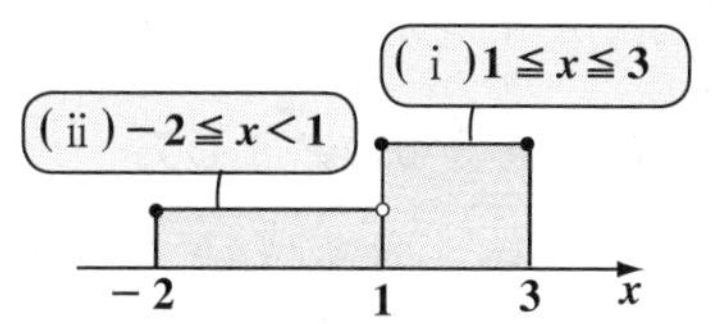

よって，$-2 \leqq x \leqq 3$ が，①の解だ。

納得いった？

このように，**1** 次不等式の応用問題（連立 **1** 次不等式や絶対値の付いた **1** 次不等式）を解く場合，それぞれの式の関係が，“かつ”なのか，“または”なのかについて，常に注意を払う必要があるんだね。そして

“かつ”ならば，“共通部分”をとり，
“または”ならば，“和集合”をとることも，

シッカリ頭に入れておこう。

この関係は次の“**集合と論理**”の講義で詳しく出てくる (**P74**) ので，併せて学習しておくと，さらに知識が定着するはずだ。頑張ろう！

第1章●数と式　公式エッセンス

1. 指数法則（m, n：自然数，$m \geqq n$）

(1) $a^0 = 1$　(2) $a^1 = a$　(3) $a^m \times a^n = a^{m+n}$　(4) $(a^m)^n = a^{m \times n}$ など。

2. 乗法公式（因数分解公式）

(ⅰ) $m(a+b) = ma + mb$　(ⅱ) $(a \pm b)^2 = a^2 \pm 2ab + b^2$（複号同順）

(ⅲ) $(a+b)(a-b) = a^2 - b^2$

(ⅳ) $(a+b+c)^2 = a^2 + b^2 + c^2 + 2ab + 2bc + 2ca$

(ⅴ) $(ax+b)(cx+d) = acx^2 + (ad+bc)x + bd$ ← この右辺から左辺への変形は，“たすきがけ”による因数分解の公式

(ⅵ) $(a \pm b)^3 = a^3 \pm 3a^2b + 3ab^2 \pm b^3$　（複号同順）

(ⅶ) $(a \pm b)(a^2 \mp ab + b^2) = a^3 \pm b^3$　（複号同順）

3. 平方根の計算　($a > 0$，$b > 0$)

(ⅰ) $\sqrt{a^2} = a$　(ⅱ) $\sqrt{a} \times \sqrt{b} = \sqrt{a \times b}$　(ⅲ) $\dfrac{\sqrt{b}}{\sqrt{a}} = \sqrt{\dfrac{b}{a}}$

4. 2重根号のはずし方

$\sqrt{(a+b) \pm 2\sqrt{ab}} = \sqrt{a} \pm \sqrt{b}$　（ただし，$a > b > 0$ とする。）

5. 対称式と基本対称式

対称式（$x^2y + xy^2$, $x^2 + y^2$, $x^3 + y^3$, …など）は，すべて基本対称式（$x+y$, xy）のみの式で表すことができる。

6. 絶対値の性質

(ⅰ) $|a|^2 = a^2$　(ⅱ) $\sqrt{a^2} = |a|$　（a は実数）

7. 方程式 $A = B$ が与えられたとき，次式が成り立つ

(ⅰ) $A \pm C = B \pm C$（複号同順）

(ⅱ) $AC = BC$　(ⅲ) $\dfrac{A}{C} = \dfrac{B}{C}$　（ただし，$C \neq 0$）

8. 不等式 $A > B$ が与えられたとき，次式が成り立つ

(ⅰ) $A \pm C > B \pm C$　（複号同順）

(ⅱ) $C > 0$ のとき，　$AC > BC$　$\dfrac{A}{C} > \dfrac{B}{C}$

(ⅲ) $C < 0$ のとき，　$AC < BC$　$\dfrac{A}{C} < \dfrac{B}{C}$

第２章
CHAPTER

2 集合と論理

▶ 集合（和集合と共通部分，補集合）
ド・モルガンの法則

▶ 命題，必要条件・十分条件

▶ 論証（対偶による証明，背理法）

5th day　集合の基本，ド・モルガンの法則

おはよう！みんな元気そうだね！さァ今日からは，気分も新たに，“**集合と論理**”の講義を始めよう。ンッ，少し緊張するって？大丈夫だよ。また分かりやすく教えるからね。

今回の講義では，集合の基本として，“**和集合**(わしゅうごう)”と“**共通部分**(きょうつうぶぶん)”，そして“**補集合**(ほしゅうごう)”について，解説しよう。さらに，“**ド・モルガンの法則**”についても，“**ベン図**(ず)”を使って分かりやすく教えるつもりだ。

まず，集合の基本的な考え方に慣れることが，大切なんだね。

● 集合とは，ハッキリしたものの集りだ！

これから，**集合**(しゅうごう)について解説しよう。“**集合**”というと，何か漠然と“ものの集り”と考えている人がいるかも知れないね。でも，数学で集合という場合，その定義をもっとクリアにしておかないといけない。まず，集合の定義を下に書いておこう。

集合の定義

集合とはある一定の条件をみたすものの集りのこと。

(ただし，対象とするものがその条件をみたすかどうか，客観的に明らかなものの集まりでなければならない。)

堅苦しい表現だけど，この集合の定義からいくと，“美しい花”の集合とか，“背の高い人”の集合とかが，数学上の集合にはなり得ないのが分かるだろう？ たとえば，美しい花と言われても，各個人によって意見が分かれる場合があるわけだから，ある花が“美しい花”の集合に入るかどうかハッキリしないこともある。このように，あいまいな条件では，数学での集合とはいえないんだね。“背の高い人”の場合も同様だね。エッ，それじゃ，“身長が **175cm** 以上の人”の集合はどうかって？ うん，いい提案だね。これならば，集合になり得るね。条件が，ハッキリしているからだ。ちなみに，このクラスは全部で **30** 人のクラスだけど身長が **175cm** 以上の人，手を上げてくれる？ え～と，a 君，d 君，f さん，k 君，m 君，y 君，z 君の **7** 人

がそうなんだね。御協力，ありがとう！

このクラスの中で，この **7** 人が身長 **175cm** 以上の集合を形作っているんだね。

一般に，集合は A, B, C, X, Y など大文字のアルファベットで表す。今回の身長 **175cm** 以上の人の集合を A とおくと図 **1** のように，集合 A を図で表すこともできる。

図 1　身長 175cm 以上の人の集合

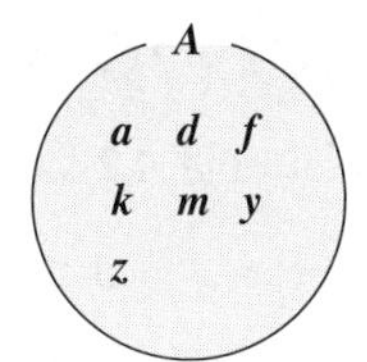

このように，集合を表す図を“**ベン図**”と呼ぶことも覚えておこう。そして，a 君，d 君，…，z 君など，この集合 A を構成している **1** つ **1** つのものを，集合 A の“**要素**”または“**元**”という。えっ，“人”を“**1** つ **1** つのもの”なんていって，失礼だ！って？　ごめんな。でも，これは数学的な表現なんだね。ここで，

(i) a が集合 A の要素であるとき，$a \in A$ または $A \ni a$ と表し，
“a は A に属する”と読む。

(ii) b が集合 A の要素でないとき，$b \notin A$ または $A \not\ni b$ と表し，
“b は A に属さない”と読むんだよ。これも，約束事だ。

今回の場合，f さんは集合 A に属しているから，$f \in A$ だし，e 君は集合 A に属していないから，$e \notin A$ と表せばいい。このように A に属するか否かがハッキリしていることが，集合であることの条件になるんだね。

それでは，集合の表し方についても勉強しておこう。今回の例を使うと，

(i) 集合 A を構成する要素をすべて並べて，{　} でくくって表現してもいい。つまり，

$A = \{a, d, f, k, m, y, z\}$ と表してもいいし，また

(ii) 集合 A を $\{x \mid x$ のみたすべき条件$\}$ の形で，

$A = \{x \mid x$：このクラスで身長が **175cm** 以上の人$\}$ のように表してもいいんだよ。（下線部：x のみたすべき条件）

どう？　だんだん，集合の考え方や表現の仕方が分かってきただろう。それでは，次の練習問題を解いて，さらに慣れるといいよ。

練習問題 11	集合の表し方	CHECK 1	CHECK 2	CHECK 3

次の各集合を要素を列挙する形で表せ。

(1) $A=\{n|n=2k,\ k=1,\ 2,\ 3\}$

(2) $B=\{n|n$ は 12 以下の正の偶数$\}$

(3) $X=\{x|x$ は $-3\leqq x\leqq 4$ をみたす整数$\}$

(4) $Y=\{x|x$ は $|x|<0$ をみたす整数$\}$

この問題では，集合がすべて，$\{n\,|\,n$ のみたすべき条件$\}$ や $\{x\,|\,x$ のみたすべき条件$\}$ の形で表されている。これらをすべて，要素を並べた形の表現に切り替えるんだね。(1), (2), (3) の要素はすぐに分かると思う。(4) は，$|x|\geqq 0$ の条件があることに気付けばいいんだね。

(1) $n=2\underline{\underline{k}}$ で，$k=1,2,3$ となっているので，この k の値を $n=2k$ に代入すると，$n=2\times\underline{\underline{1}}=2,\quad n=2\times\underline{\underline{2}}=4,\quad n=2\times\underline{\underline{3}}=6$

となって，3 つの要素 2, 4, 6 が出てくるね。これが集合 A の要素のすべてになるので，

$A=\{2,4,6\}$ と表される。大丈夫だね。

(2) n は12 以下の正の偶数なので，集合 B の要素は，2, 4, 6, 8, 10, 12 の 6 個だね。

よって，

$B=\{2,4,6,8,10,12\}$ と表現できる。

［集合 B については，$\{n\,|\,n$ のみたすべき条件$\}$ の形式で，(1) と同様に，$B=\{n\,|\,n=2k,\ k=1,2,3,4,5,6\}$ と表してもいいのが分かると思う。］

(3) $-3\leqq x\leqq 4$ をみたす整数 x と言われたならば，これは具体的に，

$x=-3,\ -2,\ -1,\ 0,\ 1,\ 2,\ 3,\ 4$

の 8 個になる。これらを要素にもつ集合が X なので，

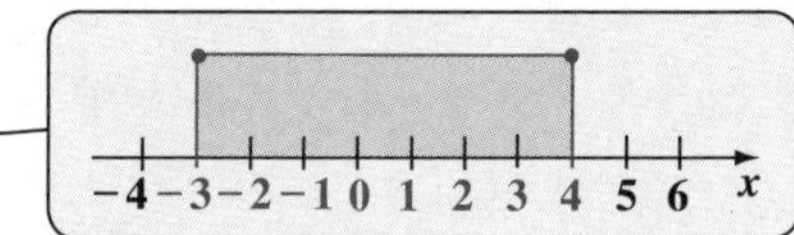

$X=\{-3,\ -2,\ -1,\ 0,\ 1,\ 2,\ 3,\ 4\}$ と表されるんだね。

(4) $|x|<0$ は，絶対値の付いた1次不等式なんだけれど，元々$|x|$は，すべての実数 x に対して，$|x|\geqq 0$ の条件が存在するため，$|x|<0$ をみたす実数 x は存在しないことになる。よって，$|x|<0$ をみたす整数 x も当然存在しない。

つまり，集合 Y は要素を1つも持たない集合になってしまうんだね。

エッ，要素が1つもない集合なんて，集合じゃないって？ そうだね。集合とはある一定の条件をみたす"ものの集まり"のことだから，もの(**要素**)を1つも持たない集合なんて，変に感じるかも知れない。でも，この要素を1つも持たない集合も集合の仲間に入れ，これを"**空集合**(くうしゅうごう)"と呼んで，ϕ と表す。つまり，集合 $Y=\phi$ となる。このように集合には，空集合もあることを頭に入れておくんだよ。

（ギリシャ文字で"ファイ"と読む。空集合を表す。）

それじゃ，次，練習問題 **11** (3) の集合 X を少しアレンジして，新たに集合 X' を次のように定義することにするよ。

$X'=\{x \mid x$ は $-3\leqq x\leqq 4$ をみたす実数$\}$

（(3) の X では，これが整数だった！）

これまで，練習問題 **11** の (1), (2), (3) で求めた集合 A, B, X は，

$A=\{2, 4, 6\}$

$B=\{2, 4, 6, 8, 10, 12\}$

$X=\{-3, -2, -1, 0, 1, 2, 3, 4\}$ で，それぞれ3個，6個，8個の有限な個数の要素をもつ集合だった。このように有限な個数の要素をもつ集合を"**有限集合**(ゆうげんしゅうごう)"という。そして，(4) の集合 Y のように，1つの要素も持たない集合を"**空集合**"というんだったね。これに対して，集合 X' の要素の個数が無限に存在するのは分かる？ つまり，$-3\leqq x\leqq 4$ をみたす実数 x は -3, -2.331, $-\sqrt{5}$, $-\sqrt{2}$, 0, 0.0001, $\sqrt{3}$, $\sqrt{7}$, 3.1988, $\cdots$, 4 と，数限りなく書き出すことが出来る。つまり，無限に存在するんだね。このように，属する要素の個数が無限である集合を"**無限集合**(むげんしゅうごう)"と呼ぶ。

ここではさらに，無限集合の例を次に示すことにしよう。

$U = \{n | n$ は自然数$\}$

(自然数 n は, 1, 2, 3, 4, … と無限に存在する。)

$V = \{x | x$ は実数$\}$

(実数 x は, $-\infty$(マイナス無限大)から, $+\infty$(プラス無限大)に至るまで無限に存在する。)

$Z = \{x | x$ は $0 \leqq x \leqq 1$ をみたす実数$\}$

(x は, $0 \leqq x \leqq 1$ の範囲でも, 実数なので, 無限に存在する。)

以上示した集合 U, V, Z はいずれも, 属する要素が無限に存在する無限集合ということになるんだね。それでは, これまでの内容をまとめて示すから, 頭の中を整理しておこう。

集合の種類

有限集合：属する要素の個数が有限の集合

空 集 合 ：属する要素が 1 つもない集合 (ϕ で表す)

無限集合：属する要素の個数が無限の集合

ここで, 一般に集合 A が有限集合か, または空集合 (ϕ) のとき, この集合 A に属する全要素の個数を $n(A)$ と表すことも覚えておこう。集合 A が無限集合の場合には, 無限の程度(パワー)を表す尺度として, 個数ではなく, "**濃度**(のうど)" と呼ばれるものを用いるんだけれど, これは高校数学の範囲を越えるので, 特に注意を払う必要はないよ。

では, 練習問題 11 の各有限集合や空集合の要素の個数を示しておこう。

(1) $A = \{2, 4, 6\}$ の場合,

集合 A には全部で 3 つの要素が属しているので, この要素の個数 $n(A)$ は, $n(A) = 3$ となるんだね。

(2) $B = \{2, 4, 6, 8, 10, 12\}$ の場合,

全部で 6 つの要素が属しているので, $n(B) = 6$ となる。

(3) $X = \{-3, -2, -1, 0, 1, 2, 3, 4\}$ の場合,

全部で 8 つの要素が属しているので, $n(X) = 8$ となる。

(4) $Y = \phi$ (空集合) の場合,

集合 Y には 1 つの要素も属していないので, Y の要素の個数 $n(Y)$ はどうなる? そうだね。当然, $n(Y) = 0$ が正解だ!

以上で，集合について，最も基本となる話はこれで終了だよ。今度は，**2**つまたはそれ以上の集合の関係について，詳しく解説していこうと思う。

● A が B の真部分集合って，どういうこと？

練習問題**11**の**(1)**，**(2)**で求めた集合 A，B を，もう**1**度ここに並べて書いてみよう。

図2 AとBのベン図

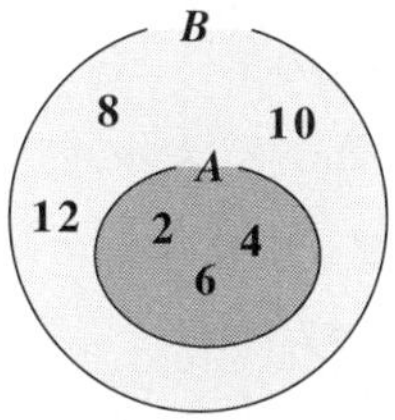

$A = \{2, 4, 6\}$

$B = \{2, 4, 6, 8, 10, 12\}$

2つの集合 A，B の関係を模式図的に示したものも"**ベン図**"というんだけれど，図**2**のベン図から，どんなことが分かる？

エッ，集合 A が集合 B に完全に食べられちゃってるって？面白い表現だけど当たっているね。この場合，数学的には集合 A は集合 B の"**真部分集合**（しんぶぶんしゅうごう）"というんだよ。ここではまず，"**部分集合**（ぶぶんしゅうごう）"も含めて，下にその基本事項を書いておこう。

部分集合と真部分集合

(i) 集合 A の要素のすべてが集合 B に属するとき，

A を B の"**部分集合**"といい，$A \subseteqq B$ [または $B \supseteqq A$] と表す。

これは，"A は B に含まれる"，または"B は A を含む"と読む。

(ii) $A \subseteqq B$ かつ $A \supseteqq B$ ならば，"**A と B は等しい**"といい，$A = B$ と表す。

A が B の部分集合で，かつ B が A の部分集合ということは，A と B が共にまったく同じ要素を持つことになるので，"A と B は等しい"，すなわち $A = B$ となるんだね。

(iii) $A \subseteqq B$ かつ $A \neq B$ ならば，

A を B の"**真部分集合**"といい，$A \subset B$ [または $B \supset A$] と表す。

今回の例では，$A = \{2, 4, 6\}$ のすべての要素が B に属するので，$A \subseteqq B$ と言える。そして，明らかに $A \neq B$ なので，$A \subset B$，すなわち A は B の真部分集合とも言えるんだね。これが，"A が B に完全に食べられてる！"状態の数学的な表現だったんだね。大丈夫？

● 共通部分と和集合もベン図で考えよう！

ちょっと，質問していい？ このクラスで，双子座の人は手を上げて！ **1** 人，**2** 人，…，**5** 人いるね。それじゃ，血液型が **O** 型の人は？ え〜，**O** 型の人は **13** 人だね。じゃ，双子座で **O** 型の人は？ …，**2** 人ですか？ 御協力，ありがとう。この双子座の人の集合と，**O** 型の人の集合のイメージを図 **3** で示しておいた。これから，双子座で，かつ **O** 型の人は **2** 人なので，双子座で **O** 型でない人は **3** 人，**O** 型で双子座でない人は **11** 人ってことになるね。ここで，

図 3　双子座と O 型の集合

双子座　O型　3人　11人　2人

双子座は 5 人
O 型は 13 人
双子座で O 型は 2 人

・双子座でかつ **O** 型の人の集合を "**共通部分**(きょうつうぶぶん)" という。ベン図では，**2** つの集合が重なる "柿の種" [ ] の部分のことだね。（この人数は，**2** 人だ。）

・そして，双子座かまたは **O** 型の人の集合を "**和集合**(わしゅうごう)" という。ベン図では，ちょうど "横に寝かせたダルマさん" [ ] の部分がこれに当たる。（この人数は，**3＋2＋11＝16** 人だ！）

2 つの集合 A，B が与えられたとき，その共通部分は $A\cap B$ と表し，和集合は $A\cup B$ と表す。この共通部分 $A\cap B$ と，和集合 $A\cup B$ の定義を示しておく。

（∩が帽子に似ているので，"A キャップ B" と読む。）

（∪がコーヒーカップに似ているので，"A カップ B" と読む。）

共通部分と和集合

2 つの集合 A，B について，

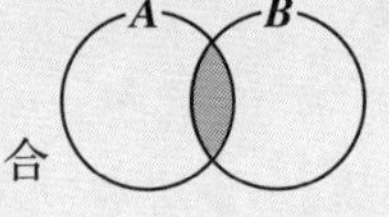

（"A かつ B" と読んでもいい。）

(i) 共通部分 $A\cap B$：A と B に共通な要素全体の集合

（"A または B" と読んでもいい。）

(ii) 和集合 $A\cup B$：A または B のいずれかに属する要素全体の集合

A，B が有限集合のとき，これらと，共通部分 $A\cap B$，和集合 $A\cup B$ の要素の個数について，次の重要な公式があるんだよ。

共通部分と和集合の要素の個数

(i) $A\cap B \neq \phi$ のとき,

$n(A\cup B)=n(A)+n(B)-n(A\cap B)$ となる。

(ii) $A\cap B=\phi$ のとき,

$n(A\cup B)=n(A)+n(B)$ となる。

エッ, 難しそうで, よく分からんって? 大丈夫だよ。これについては, "張り紙のテクニック" を使って, 分かりやすく解説するからね。まず,

(i) $A\cap B \neq \phi$ の意味は分かる? 2 つの集合 A と B の共通部分が空集合 (ϕ) ではないと言ってるわけだから, A と B に重なる部分があると言ってるんだね。このとき, 2 つの集合の要素の個数 $n(A)$ と $n(B)$ を表す丸い紙を 2 枚用意し, 図 4 に示すように, これらが 1 部重なるように台紙にペタン, ペタンと貼る。そして, 2 重に重なった部分 $n(A\cap B)$ (柿の種の部分) を 1 枚だけピロッとはがすと, キレイに 1 枚分の $n(A\cup B)$ (ダルマさん) になるってことなんだね。つまり,

図 4 張り紙のテクニック

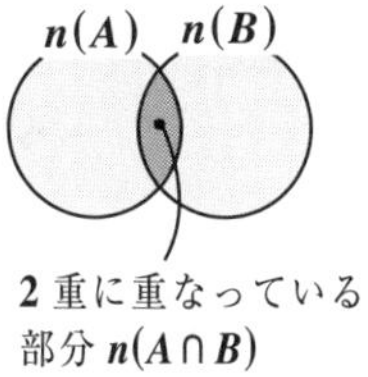

$n(A)+n(B)-n(A\cap B)=n(A\cup B)$ となるんだね。次,

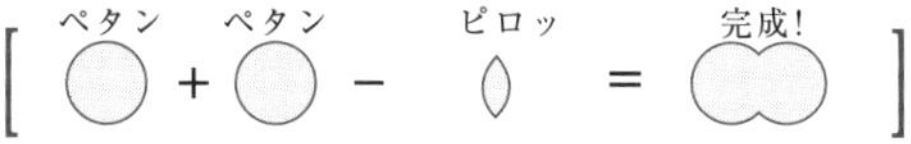

[ペタン + ペタン − ピロッ = 完成!]

(ii) では, $A\cap B=\phi$ (空集合) のときと言ってるわけだから, 2 重に重なる柿の種の部分がない。つまり, $n(A\cap B)=0$ ってことなんだね。だから, 今回は, ピロッとはがす必要はないので, $n(A)$ と $n(B)$ の 2 枚の丸い紙を台紙にペタン, ペタンと貼っておしまいになるんだね。つまり, $A\cap B=\phi$ のときは,

$n(A)+n(B)=n(A\cup B)$ でいいんだね。納得いった?

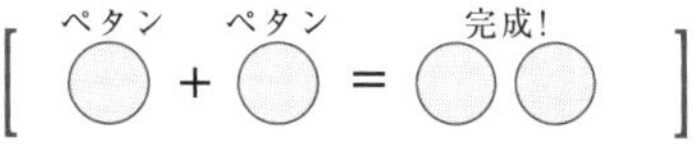

[ペタン + ペタン = 完成!]

それじゃ, 先程の双子座と O 型の例で練習しておこう。双子座の人の集合を F, O 型の人の集合を O とおくと, 要素の個数は,

$\underline{n(F)=5}$, $\underline{n(O)=13}$, $\underline{n(F\cap O)=2}$ だったから，双子座かまたは O 型
（双子座は5人）（O 型は13人）（双子座でかつO型は2人）
の人の人数，すなわち $n(F\cup O)$ は，公式から

$$n(F\cup O)=n(F)+n(O)-n(F\cap O)$$

［ （ ）＝（ペタン）＋（ペタン）－（ピロッ） ］

$$=\ 5\ +\ 13\ -\ 2\ =16$$ と計算できる。

では，練習問題 **11** の (2), (3) の集合 B, X を使って，さらに練習しよう。

$$\begin{cases} B=\{2,\ 4,\ 6,\ 8,\ 10,\ 12\} \\ X=\{-3,\ -2,\ -1,\ 0,\ 1,\ 2,\ 3,\ 4\} \end{cases}$$ より，

$B\cap X=\{2,\ 4\}$ だね。

よって，$n(B)=6$, $n(X)=8$, $n(B\cap X)=2$ より，$n(B\cup X)$ は，

$n(B\cup X)=n(B)+n(X)-n(B\cap X)=6+8-2=12$ となるんだね。

最後に，2 つの集合 $E=\{x\,|\,-1\leqq x\leqq 2\}$ と $G=\{x\,|\,1\leqq x<5\}$ が与えられたとき，この 2 つの関係が“かつ($\cap$)”か“または($\cup$)”で，まったく違った範囲を表すことになるんだよ。

(i) $E\cap G$ について，

$-1\leqq x\leqq 2$ かつ $1\leqq x<5$ より，
この 2 つの範囲の共通部分になる。
よって，右図から $1\leqq x\leqq 2$ だね。
$\therefore E\cap G=\{x\,|\,1\leqq x\leqq 2\}$ となる。

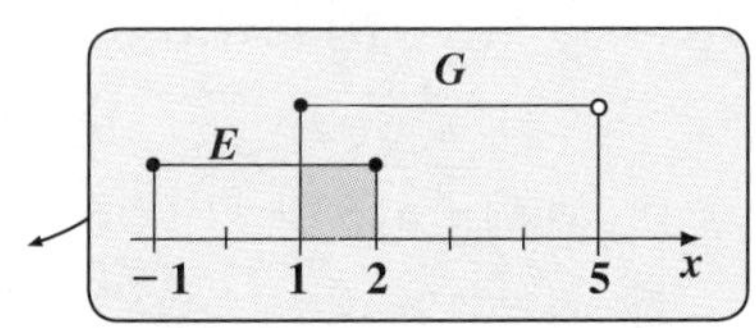

(ii) $E\cup G$ について，

$-1\leqq x\leqq 2$ または $1\leqq x<5$ より，
今度は，この 2 つの範囲の和集合になるので，右図から $-1\leqq x<5$ となる。
$\therefore E\cup G=\{x\,|\,-1\leqq x<5\}$ となるんだね。

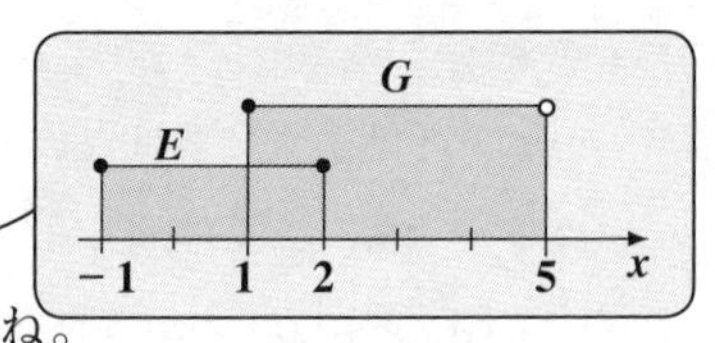

● まず，全体集合 U と補集合 $\overline{A}$ を押さえよう！

これまで，2 つの集合 A, B の関係について勉強したけれど，実はそれら A, B を部分集合として包含している“**全体集合**(ぜんたいしゅうごう)”と呼ばれる集合が暗

黙の内に認められていたんだよ。この全体集合は一般に U で表し，その時点で考

（"*Universe*"（宇宙）の頭文字 U を用いる。）

えている対象のすべての要素が属する集合のことなんだね。というと，全体集合 U は超巨大な集合なのかって？　そうとも限らない。確かに考えている対象が自然数全体や実数全体などの場合，$U=\{1, 2, 3, \cdots\}$ や $U=\{x \mid -\infty < x < \infty\}$ となっ

（$-\infty$ から $+\infty$ に至るすべての実数を表す。）

て，U は無限集合となるから，超巨大な集合といってもいいだろうね。

でも，ボクが前回キミ達の中で双子座の人や，**O** 型の人を調べたとき，ボクの頭の中では，この **30** 人のクラスの人達しか対象にしてなかったから，その時は，このクラスの **30** 人全員が全体集合 U だったってわけだ。

いずれにせよ，集合を考える際にそのバックグラウンドとなるものが全体集合 U で，その中の部分集合として，A や B などのさまざまな集合を考えていくことになるんだね。ここで，全体集合 U とその部分集合として集合 A が与えられたとき，A の"**補集合**（ほしゅうごう）" $\overline{A}$ を次のように定義する。

全体集合と補集合

全体集合 U と，その部分集合として

（考えている対象のすべてを要素とする集合）

A が与えられたとき，補集合 $\overline{A}$ は次のように定義される。

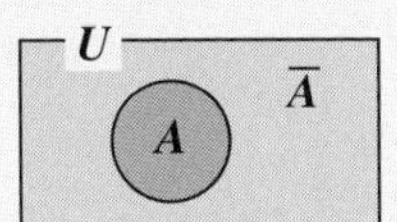

補集合 $\overline{A}$：全体集合 U に属するが，集合 A には属さない要素からなる集合

ここで，$A \cap \overline{A} = \phi$ より，$n(U) = n(A) + n(\overline{A})$ が成り立つ。

（A と $\overline{A}$ で **2** 重に重なる部分は存在しない。）

［ ■ = ペタン ● + ペタン ▣ ］

結局，補集合 $\overline{A}$ とは，U の中で A に属さない要素からなる集合ってことなんだね。ここで，A と $\overline{A}$ に共通部分はない。すなわち，$A \cap \overline{A} = \phi$ より，$n(U) = n(A) + n(\overline{A})$ となることも分かるはずだ。

これは，$n(A) = n(U) - n(\overline{A})$ と変形することができ，$n(A)$ が求めづらいときでも，

$n(\overline{A})$ が比較的楽に計算できるのならば，$n(U)-n(\overline{A})$ から，$n(A)$ を求めてもいいんだね。逆に，$n(\overline{A})=n(U)-n(A)$ ともできるので，$n(A)$ を求めて，$n(\overline{A})$ を計算してもいいんだね。いずれにせよ，うまく公式を利用すればいいんだね。それじゃ，例題を1つ解いておこう。

(a) 全体集合 $U=\{n\mid n$ は 20 以下の自然数$\}$ とその真部分集合 $A=\{n\mid n$ は 3 の倍数$\}$ が与えられているとき，A の補集合 $\overline{A}$ とその要素の個数 $n(\overline{A})$ を求めてみよう。

まず，全体集合 $U=\{1,\ 2,\ 3,\ 4,\ \cdots,\ 20\}$ ←（要素をすべて並べる表示法）

よって，この要素の数は，$n(U)=20$ だね。

次に，A はこの真部分集合で，3 の倍数の集合なので，

$A=\{3,\ 6,\ 9,\ 12,\ 15,\ 18\}$ となる。

この要素の個数 $n(A)$ は，上に記した通り 6 だけれど，これは次のようにして求めることもできる。

20 を 3 で割った商が $n(A)$ なんだね。つまり，

$\frac{20}{3}=\underline{6}.666\cdots$ より，$n(A)=\underline{\underline{6}}$ と求めてもいい。（6 は $n(A)$）

以上より，全体集合 U から A の要素を除いたものが $\overline{A}$ だから，

$\overline{A}=\{1,\ 2,\ 4,\ 5,\ 7,\ 8,\ 10,\ 11,\ 13,\ 14,\ 16,\ 17,\ 19,\ 20\}$ となる。

また，この要素の個数を，これを指折り数えて求めてもいいんだけど，

公式 $n(\overline{A})=\underline{n(U)}-\underline{n(A)}$ を使えば，スマートに，（$n(U)$ は 20，$n(A)$ は 6）

$n(\overline{A})=20-6=14$　と求めることが出来るんだね。大丈夫？

補集合 $\overline{A}$ は，全体集合 U の中で，“A でない集合”と考えていい。つまり集合 A の否定形なんだね。では，$A\cup B$ や $A\cap B$ の否定はどうなるか？ 実は，これが“**ド・モルガンの法則**”なんだよ。

● ド・モルガンの法則！

それでは，まず，“**ド・モルガンの法則**”を下に書いておこう。

ド・モルガンの法則

(ⅰ) $\overline{A \cup B} = \overline{A} \cap \overline{B}$　　　(ⅱ) $\overline{A \cap B} = \overline{A} \cup \overline{B}$

(ⅰ) $\overline{A \cup B} = \overline{A} \cap \overline{B}$ について説明しよう。この式を理解するのにも，ベン図が役に立つんだよ。図5のベン図を念頭において考えると，この両辺は共に［　］を表すことになる。つまり，

図5　UとAとBのベン図

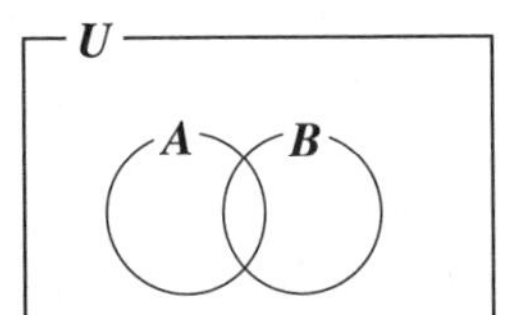

$\overline{A \cup B}$ ＝ $\overline{A} \cap \overline{B}$ というわけだ。大丈夫？

$A \cup B$［　］の補集合だから［　］となる。

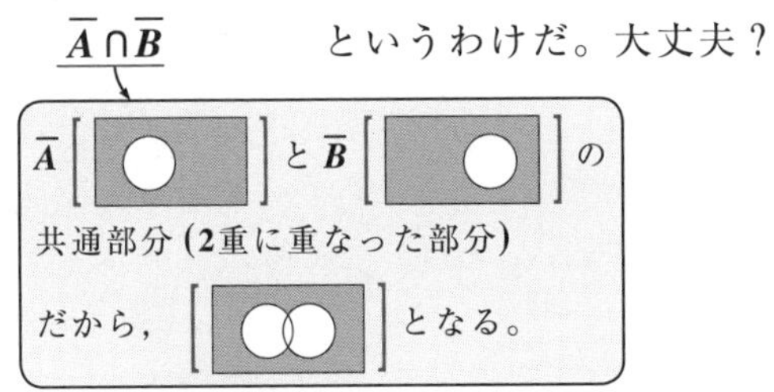

(ⅱ) $\overline{A \cap B} = \overline{A} \cup \overline{B}$ の場合，両辺共に［　］を表しているんだよ。これも詳しく書くと，

$\overline{A \cap B}$ ＝ $\overline{A} \cup \overline{B}$ となる。これも納得できた？

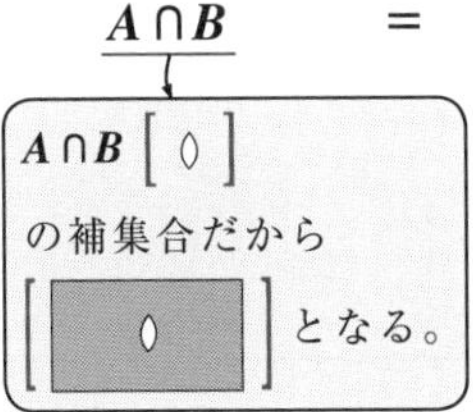

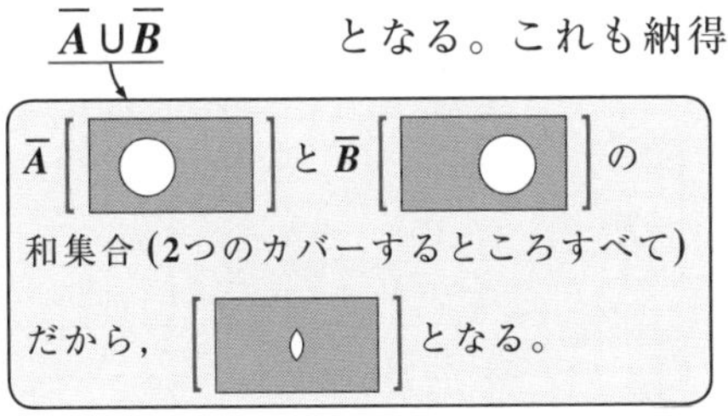

ド・モルガンの法則は，補集合を“否定”と考えて，次のように日本語に翻訳することもできる。（“〜でない”ということ）

(ⅰ) $\overline{A \cup B} = \overline{A} \cap \overline{B}$ は，「“A または B の否定”は，“A でなくかつ B でない”」となり，

(ⅱ) $\overline{A \cap B} = \overline{A} \cup \overline{B}$ は「“A かつ B の否定”は，“A でないかまたは B でない”」

ということになるんだね。これをさらに簡単化すると，

$\begin{cases} \text{(i) “または”の否定は，“かつ”になり，} \\ \text{(ii) “かつ”の否定は，“または”になると覚えておこう。} \end{cases}$

また，ド・モルガンの法則は，集合の要素の個数の計算とも連結している。そのまま，ド・モルガンの法則に $n(\quad)$ をつけて，

(i) $n(\overline{A\cup B})=n(\overline{A}\cap\overline{B})$　　(ii) $n(\overline{A\cap B})=n(\overline{A}\cup\overline{B})$

も，公式として成り立つんだよ。

これらと，これまで勉強した，共通部分 $(A\cap B)$，和集合 $(A\cup B)$，そして補集合 $(\overline{A})$ とを組み合わせると，さまざまな集合の要素の個数が計算できるようになるんだよ。その際に，決め手となるのはやはりベン図だよ。いくつか，計算例を挙げて練習してみようか。

(ex1) $n(\overline{A}\cap\overline{B})=n(\overline{A\cup B})$ ← ド・モルガンの法則　　X を，$A\cup B$ と見ればいい

$=n(U)-n(A\cup B)$ ← 補集合 $n(\overline{X})=n(U)-n(X)$

$=n(U)-\{n(A)+n(B)-n(A\cap B)\}$

［ペタン ＋ ペタン － ピロッ］

と，次々に変形していけるんだね。ついてこれてるか？

(ex2) $n(\overline{A}\cup\overline{B})=n(\overline{A\cap B})$ ← ド・モルガンの法則　　X を，$A\cap B$ と見ればいい

$=\quad n(U)\quad-n(A\cap B)$ ← 補集合 $n(\overline{X})=n(U)-n(X)$ となる。

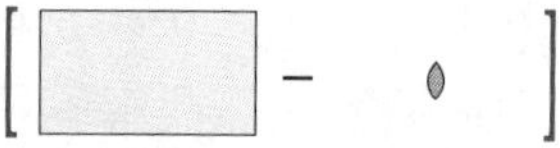

［　－　］

(ex3) $n(A\cap\overline{B})$ は，$n(A)$［ 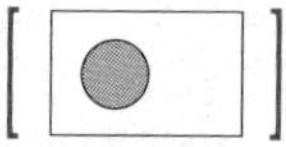　］から $n(A\cap B)$［　］を引いた

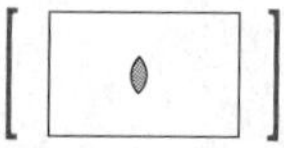

A［　］と $\overline{B}$［　］の共通部分（2重に重なった部分）だから［　］となる。

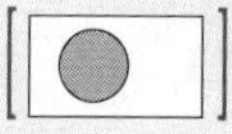

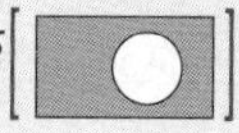

ものだから，

$n(A\cap\overline{B})=n(A)-n(A\cap B)$ と変形できる！

それでは，これまでに習ったことをフルに活かして，次の練習問題を解いていくことにしよう。

練習問題 12　$n(\overline{A}\cap\overline{B})$ 等の計算　CHECK 1　CHECK 2　CHECK 3

1 から 100 までの自然数の中で，次の条件をみたすものの個数を求めよ。

(1) 6 でも 9 でも割り切れるもの。

(2) 6 でも 9 でも割り切れないもの。

(3) 6 または 9 のいずれか一方のみで割り切れるもの。

全体集合 U を $U=\{1, 2, 3, \cdots, 100\}$，そして集合 $A=\{n|n$ は 6 で割り切れるもの$\}$，集合 $B=\{n|n$ は 9 で割り切れるもの$\}$とおいて，整理して解いていけばいい。

全体集合 $U=\{1, 2, 3, \cdots, 100\}$ とおく。よって，$n(U)=100$ だね。

次，集合 $A=\{n|n$ は 6 で割り切れる 100 以下の自然数$\}$とおくと，

$A=\{6, 12, 18, \cdots, 96\}$,

$n(A)=16$　となる。　←（$\frac{100}{6}=16.666\cdots$　$n(A)$）

また，集合 $B=\{n|n$ は 9 で割り切れる 100 以下の自然数$\}$とおくと，

$B=\{9, 18, 27, \cdots, 99\}$

$n(B)=11$　となるね。　←（$\frac{100}{9}=11.111\cdots$　$n(B)$）

(1) ここで，“6 でも 9 でも割り切れるもの”とは，“6 で割り切れ，かつ 9 で割り切れるもの”のことだから，$A\cap B$ のことで，これは 6 と 9 の最小公倍数の 18 で割り切れる数の集合ということになるね。

$\therefore n(A\cap B)=5$　となって，答えだ。　←（$\frac{100}{18}=5.555\cdots$　$n(A\cap B)$）

（$A\cap B=\{18, 36, 54, 72, 90\}$ だね。）

(2) “6 でも 9 でも割り切れないもの”とは，“6 で割り切れず，かつ 9 でも割り切れないもの”のことだから，$\overline{A}\cap\overline{B}$ ということになる。この自然数(要素)の個数 $n(\overline{A}\cap\overline{B})$ は，次の連続技によって求めるんだったね。いくよ！

$n(\overline{A}\cap\overline{B})=n(\overline{A\cup B})$　←（ド・モルガンの法則 $\overline{A}\cap\overline{B}=\overline{A\cup B}$）

$=n(U)-n(A\cup B)$　←（補集合 $n(\overline{X})=n(U)-n(X)$）

$=n(U)-\{n(A)+n(B)-n(A\cap B)\}$　←（ペタン，ペタン，ピロッ！）

（$n(U)=100$，$n(A)=16$，$n(B)=11$，$n(A\cap B)=5$）

$=100-(16+11-5)$

$=100-22=78$　となって，答えだ！

(3) U と A と B のベン図を右に示すと，“6 または 9 のいずれか一方のみで割り切れるもの”とは，

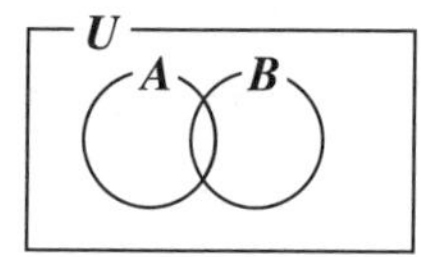

イメージとして，[A B] になるんだね。

これは，和集合 [ ] から，共通部分 [ ] を引いたものに等しいのが分かるね。

よって，求める自然数 (要素) の個数は，

$$n(A \cup B) - n(A \cap B) = n(A) + n(B) - n(A \cap B) - n(A \cap B)$$

[−] [ペタン + ペタン − ピロッ − ピロッ]

$$= n(A) + n(B) - 2 \cdot n(A \cap B)$$

($n(A)$ = 16，$n(B)$ = 11，$n(A \cap B)$ = 5)

$= 16 + 11 - 2 \times 5 = 17$ となって，答えだ！

結構骨があったけど，面白かったと思う。自力で解けた人は大いに自信をもっていいよ。解きそこねた人は，また再チャレンジしよう。

● 最後に，$n(A \cup B \cup C)$ に挑戦しよう！

集合の要素の個数を求める問題のしめくくりとして，3 つの集合 A，B，C の和集合 $A \cup B \cup C$ の要素の個数の問題にチャレンジしてみよう。全体集合 U と集合 A，B，C のベン図を図 6 に示しておいた。和集合 $A \cup B \cup C$ のイメージは，図 6 から [ ] となることが分かるだろう。

図 6 $A \cup B \cup C$ のベン図

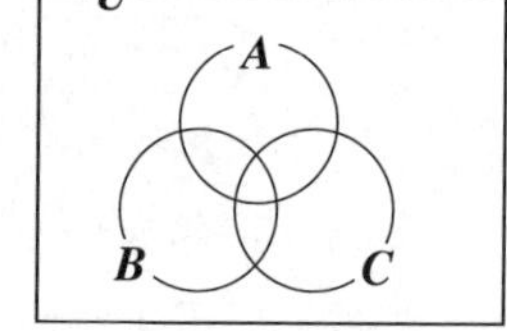

この要素の個数 $n(A \cup B \cup C)$ を計算するんだね。エッ，難しくて引きそうだって？ 確かに，レベルは上がるけど，キミ達なら大丈夫だ。分かりやすく解説するからね。ポイントは，ここでも，“張り紙のテクニック”なんだ。$n(A \cup B \cup C)$ に当たる [ ] を，台紙に重なったり，はげたりしないよう，キレイに 1 枚貼る要領で式を立てていけばいいだけだからね。

まず，図7(ⅰ)に示すように，$n(A)$，$n(B)$，$n(C)$ に当たる3枚の丸い紙を1部3重に重なるように，台紙にペタン，ペタン，ペタンと貼る！中心部の $n(A\cap B\cap C)$ に当たる部分[ ]が3重張りになる部分なんだね。また，$A\cap B$，$B\cap C$，$C\cap A$ の共通部分の要素の個数をそれぞれベン図のイメージで示すと，

$n(A\cap B)$[ ]，$n(B\cap C)$[ ]，そして，$n(C\cap A)$[ ]となるんだね。

図7　$n(A\cup B\cup C)$ の求め方

(ⅰ) $n(A)$，$n(B)$，$n(C)$ の3枚の丸紙を貼る。

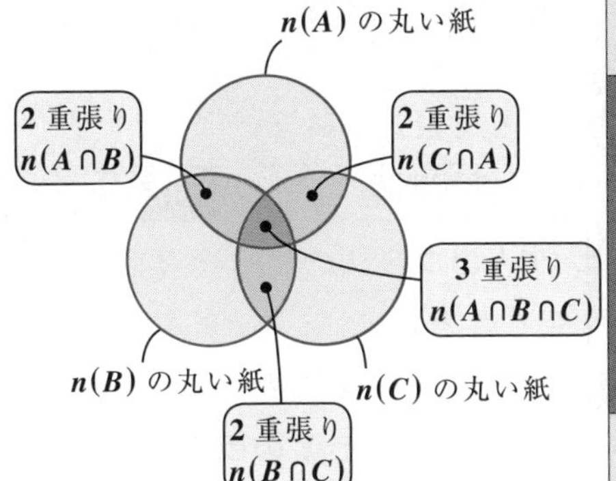

(ⅱ) 3枚の2重張りをはがした後

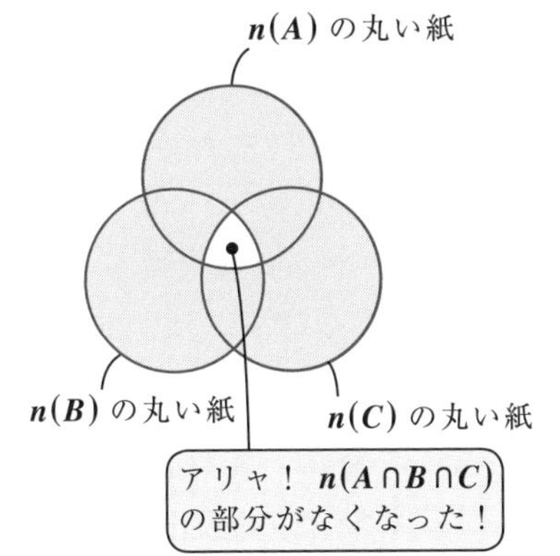

ここで，ボク達は1枚に貼られた $n(A\cup B\cup C)$[ ]を求めたいわけだから，

$n(A)+n(B)+n(C)$ から，3枚の2重張りの部分 $n(A\cap B)$ と $n(B\cap C)$ と $n(C\cap A)$ を，まず引いてみることにしよう。つまり，

$$n(A)+n(B)+n(C)-n(A\cap B)-n(B\cap C)-n(C\cap A) \quad \cdots\cdots ㋐$$

[ペタン ＋ ペタン ＋ ペタン － ピロッ － ピロッ － ピロッ]

と計算する。すると，図7の(ⅱ)に示すように，中心の3重張りの部分 $n(A\cap B\cap C)$[ ]が3回はがされてしまうので，ちょうどこの部分だけはげてなくなってしまうんだね。よって，㋐に $n(A\cap B\cap C)$[ ]をたすことにより，キレイに1枚の $n(A\cup B\cup C)$[ ]が完成するんだね。

以上より，$n(A\cup B\cup C)$ を求める公式は，

$$n(A\cup B\cup C)=n(A)+n(B)+n(C)-n(A\cap B)-n(B\cap C)-n(C\cap A)+n(A\cap B\cap C)$$

[ペタン ペタン ペタン ピロッ ピロッ ピロッ 最後にペタン!]

となるんだね。納得いった？では，次の練習問題を解いてみよう。

練習問題 13　$n(\overline{A}\cap\overline{B}\cap\overline{C})$ の問題　CHECK 1　CHECK 2　CHECK 3

50 人のクラスの生徒全員に，3 つの大学 (X，Y，Z) への志望状況を調査したところ，X を 19 人が，Y を 20 人が，そして Z を 24 人の生徒が志望していた。また，このうち，X と Y の両方に 7 人が，Y と Z の両方に 9 人が，Z と X の両方に 10 人が志望しており，X と Y と Z のすべてを志望している生徒は 3 人だった。このとき，X，Y，Z のいずれの大学も志望していない生徒の人数を求めよ。

3 つの集合の要素の個数の応用問題だ。落ち着いて解いていこう！

50 人のクラスの生徒全員を全体集合 U とおくと，$n(U)=50$ …①となるね。次に，3 つの大学 X，Y，Z を志望している生徒の集合をそれぞれ X，Y，Z とおくと，問題文で与えられた条件より，

$n(X)=19$，$n(Y)=20$，$n(Z)=24$，$n(X\cap Y)=7$，

$n(Y\cap Z)=9$，$n(Z\cap X)=10$，$n(X\cap Y\cap Z)=3$ となる。

ここで，求めたいのは，X，Y，Z のいずれも志望していない生徒の人数なので，$n(\overline{X}\cap\overline{Y}\cap\overline{Z})$ を計算すればいいんだね。

（X も志望せず，かつ Y も志望せず，かつ Z も志望しない生徒）

ここで，ド・モルガンの法則より，

$n(\overline{X}\cap\overline{Y}\cap\overline{Z})=n(\overline{X\cup Y\cup Z})$ となる。エッ，"ド・モルガンの法則" は $\overline{X}\cap\overline{Y}=\overline{X\cup Y}$ だけだったって？ そうだね。これは，実は，"ド・モルガン" を 2 回使ってるんだよ。ていねいに書くよ。

$\overline{X}\cap\overline{Y}\cap\overline{Z}=\overline{X\cup Y}\cap\overline{Z}=\overline{X\cup Y\cup Z}$ となるんだね。よって，

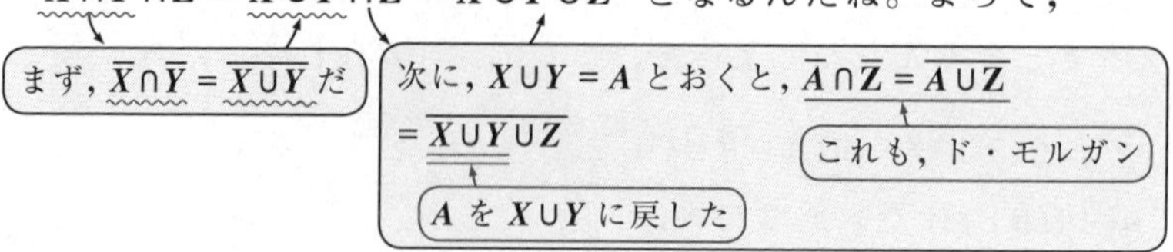

$n(\overline{X}\cap\overline{Y}\cap\overline{Z})=n(\overline{X\cup Y\cup Z})$ ← ド・モルガン

$=\underline{n(U)}-\underline{n(X\cup Y\cup Z)}$ ……②

（$n(U)$ は 50）

ペタン，ペタン，ペタン，ピロ，ピロ，ピロ，ペタン！

ここまで話が見えてくれば，$n(U)=50$ …① は分かっているので，後は $n(X\cup Y\cup Z)$ を公式通りに計算していけばいいんだね。この計算はベン図から，"**3**つの丸をペタン，ペタン，ペタン，**2**重部分を**3**枚ピロッ，ピロッ，ピロッ，そして引きすぎた分を最後に**1**枚ペタン！" だったね。意味はよく分かってるね。

ここで，まず，$n(X\cup Y\cup Z)$ を求めると，

（X, Y, Z の少なくとも**1**つを志望している生徒）

U, X, Y, Z

$$n(X\cup Y\cup Z)=\underset{19}{n(X)}+\underset{20}{n(Y)}+\underset{24}{n(Z)}$$

［ = ペタン + ペタン + ペタン

$$-\underset{7}{n(X\cap Y)}-\underset{9}{n(Y\cap Z)}-\underset{10}{n(Z\cap X)}+\underset{3}{n(X\cap Y\cap Z)}$$

− ピロッ − ピロッ − ピロッ + 最後にペタン！］

$=19+20+24-7-9-10+3$

$=63-26+3=40$……③ となる。

よって，$n(U)=50$……①，$n(X\cup Y\cup Z)=40$……③ を②に代入して，

$n(\overline{X}\cap\overline{Y}\cap\overline{Z})=\underline{n(U)}-\underline{n(X\cup Y\cup Z)}=50-40=10$ となる。

（$n(U)$ は 50，$n(X\cup Y\cup Z)$ は 40）

よって，X, Y, Z のいずれも志望していない生徒の数は**10**人であることが分かったんだね。面白かった？

初めは難しいと感じた問題でも，体系立った解説を受ければ，そうでもないことに気付くだろう？そう，それだけキミ達の実力が向上してきた証（あかし）なんだよ。この調子でどんどん勉強していこう！

6th day 命題と必要条件・十分条件

みんな，おはよう！ 調子はいい？ 今日で，“**集合と論理**”の講義も**2**日目だね。前回では，“**集合**”の基本について勉強した。そして，今回と次回にかけて，新たなテーマ“**論理**”について解説しようと思う。

この“**論理**”では，主に数式を扱うのではなく，論理的な考え方を中心に解説するので，数式中心のいつもの数学の講義とは違った感じがすると思う。エッ，面白そうって？ 興味をもってくれてありがとう。また，今回もいろいろな例を出しながら，分かりやすく解説していくつもりだ。“**論理**”も楽しみながら身に付けていってくれたらいいんだよ。

それじゃ，早速，講義を始めようか！

● 命題(めいだい)って，何!?

まず，論理的な考え方の基礎となる“**命題**(めいだい)”について解説しよう。たとえば，“このカレーはおいしい。”とか，“あの人は美しい。”とか，日頃ボク達はさまざまな会話をしているね。でも，これらの文章は，客観的に見て正しいかどうかを判断できないだろう。

“このカレー”を食べて，***A***君はおいしいと思っても，***B***さんはいまいちって思うかも知れない。また，“あの人”が美しいかどうかも人によって判断が分かれるからね。

このように，正しいか，間違っているのか，客観的に判断できないような文章は命題とは言わないんだ。ここで，数学用語として，

- ・“正しい”ということを“**真**(しん)”といい，
- ・“間違っている”ということを“**偽**(ぎ)”というんだよ。

すると，命題とは，次のように定義できる。

命題の定義

命題：**1**つの判断を表した式または文章で，
　　　真・偽がはっきりと定まるもの。

つまり，命題とは，真か偽かが，ハッキリ定まる文章や式でないといけ

ないってことなんだね。その真・偽も付けて，いくつか命題の例を挙げてみようか？

(ⅰ) **"太陽は東から昇る。"**

これは地上に住む誰の目から見ても正しいので，真の命題だ。

(ⅱ) **"火曜日の翌日は月曜日である。"**

これは，誰の目から見ても間違っているので，偽の命題になる。

(ⅲ) **"人間であるならば動物である。"**

これも客観的に見て明らかに，真の命題だね。

どう？ 命題にも少しは慣れてきた？ ただ，本当のところ，文章形式の命題の場合，真・偽の判断を下すのが難しい場合だってあり得る。たとえば，次のようなクレタ人のパラドクス(逆理(ぎゃくり))と言われるものがある。

"「クレタ人は嘘つきだ！」とクレタ人が言った。"

これだと，「嘘つきだ」と言ったクレタ人が正直者なら，そのクレタ人が嘘つきになってしまうし，逆に，そう言ったクレタ人が嘘つきなら，クレタ人は正直者になってしまう。ムムム…，矛盾になってしまうんだね。

また，上に示した(ⅰ)の例だって，銀河系のどこか別の惑星の住人だったら，"太陽は北から昇る"から，(ⅰ)は偽だと言うかもしれない…，などなど，文章の命題というのはケチをつけ始めたらきりがなくなってしまうんだね。エッ，パスカルが「人間は考える葦(あし)である」って言ったから，人間は植物かも知れないって!? オイオイ，それはケチのつけすぎだ!!

文章の命題に対して，数式で表された命題は，真・偽がハッキリ決まるんだね。いくつか例を挙げておこう。

(ⅳ) **"すべての実数 x に対して，$|x|+1>0$ である。"**

（これはこの命題の前提条件になる。）

x が実数のときその絶対値は必ず0以上だから，$|x|\geqq 0$ だね。これにさらに1をたした $|x|+1$ は必ず正になる。よって，この命題は真だ。

(ⅴ) **"ある実数 x に対して，$x-2>0$ である。"**

$y=x-2$ は，右図に示すように，$x=2$ で x 軸と交わる傾き1の直線だね。

これは"ある実数 x に対して"という前

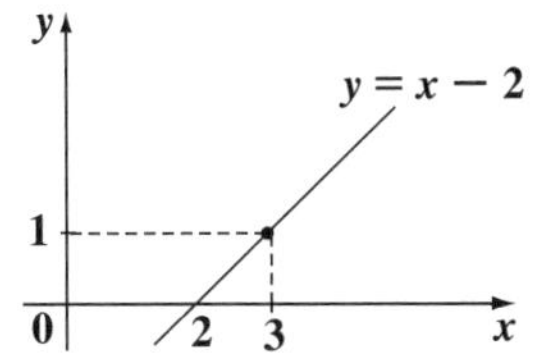

提条件があるので，たとえば，$x=3$ のとき，$y=3-2=1>0$ となるので，この命題は真と言えるんだね。

これに対して，次の命題はどうなる？

(vi) “**すべての実数 x に対して，$x-2>0$ である。**”

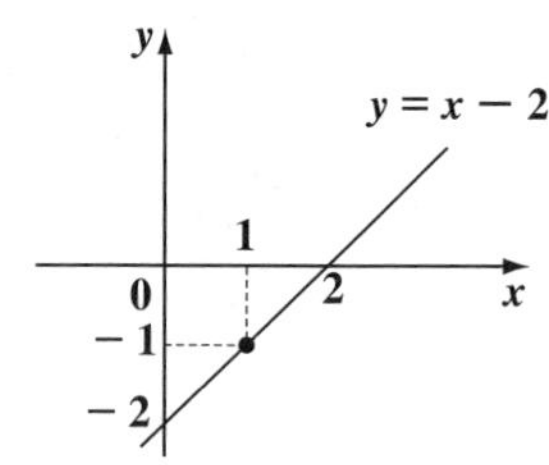

今回は，この命題は偽となるね。何故って？前提条件である，すべての実数 x に対して，$x-2>0$ になるとは限らないからだ。右図から，$x=1$ のとき，$y=1-2=-1<0$ となることが分かるだろう。

この場合，この命題は偽となることを示すためには，**反例**(はんれい)を 1 つだけ挙げれば十分なんだ。だから，今回は，$x=1$ のとき，$x-2=-1<0$ となることから，この命題は偽と言える。では，$x=0$ のとき $x-2=-2<0$ から，この命題を偽と言ってもいいのかって？もちろんいいよ！これも 反例の 1 つだからだ。

とにかく，命題が偽であることを示したかったら，反例を 1 つ示せばいいんだね。大丈夫？

● 必要条件・十分条件をマスターしよう！

命題の中でも“p であるならば q である。”という形のものが非常に多い。これから，この形の命題について，詳しく解説しよう。まず表現法として，命題“p であるならば q である。”を簡単に，命題“$p \Rightarrow q$”と書き，p を“**仮定**(かてい)”，q を“**結論**(けつろん)”ということも覚えておこう。

P87 の(iii)“人間であるならば動物である。”もこの形の命題だったんだね。この“$p \Rightarrow q$”の形の命題でも，当然“偽”の場合だってある。たとえば，

(vii) “**$x=3$ ならば，$x^2=1$ である。**”

$x=3$ ならば，$x^2=3^2=9$ となって，$x^2 \neq 1$ だからこの命題は偽だね。

じゃ，次の命題はどうなる？

(viii) “$x=3$ ならば, $x^2=9$ である。”

これは, $x=3$ ならば, $x^2=3^2=9$ となるので, 真の命題だね。でも, 命題“$p \Rightarrow q$”(“p ならば q である。”のこと)が真だからといって, この逆の命題“$p \Leftarrow q$”(“q ならば p である。”のこと)が真であるとは限らないんだね。たとえば, (viii) は真の命題だったけれど, この逆の命題“$x^2=9$ ならば, $x=3$ である。”は偽になるね。エッ, よく分からんって? $x^2=9$ のとき, $x=\pm\sqrt{9}=\pm 3$ となるでしょう。だから, $x^2=9$ だからといって, $x=3$ になるとは限らない。つまり, 反例として, $x=-3$ があるからだ。納得いった?(命題を偽と言うのに, 反例は1つあれば十分!)

それじゃ, これから, “$p \Rightarrow q$”の形の命題をさらに深めていくことにしよう。

命題:“$p \Rightarrow q$”が真のとき,

- p は, q であるための“**十分条件**(じゅうぶんじょうけん)”といい,
- q は, p であるための“**必要条件**(ひつようじょうけん)”という。

これは, 試験でも頻出のところだから, シッカリ覚えような! ンッ, やっぱり覚えづらくて, 混乱しそうって!! 大丈夫だよ。これから, 地図の方位を使って, 絶対忘れない, とっておきの方法を教えるからね。まず,

命題“p(十分条件) $\Rightarrow$ q(必要条件)”が真のとき, “q であるための”とか“p であるための”とか余分なものは取り払って, “p は十分条件”, “q は必要条件”と覚えよう。次に, ちょっと英語の講義になっちゃうけど, “必要条件”のことを英語では“***N**ecessary condition*”といい, “十分条件”のことを“***S**ufficient condition*”という。

エッ, 英語の発音がネイティブみたいだって! サンキュ!!

ここで, $p \Rightarrow q$ の“矢印”と, “***N**ecessary condition*”, ”***S**ufficient condition*“の頭文字 N(“**N**orth”の N)と S(“**S**outh”の S)を見て, 何かピーンとこないか?… そう, 地図の方位の N(北)と S(南)だね。このように, 地図の (N, S) と必要条件・十分条件を絡(から)めて覚えてしまえば, 絶対に忘れることはないんだね。それじゃ, 以上のことをまとめて次に示しておこう。

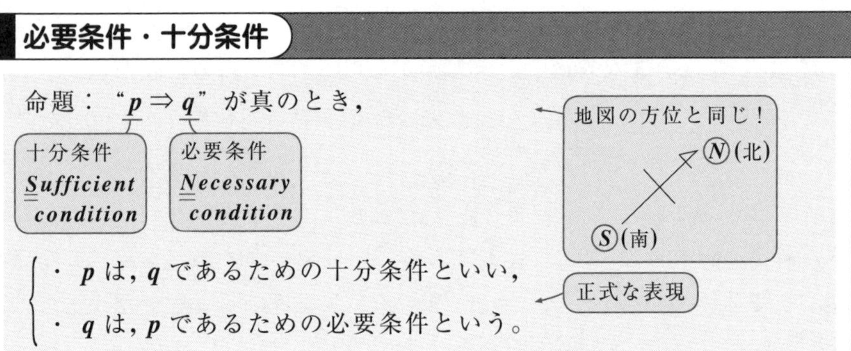

どう？ スッキリまとまったって感じだろう。ここで，命題："$p \Leftarrow q$" が真のとき，p に矢印が向いているから "N"，つまり p が必要条件，q は矢印を出してるから S の十分条件となるんだね。さらに，"$p \Leftrightarrow q$" が真（これは，"$p \Rightarrow q$" が真，かつ "$p \Leftarrow q$" が真であることを示しているんだね。）であるとき，p と q は共に矢印を出し（十分条件），かつ矢印が向いている（必要条件）ので，p も q も共に "**必要十分条件**（ひつようじゅうぶんじょうけん）" という。あるいは，このとき，"p と q は**同値**（どうち）である" と言ってもいい。

また，混乱してきた？ いいよ。以上のことを，簡単にまとめておこう。

必要条件，十分条件，必要十分条件（同値）

(i) "$p \Rightarrow q$" が真のとき，p は十分条件，q は必要条件

(ii) "$p \Leftarrow q$" が真のとき，p は必要条件，q は十分条件

(iii) "$p \Leftrightarrow q$" が真のとき，p と q は共に，必要十分条件

(p と q は同値である。)

例題(viii) "$x=3 \Rightarrow x^2=9$" は真，逆："$x=3 \Leftarrow x^2=9$" は偽だから，$x=3 \Rightarrow x^2=9$ のみが真なんだね。よって，

$x=3$：十分条件 (S)　$x^2=9$：必要条件 (N)

$x=3$ は，$x^2=9$ であるための十分条件

$x^2=9$ は，$x=3$ であるための必要条件　と言えるんだね。納得いった？

● 真理集合も，マスターしよう！

日頃の会話の中で，“京都は日本です。”とか，“タンポポは植物です。”とか出てくるだろう。これらは，いずれも，$p \Rightarrow q$ の形の命題になっているんだね。この形にして表現し直すと，

“京都であるならば，日本である。”

“タンポポであるならば，植物である。”ってことになるね。

エッ，味気ない表現になったけど，“人間であるならば動物である。”と似てるって？ いい勘してるね。これら**3**つはみんな $p \Rightarrow q$ の形の真の命題だけど，共通点があることに気付いた？… そう，集合の含む，含まれるの関係になっているんだね。

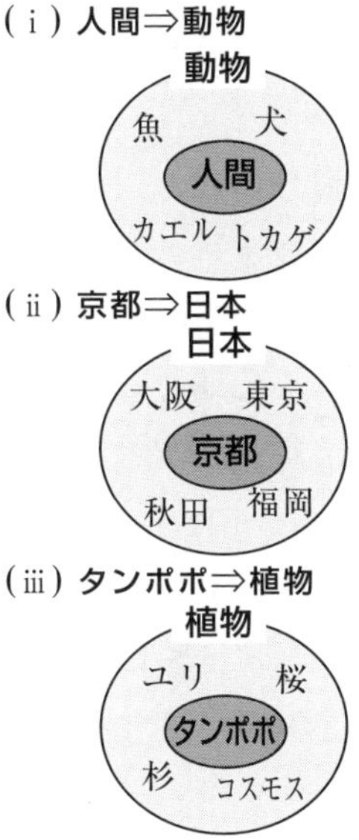

図**1**(ⅰ)に示すように，“人間であるならば動物である。”の場合，人間という集合が，動物という集合の部分集合になっている。

また，“京都であるならば日本である。”も，京都が日本の都市の**1**つということから，これも日本を都市の集合体とみると部分集合になる。さらに，“タンポポであるならば植物である。”も，タンポポという集合が植物という集合の部分集合になっているんだね。これらの様子も図**1**の(ⅱ)，(ⅲ)で示しておいた。

図1　$p \Rightarrow q$ の形の命題

(ⅰ) **人間⇒動物**

動物
魚　犬
人間
カエル　トカゲ

(ⅱ) **京都⇒日本**

日本
大阪　東京
京都
秋田　福岡

(ⅲ) **タンポポ⇒植物**

植物
ユリ　桜
タンポポ
杉　コスモス

そして，これらの逆は，偽であることも分かる？ たとえば，“動物であるならば人間である。”は偽だね。なぜなら，動物であっても人間とは限らないからね。反例として，犬や魚やカエルなど…いくらでも挙げることが出来るからね。もちろん，反例を**1**つでもいいから，“動物であるからといって，犬かも知れないから，偽である。”と言えばオシマイなんだね。同様に，“日本であるならば京都である。”も偽だね。反例として，東京を示しておこう。“植物であるならばタンポポである。”も反例として，コスモスを示せるから，これも偽だね。

このように，命題 “$p \Rightarrow q$” が真であるとき，図 **2** に示すように，p を表す集合 P が，q を表す集合 Q に含まれている，つまり P は Q の部分集合になっているんだね。逆に，$P \subseteqq Q$ が示せるとき，命題 “$p \Rightarrow q$” は真であるとも言えるんだ。これを，“**真理集合**(しんりしゅうごう)” の考え方という。

図 2　真理集合　$P \subseteqq Q$

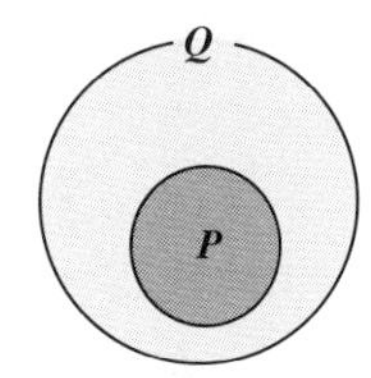

前にやった例として，次の真の命題も真理集合の考え方から説明できる。

“$x = 3$ ならば，$x^2 = 9$ である” この $x^2 = 9$ は，$x = \pm\sqrt{9} = \pm 3$ と同値 (必要十分条件) だから，結局，この命題は，“$x = 3 \Rightarrow x = \pm 3$” となるね。よって，図 **3** より，$x = 3$ は，$x = \pm 3$ の集合に含まれるので，この命題は真と言えるんだね。納得いった？

図 3　真理集合

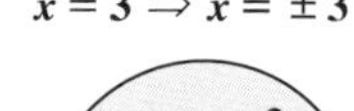

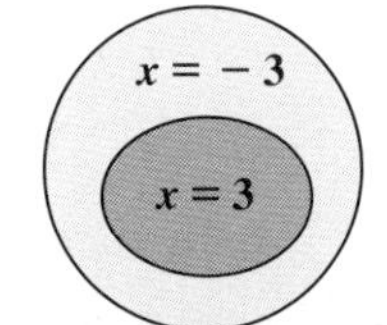

この真理集合の考え方を使えば，“$p \Rightarrow q$” の形の命題の真・偽がアッという間に分かるんだね。少し練習しておこう。

(ⅰ) “$1 \leqq x \leqq 3$ ならば，$0 < x \leqq 4$ である” は，図 **4**(ⅰ) に示すように，$0 < x \leqq 4$ の範囲が $1 \leqq x \leqq 3$ を含むので，真だね。

(ⅱ) “$-1 < x \leqq 1$ ならば，$0 \leqq x < 2$ である” は，図 **4**(ⅱ) のように，$-1 < x \leqq 1$ が $0 \leqq x < 2$ の部分集合になっているわけではないので，偽と言えばいい。

図 4　真理集合の考え方

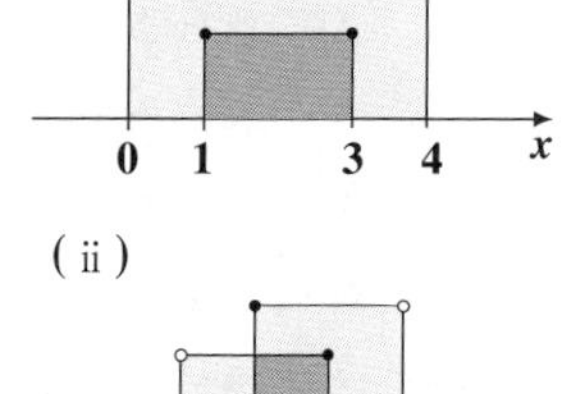

● $p \Rightarrow q$ の形の問題にチャレンジしよう！

p を表す集合 P が，q を表す集合 Q の部分集合 ($P \subseteqq Q$) となるとき，命題：“$p \Rightarrow q$” は真と言えるんだね。そして，“$p \Rightarrow q$” が真のとき，p は

十分条件 (S)　必要条件 (N)

矢印を出しているから S(南，十分)，q には矢印が向いてるから N(北，必要) と連想して，p は十分条件，q は必要条件というんだったね。これまで，学習した内容を使って，次の練習問題でシッカリ練習しよう！

練習問題 14	必要・十分条件	CHECK 1	CHECK 2	CHECK 3

次の各問いに当てはまる語句を，下の①～④から選べ。

(ただし，x, y は共に実数とする。)

(1) $x=-2$ は，$|x|=2$ であるための □

(2) $x+y$ が偶数であることは，x と y が共に偶数であるための □

(3) $x=0$ かつ $y=0$ は，$x^2+y^2=0$ であるための □

① 必要条件である。　② 十分条件である。

③ 必要十分条件である。　④ 必要条件でも十分条件でもない。

必要条件・十分条件，それに，真理集合の考え方も駆使しながら，実際に問題を解いていこう！ エッ，緊張するって？ 大丈夫！ いずれの問題も，(i) $p \Rightarrow q$ と (ii) $p \Leftarrow q$ を**1**つ**1**つ丹念に調べていけば，全部解けるはずだからね。頑張ろう！

(1) まず，(i) "$x=-2 \Rightarrow |x|=2$" が真であるか否か調べよう。

$x=-2$ のとき，$|x|=|-2|=2$ となって成り立つね。

∴ "$x=-2 \Rightarrow |x|=2$" は真。

（この時点で，これは (S) だから，十分条件と言える。）

次，(ii) "$x=-2 \Leftarrow |x|=2$" の真偽を調べよう。

$|x|=2$ より，$x=\pm 2$ だね。

（$x=2$ でも，$x=-2$ でも，$|x|=2$ となるからだ。）

よって，$|x|=2$ であるからといって，$x=-2$ になるとは限らない。

反例として，$x=2$ が挙げられる。

∴ "$x=-2 \Leftarrow |x|=2$" は偽だね。

以上を模式図で示すと，

$x=-2$ $\overset{\bigcirc}{\Longrightarrow}$ $\underset{\times}{\Longleftarrow}$ $|x|=2$

（十分条件）　（必要条件）(反例 $x=2$)

（この○（真）や×（偽）は正式な書き方ではないけど，分かりやすくていいだろう。）

よって，$x=-2$ は，$|x|=2$ であるための

十分条件である。∴②が答えだね。

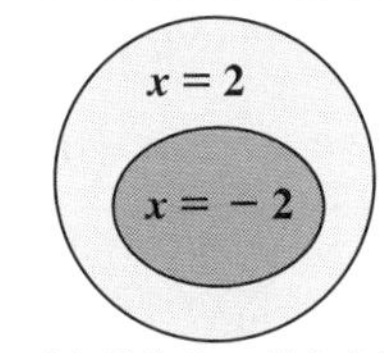

(真理集合の考え方)

(2) まず，(ⅰ)"$x+y$ が偶数$\Rightarrow x$ と y が共に偶数" を調べよう。

$x+y$ が偶数でも，たとえば $x=1$（奇数），$y=3$（奇数）を反例として挙げることができるので，この命題は偽だね。

次に，(ⅱ)"$x+y$ が偶数$\Leftarrow x$ と y が共に偶数" を調べよう。

x と y が共に偶数ならば，x(偶数)$+y$(偶数)は必ず偶数になる。

∴この命題は真となる。

以上(ⅰ)(ⅱ)より，

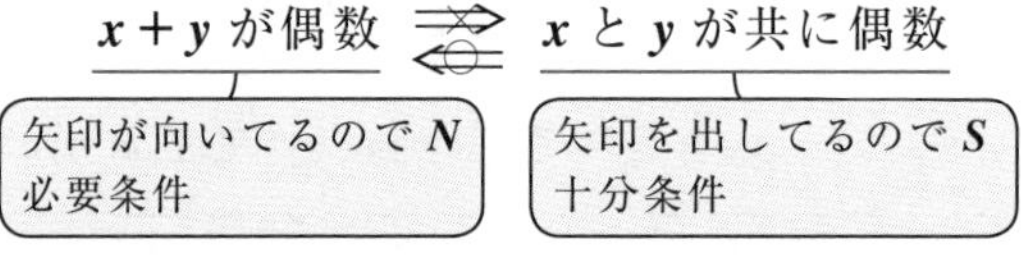

(反例 $x=1$，$y=3$)

よって，$x+y$ が偶数であることは，x と y が共に偶数であるための必要条件である。∴①が答えだ。

(3) まず，(ⅰ)"$x=0$ かつ $y=0 \Rightarrow x^2+y^2=0$" について調べよう。

$x=0$ かつ $y=0$ ならば，$x^2+y^2=0^2+0^2=0$ となって，成り立つ。

よって，この命題は真だね。

次，(ⅱ)"$x=0$ かつ $y=0 \Leftarrow x^2+y^2=0$" についても調べよう。

x，y は共に実数だから，2 乗したものは共に 0 以上，つまり，$x^2 \geqq 0$，$y^2 \geqq 0$ となるね。ここで，0 以上のもの同士をたして 0 になる，つまり，$x^2+y^2=0$ となるのは，$x^2=0$ かつ $y^2=0$ の場合しかないのは分かる？

たとえば，$\underset{\oplus}{3}+\underset{\ominus}{(-3)}=0$ のように，正の数と負の数をたして 0 になることはできないので，$x^2=3$，$y^2=-3$（これはムリ）などとはならないんだね。

よって，$x^2+y^2=0$ ならば，$x^2=0$ かつ $y^2=0$ より，$x=0$ かつ $y=0$ は成り立つんだね。∴この命題も真だ。

以上(ⅰ)(ⅱ)より，

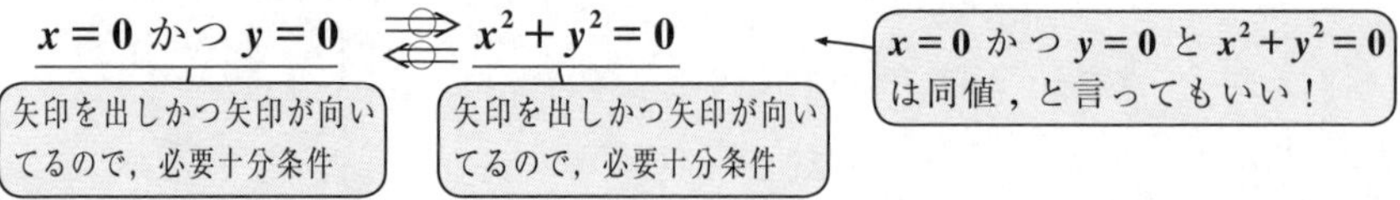

よって，$x=0$ かつ $y=0$ は，$x^2+y^2=0$ であるための必要十分条件である。∴③が答えとなる。

最後に，もう **1** 題，必要条件・十分条件の例題を解説しておこう。

正の定数 a に対して，実数 x が，

$\begin{cases} \cdot\ 0 \leqq x \leqq a \text{ の範囲にあることを } p \text{ とおき，} \\ \cdot\ 0 \leqq x \leqq 5 \text{ の範囲にあることを } q \text{ とおく。} \end{cases}$

このとき，(ⅰ) p が q であるための十分条件となるような，a の値の範囲と，
(ⅱ) p が q であるための必要条件となるような，a の値の範囲と，
(ⅲ) p が q であるための必要十分条件となるような，a の値を求めてみよう。

$0 \leqq x \leqq a$ をみたす実数 x の集合を P，$0 \leqq x \leqq 5$ をみたす実数 x の集合を Q とおいて，真理集合の考え方で解けばいいんだね。

(ⅰ) "$p \Rightarrow q$" が真となるためには，

十分条件

右図に示すように，$P \subseteqq Q$ でなければならない。よって，p が十分条件となるような a の値の範囲は，$0 < a \leqq 5$ となる。

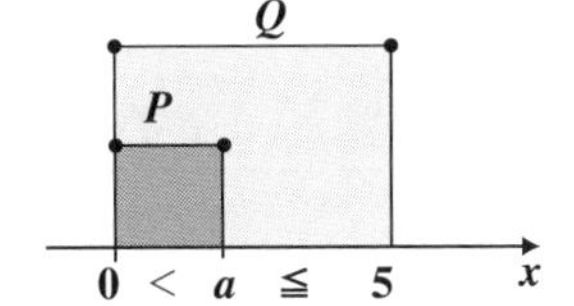

(ⅱ) "$p \Leftarrow q$" が真となるためには，

必要条件

右図に示すように，$P \supseteqq Q$ でなければならない。よって，p が必要条件となるような a の値の範囲は，$5 \leqq a$ となる。大丈夫？

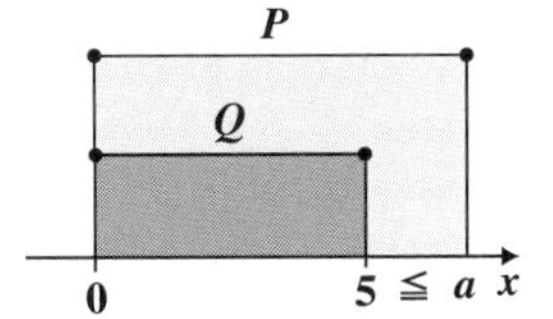

(ⅲ) "$p \Longleftrightarrow q$" が真となるためには，

必要十分条件

右図に示すように，$P = Q$ でなければならない。よって，p が必要十分条件となるような a の値は，$a = 5$ となるんだね。納得いった？

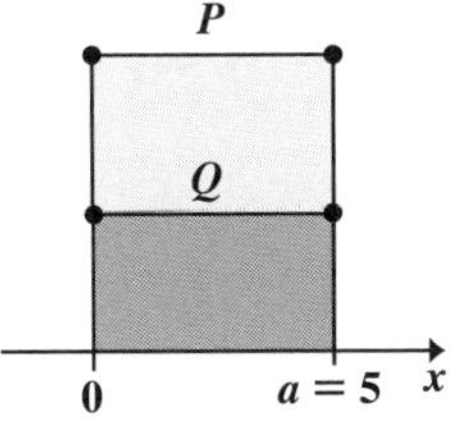

このように，真理集合の考え方から，場合分けの問題に持ち込む問題もあるんだね。これも，ヨ～ク練習しておこう！

7th day　命題の逆・裏・対偶，背理法

おはよう！ “**集合と論理**”の講義も今日で最終日だ。前回，“$p \Rightarrow q$”（p であるならば，q である。）の形の命題の基本について学習したけれど，今回はこれをさらに深めていくことにしよう。まず，“$p \Rightarrow q$”を元の命題としたときの**逆**(ぎゃく)，**裏**(うら)，**対偶**(たいぐう)について勉強する。さらに，命題が真であることを示す有力な手法として，“**対偶**による証明法”や“**背理法**(はいりほう)”についても教えるつもりだ。

“**集合と論理**”の最終講義だから，確かにレベルは上がるよ。でも，また分かりやすく親切に解説していくから，大丈夫だよ。

● 元の命題と，逆・裏・対偶の関係を押さえよう！

ある命題“$p \Rightarrow q$”（p であるならば，q である。）が与えられたとき，この命題の**逆**(ぎゃく)，**裏**(うら)，**対偶**(たいぐう)は，次のように定義されるんだよ。

元の命題と，その逆・裏・対偶

・命題：“$p \Rightarrow q$”（p であるならば，q である。）の逆・裏・対偶は，次のように定義される。

・　逆　：“$q \Rightarrow p$”（q であるならば，p である。）

・　裏　：“$\overline{p} \Rightarrow \overline{q}$”（$p$ でないならば，q でない。）

・対偶：“$\overline{q} \Rightarrow \overline{p}$”（$q$ でないならば，p でない。）

エッ，混乱しそうって？ よく見てごらん。まず，“$p \Rightarrow q$”を元の命題として，この“**逆**”は，p と q が入れ替わって，“$q \Rightarrow p$”になってるだけだ。次，$\overline{p}$ と $\overline{q}$（それぞれ“p バー”，“q バー”と読む）は，それぞれ，“p でない”，“q でない”という意味で，p や q の“**否定**(ひてい)”を表すんだね。そして，“$p \Rightarrow q$”の“**裏**”は，p と q の否定をとったもので，“$\overline{p} \Rightarrow \overline{q}$”のことなんだね。さらに“**対偶**”は，元の命題“$p \Rightarrow q$”の逆（“$q \Rightarrow p$”）をとって，さらに裏（“$\overline{q} \Rightarrow \overline{p}$”）をとったもの，つまり“$\overline{q} \rightarrow \overline{p}$”（$q$ でないならば，p でない）になるんだね。

それじゃ，例題で練習しておこう。

(a) 命題 "$x=3$ ならば $x^2=9$ である。" の逆・裏・対偶を求めよう。

"$x=3 \Rightarrow x^2=9$" を元の命題とすると，その逆・裏・対偶は次のようになる。

・ 逆 ： "$x^2=9 \Rightarrow x=3$" ($x^2=9$ ならば，$x=3$ である。)

・ 裏 ： "$x \neq 3 \Rightarrow x^2 \neq 9$" ($x \neq 3$ ならば，$x^2 \neq 9$ である。)

・対偶 ： "$x^2 \neq 9 \Rightarrow x \neq 3$" ($x^2 \neq 9$ ならば，$x \neq 3$ である。)

(b) 命題 "人間であるならば動物である。" の逆・裏・対偶を求めよう。

"人間である⇒動物である" の逆・裏・対偶は，次のようになる。

・ 逆 ： "動物である⇒人間である" (動物であるならば，人間である。)

・ 裏 ： "人間でない⇒動物でない" (人間でないならば，動物でない。)

・対偶： "動物でない⇒人間でない" (動物でないならば，人間でない。)

どう？ この位練習すれば，元の命題と，その逆・裏・対偶にも十分に慣れただろう？ ここで，ある命題に対する逆・裏・対偶は相対的なもので，(a) の例題の中で，たとえば，

"$x \neq 3 \Rightarrow x^2 \neq 9$" を元の命題と考えるならば，この逆・裏・対偶は

・ 逆 ： "$x^2 \neq 9 \Rightarrow x \neq 3$" ← $x \neq 3$ と $x^2 \neq 9$ を入れ替えたもの

・ 裏 ： "$x=3 \Rightarrow x^2=9$" ← $x \neq 3$ と $x^2 \neq 9$ の否定をとったもの

・対偶： "$x^2=9 \Rightarrow x=3$" ← 元の命題の逆をとって，裏をとったもの

　　逆："$x^2 \neq 9 \Rightarrow x \neq 3$"　　裏："$x^2=9 \Rightarrow x=3$"

となる。納得いった？ ここで，$x=3$ の否定は $x \neq 3$ で，これをさらに否定すると元に戻って $x=3$ になるのも大丈夫だね。$x^2=9$ についても同様だ。

次，例題 (b) においても，

"動物である⇒人間である" を元の命題とみると，この逆・裏・対偶はどうなる？ …，そうだね。

・ 逆 ： "人間である⇒動物である"

・ 裏 ： "動物でない⇒人間でない"

・対偶： "人間でない⇒動物でない"

となるんだね。このようなことが，スラスラ言えるようになると，逆・裏・対偶もマスターしたと言えるんだね。頑張ろう！

● “かつ”の否定は“または”，“または”の否定は“かつ”！

ここで，裏や対偶で，p や q の否定 $\overline{p}$ や $\overline{q}$ が出てきたので，この否定についても深めておこう。一般に $x=0$ の否定は $x \neq 0$ だし，$x \geqq 0$ の否定は $x<0$ となるのは大丈夫だね。“$x \geqq 0$ ではない”ということは，“$x<0$”に他ならないからだ。

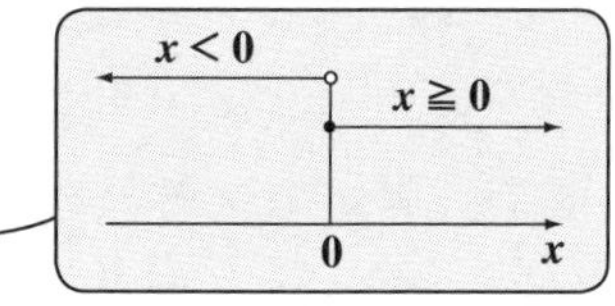

それじゃ，“$x=0$ または $y=0$ の否定”はどうなるかわかる？ ン，難しい？ この否定は，“$x \neq 0$ かつ $y \neq 0$”となるんだよ。エッ，これって，“ド・モルガンの法則”と同じだって？ よく復習してるね。ド・モルガンの法則の 1 つ

(i) $\overline{A \cup B} = \overline{A} \cap \overline{B}$ は，「“A または B の否定”は“A でなくかつ B でない”」

（$\overline{A \cup B}$：A または B の否定，$\overline{A} \cap \overline{B}$：$A$ でなく，かつ B でない）

と読むことが出来るからね。これと同様に考えれば，“$x=0$ かつ $y=0$ の否定”は，“$x \neq 0$ または $y \neq 0$”となるんだね。これは，ド・モルガンの法則 (ii) $\overline{A \cap B} = \overline{A} \cup \overline{B}$ に対応している。

以上を簡単に，次のように覚えておくといいよ。

- “または”の否定は“かつ”になる。← $\overline{A \cup B} = \overline{A} \cap \overline{B}$ に対応
- “かつ”の否定は“または”になる。← $\overline{A \cap B} = \overline{A} \cup \overline{B}$ に対応

さらに，これと似たもので，“少なくとも 1 つ”や“すべての”という表現が命題の中でしばしば出てくる。これらの否定についても，同様に次のように覚えるといいよ。

- “少なくとも 1 つ”の否定は“すべての”になる。
- “すべての”の否定は“少なくとも 1 つ”になる。

たとえば，“x, y, z のうち少なくとも 1 つは 0 である。”を否定したかったら，“x, y, z はすべて 0 でない。”とすればいい。また，“a, b, c はすべて 1 でない。”の否定は，“a, b, c のうち少なくとも 1 つは 1 である。”となるんだね。納得いった？

それでは，例題で練習しておこう。

(c) "$x<0$ または $y<0$" の否定を求めよう。

"または" の否定は "かつ" となるので, "$x<0$ または $y<0$" の否定は,

"$x \geqq 0$ かつ $y \geqq 0$" となるんだね。

(d) "a, b は共に偶数" の否定を求めよう。

"a, b は共に偶数" を言い換えると, "a は偶数で, かつ b も偶数" ということだから, この否定は, "a は奇数または b は奇数" ということになるんだね。この否定を, "a, b のうち少なくとも 1 つは奇数" といってもいい。慣れてくると, このように表現も多彩になってくるんだよ。もちろん, 本質はシッカリ押さえておくことが重要だけどね。

(e) "x, y, z のうち少なくとも 1 つは正である。" の否定を求めよ。

"少なくとも 1 つ" の否定は "すべての" とすればいいから, この否定は "x, y, z はすべて 0 以下である。" となる。"正である" の否定は "正でない" ということだから, "負または 0" より "0 以下" としたんだね。

これで, "否定" のやり方についても自信が付いたと思う!

● 元の命題と対偶は, 真・偽の運命共同体!?

前に例題 (b) で, "人間であるならば動物である" という命題の逆・裏・対偶について勉強したよね。これらに真・偽を付けて, もう 1 度ここに書いておこう。

命題 : "人間である⇒動物である" : 真

逆 : "動物である⇒人間である" : 偽 (反例 : 犬)

裏 : "人間でない⇒動物でない" : 偽 (反例 : 犬)

対偶 : "動物でない⇒人間でない" : 真

どう? 大丈夫? ここで, 逆が偽となるのは, 動物であるからといって人間であるとは限らない, たとえば犬かも知れないからだ。また, 裏が偽となるのも, 人間でないからといって, 動物でないとは限らない, たとえば人間でなくても, 犬であれば動物になるからだね。この逆と裏が偽であることを, いずれも犬であることを 1 つの反例として示したんだ。

さァ，ここで，注目してもらいたいのは，元の命題と対偶が共に真になっていることだね。まず，元の命題

“人間である⇒動物である”

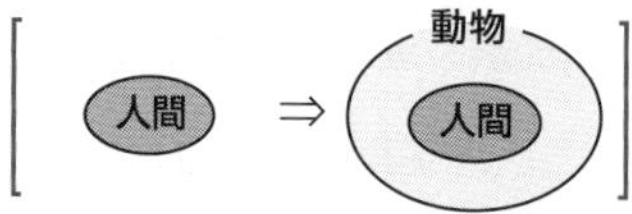

が真であることは，図 **1** に示すように，人間の集合が動物の集合に含まれるからだったんだね。これを“真理集合の考え方”といった。

図 1　元の命題と対偶

(ⅰ) **元の命題**

“人間である⇒動物である”

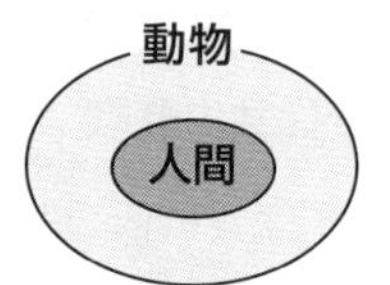

(ⅱ) **対偶**

“動物でない⇒人間でない”

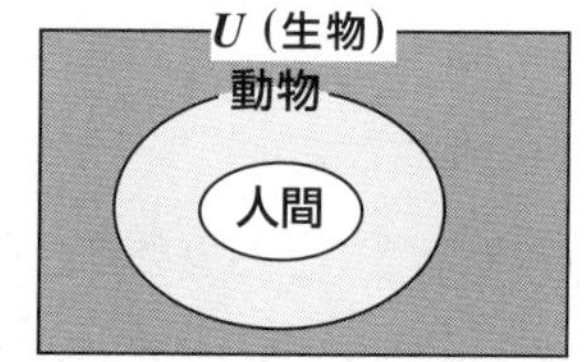

それでは同様に対偶についても，この真理集合の考え方を導入してみよう。図 **1**(ⅱ) に示すように，全体集合 U を生物全体とでもおけば，今度は，“動物でない集合”が“人間でない集合”にキレイに含まれてしまうことが分かるはずだ。つまり，

対偶：“動物でない　⇒　人間でない”が真であることも，真理集合の

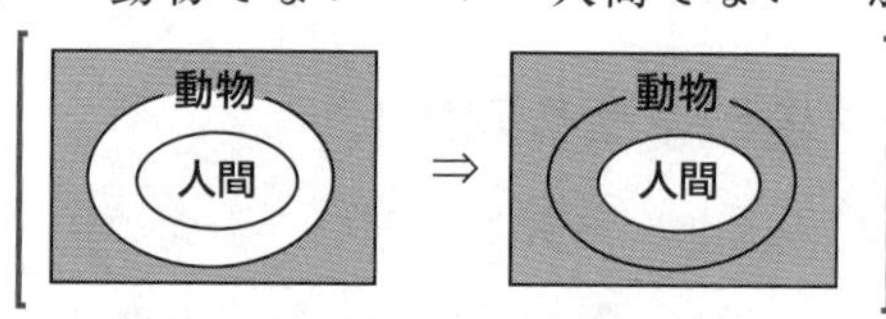

考え方から導くことが出来たんだね。

このように，元の命題が真ならば，その対偶も必ず真となる。もともと，元の命題と対偶の関係は相対的なものだから，逆に，対偶が真ならば，元の命題も真となる。つまり，次の関係が成り立つんだよ。

元の命題が真 ⟺ 対偶が真

さらに，偽の命題“動物である⇒人間である”を元の命題と考えると，この対偶は，“人間でない⇒動物でない”となって，これも偽の命題となる。

（“動物である⇒人間である”の逆をとって，裏をとったものだ。）

つまり，元の命題が偽ならば，その対偶も偽であり，元の命題と対偶の関係は相対的なものだから，逆に，対偶が偽ならば元の命題も偽ということもできるんだ。つまり，

元の命題が偽 ⟺ 対偶が偽　も成り立つんだね。

以上をまとめて下に書いておこう。

命題とその対偶との真・偽の関係

・元の命題が真 $\Longleftrightarrow$ 対偶が真
・元の命題が偽 $\Longleftrightarrow$ 対偶が偽

このように，ある命題とその対偶とは，真・偽において，運命共同体になってるのが分かったと思う。だから，ある命題の真・偽を調べたかったら，その対偶が真であるか，偽であるかを調べてもいいんだね。そして，対偶が真であることが示せれば，自動的に元の命題も真であることが言えるんだね。この証明法を，"対偶による証明法"と呼ぶことにしよう。これを下にまとめておくよ。

対偶による証明法

命題"$p \Rightarrow q$"が真であることを直接証明するのが難しい場合，
この対偶"$\overline{q} \Rightarrow \overline{p}$"が真であることを示せれば，
元の命題"$p \Rightarrow q$"も真であると言える。

それでは，例題で，この対偶による証明法の練習をしておこう。

(f) 命題"$x^2 \neq 9$ ならば $x \neq 3$ である。"が真であることを示そう。

何か証明しづらそうな命題なので，こういうときは，対偶から攻めるんだね。この対偶は"$x=3 \Rightarrow x^2=9$"となり，$x=3$ ならば，明らかに $x^2=3^2=9$ となるので，この対偶は真だね。よって，元の命題"$x^2 \neq 9 \Rightarrow x \neq 3$"も真と言える。

("$x^2 \neq 9 \Rightarrow x \neq 3$"の逆をとって，裏をとったもの！)

(g) 命題"$xy \leqq 0$ ならば，$x \leqq 0$ または $y \leqq 0$"が真であることを示そう。

この命題"$xy \leqq 0 \Rightarrow x \leqq 0$ または $y \leqq 0$"も分かりづらい命題だね。こんなときは，まず対偶を調べればいいんだね。すると，
対偶"$x>0$ かつ $y>0 \Rightarrow xy>0$"となって，非常にクリアな命題になっただろう。$x>0$ かつ $y>0$ であるならば，2つの正の数の積 $x \cdot y$ も当然正となるので，$xy>0$ となる。よって，この対偶は真となる。ゆえに，

("または"の否定は"かつ"になる！)

元の分かりづらかった命題“$xy \leqq 0 \Rightarrow x \leqq 0$ または $y \leqq 0$”も真であることが分かるんだね。納得いった？

対偶による証明法にもずい分慣れたと思う。証明したい命題の真・偽が分かりづらいときは，「対偶を調べる！」を忘れないことだ。それじゃ，さらに練習問題で練習しておこう！

練習問題 15	対偶の問題	CHECK 1	CHECK 2	CHECK 3

次の命題が真であることを，その対偶を使って示せ。

(1) 正の整数 a, b について，

$a+b$ が奇数ならば，a は偶数または b は偶数である。

(2) 実数 a, b, c について，

$a+b+c \leqq 3$ ならば，a, b, c のうち少なくとも 1 つは 1 以下である。

どちらも，頭が混乱しそうだって？ でも，そんなときに役に立つのが対偶なんだね。対偶でスッキリさせて，真・偽を確かめれば，それがとりもなおさず元の命題の真・偽に対応するんだからね。

(1) “正の整数 a, b について”というのは，命題の前提条件と考えてくれ。つまり，今回の問題では，“a, b は自然数の条件の下で考えよう！”って言っているんだ。このとき，（正の整数のこと）

命題：“$a+b$ が奇数 $\Rightarrow$ a は偶数または b は偶数”の真・偽を調べたいんだね。ここで，自然数（正の整数）のうちの偶数とは，2, 4, 6, 8, … のように 2 で割り切れる数のことで，また，奇数とは，1, 3, 5, 7, 9, … のような 2 で割り切れない数のことなんだね。

さァ，この命題では分かりづらいから，まず対偶をとってみよう。ここで，“または”の否定は“かつ”になることに気を付けるんだよ。すると，対偶：“a が奇数かつ b が奇数 $\Rightarrow$ $a+b$ が偶数”となる。この対偶が真なのは分かるね。そう，a と b が共に奇数ならば，

$a+b=$（奇数）+（奇数）=（偶数）となるからだね。

（たとえば，5(奇数) + 7(奇数) = 12(偶数)）

そして，対偶が真と分かったから，元の命題：

“$a+b$ が奇数 $\Rightarrow$ a は偶数または b は偶数”も真と言えるんだね。

(2) 今回も，“実数 a, b, c について” というのが，命題の前提条件で，このとき，

命題：“$a+b+c \leqq 3 \Rightarrow a, b, c$ のうち少なくとも 1 つは 1 以下” の真・偽を調べたいんだね。これも，対偶をとってみよう。今回の注意点は分かる？ そう，“少なくとも 1 つ” の否定は “すべての” になることだね。それじゃ，対偶を求めるよ。

対偶：“a, b, c がすべて 1 より大 $\Rightarrow a+b+c>3$” となる。

この対偶が真なのは分かる？ エッ，よく分からんって!? いいよ，ゆっくり説明しよう。a, b, c がすべて 1 より大と言ってるわけだから，

$a>1$ ……㋐ かつ

$b>1$ ……㋑ かつ

$c>1$ ……㋒ ということだね。

このとき，㋐，㋑，㋒の左辺同士，右辺同士をすべてたし合わせると，$a+b+c>1+1+1$ となるのは大丈夫？ ㋐，㋑，㋒の左辺の大きいもの同士 a, b, c をたしたものは，それらの右辺の小さいもの同士 1, 1, 1 をたしたものより当然大きくなる。よって，$a+b+c>3$ が導けるんだね。よって，この対偶は真だね。すると，これから自動的に元の命題 “$a+b+c \leqq 3 \Rightarrow a, b, c$ のうち少なくとも 1 つは 1 以下” も真であると言えるんだね。

これで，対偶による証明法も完全に身に付いたと思う。それでは，次，“**背理法**(はいりほう)” についても教えようと思う。ン？ 疲れたって？ でも，これで “集合と論理” も最後だから，もう一頑張りだ！

● 背理法では，結論を否定する!?

これから解説する “**背理法**” も，命題が真であるか否かを示す有力な手法なんだよ。対偶による証明法では，“p ならば q である” の形の命題のみを対象にしていたけれど，背理法では，“q である” という形の命題でもかまわない。それでは，まずこの背理法による命題の証明法を次に示そう。

背理法による証明法

> 命題“$p \Rightarrow q$”や，命題“qである”が真であることを示すには，まず，$\overline{q}$（qでない）と仮定して，矛盾を導く。

エッ，何のことかピンとこないって？　いいよ，ていねいに解説するから。

“$p \Rightarrow q$”や“qである”のqを“**結論**”というんだけれど，背理法では，まずこの結論qを否定して，$\overline{q}$（qでない）と仮定してみるんだね。そして，この$\overline{q}$（qでない）とすることによって，何か矛盾（おかしなこと）が起これば，それはqを否定したからだと考える。よって，qを否定したことによって矛盾が生じるわけだから，$\overline{q}$ではなくて，qが正しいということになるんだね。これは一種の消去法だ。

図2　背理法の集合によるイメージ

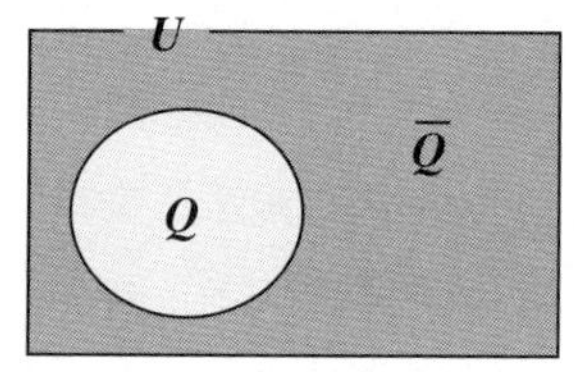

これを，集合で考えると分かりやすい。qや$\overline{q}$を表す集合をそれぞれQ, $\overline{Q}$とおくと，図**2**のようになるね。ここで，$\overline{Q}$の命題$\overline{q}$が正しいと仮定すると矛盾が起こるので，結局Qの命題qの方が正しいことになるというのが，背理法の本質的な考え方なんだ。納得いった？

（$\overline{q}$：qの否定）（$\overline{Q}$：Qの補集合）

また，対偶による証明法も一種の背理法と考えることができる。命題“$p \Rightarrow q$”が真であることを言うために，$\overline{q}$（qでない）と仮定して，$\overline{p}$が導かれたとするよ。pではないから，これは矛盾で，背理法が成立したことになる。でも，“$\overline{q}$ならば$\overline{p}$”とは，文字通り，これは対偶のことで，この対偶が真と言えたから，自動的に元の命題が真と言ってもいいんだね。大丈夫？

練習問題**15(1)(P102)**の問題を背理法的に証明しなおしてみよう。

命題：“正の整数a, bについて，

　　$a+b$が奇数ならば，aは偶数またはbは偶数である。”……(＊)

(＊)が真であることを背理法により示す。

まず，“aは奇数かつbも奇数”と仮定する。（結論q：“aは偶数またはbは偶数”の否定$\overline{q}$）

すると，$a+b=$(奇数)$+$(奇数)$=$(偶数)となって，$a+b$が奇数である

ことに反する。よって，矛盾。 ←（$\overline{q}$ と仮定して，矛盾が導けた！）

∴ (∗) の命題は真である。これが背理法なんだね。大丈夫？

では，もう **1** 題，背理法の問題を解いておこう。

練習問題 16	背理法	CHECK 1	CHECK 2	CHECK 3

互いに異なる実数 a, b が，$a^2-2b^2=0$ ……①をみたすものとする。

$b \neq 0$ を示して，$\dfrac{a}{b}$ の値を求めよ。

$b=0$ と仮定して，矛盾を導くのが背理法なんだね。頑張ろう！

$b=0$ ……② と仮定して，

②を①に代入すると，

$a^2-2\cdot0^2=0$ より，$a^2=0$

∴ $a=0$ となり，$a=b=0$ となって，

a と b が互いに異なる実数であることに矛盾する。

（背理法：$b=0$ と仮定して，矛盾を導き，よって，$b \neq 0$ を示す。）

ゆえに，背理法により，$b \neq 0$……③ である。

よって，$b^2 \neq 0$ より，①の両辺を $b^2(\neq 0)$ で割って，

$\dfrac{a^2}{b^2}-2=0$, $\left(\dfrac{a}{b}\right)^2=2$

∴ $\dfrac{a}{b}=\pm\sqrt{2}$ が導けて，答えだ。納得いった？

以上で，“**集合と論理**”の講義もすべて終了です！ よく頑張ったね。次回からは，新しいテーマとして“**2 次関数**”について解説していくつもりだ。でも，まずこれまでやった内容をよ～く反復練習して自分のものにしておくことだ。数学も積み重ねが大切なんだね。

それじゃ，次回また会おう！ それまで，みんな元気で…。さようなら！

第2章 ● 集合と論理　公式エッセンス

1. 共通部分と和集合の要素の個数

(i) $A\cap B \neq \phi$ のとき，

$$n(A\cup B) = n(A) + n(B) - n(A\cap B)$$

(ii) $A\cap B = \phi$ のとき，

$$n(A\cup B) = n(A) + n(B)$$

2. 集合 A と補集合 $\overline{A}$ の関係

$n(A) = n(U) - n(\overline{A})$　　(U：全体集合)

3. ド・モルガンの法則

(i) $\overline{A\cup B} = \overline{A}\cap\overline{B}$　　(ii) $\overline{A\cap B} = \overline{A}\cup\overline{B}$

4. 十分条件，必要条件

命題 "$p \Rightarrow q$" が真のとき，← 地図の方位と同じ！ Ⓢ(南) → Ⓝ(北)

十分条件 Sufficient condition ／ 必要条件 Necessary condition

p は q であるための十分条件
q は p であるための必要条件

5. 真理集合の考え方

命題 "$p \Rightarrow q$" が真のとき，$P \subseteqq Q$ が成り立つ。
(ただし，P：p の真理集合，Q：q の真理集合)

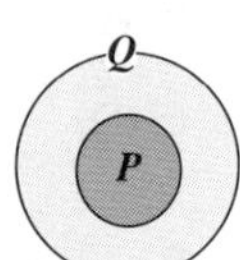

6. 命題とその対偶との真・偽の関係

・元の命題が真 $\Longleftrightarrow$ 対偶が真

・元の命題が偽 $\Longleftrightarrow$ 対偶が偽

7. 対偶による証明法

命題 "$p \Rightarrow q$" が真であることを証明するのが難しい場合，
この対偶 "$\overline{q} \Rightarrow \overline{p}$" が真であることを示せれば，元の命題 "$p \Rightarrow q$" も真と言える。

8. 背理法による証明法

命題 "$p \Rightarrow q$" や，命題 "q である" が真であることを示すには，
まず，$\overline{q}$ (q でない) と仮定して，矛盾を導く。

第 3 章
CHAPTER

3 2次関数

▶ 2 次方程式の解法

▶ 2 次関数と最大・最小問題

▶ 2 次関数と 2 次方程式

▶ 2 次不等式，分数不等式

8th day　2次方程式の解法

おはよう！ みんな，元気か！今日は，数学Ⅰのメインテーマの**1**つ，“**2次方程式**”の講義に入ろう。中学で**2次方程式**の**解の公式**は既に習っていると思う。そして，この**2**次方程式は，**2**次関数と密接な関係があることも知ってるね。したがって，**2**次関数の本格的な講義に入る前に，復習も兼ねて，まずこの**2**次方程式の解法について，シッカリ練習しておこう！

2次方程式の解法には，次の**2**つのタイプ

(ⅰ) 因数分解して解くものと，
(ⅱ) 解の公式を利用するものがある。**1**つずつマスターしていこう！

● まず，因数分解タイプの2次方程式を解こう！

xの**2次方程式**とは，たとえば，$x^2+3x+2=0$ や $2x^2-x-1=0$ や，$x^2+6x+4=0$ などのような，xの**2**次式の方程式のことなんだね。そして，この**2**次方程式をみたすxの値を“**解**”といい，この解を求めることを“**2次方程式を解く**”という。これは，**1**次方程式のときと同様だ。

そして，この**2**次方程式を解く有力な手法の**1**つが因数分解なんだね。xの**2**次式の因数分解については，既に教えているけど，ここでもう**1**度下に示しておこう。

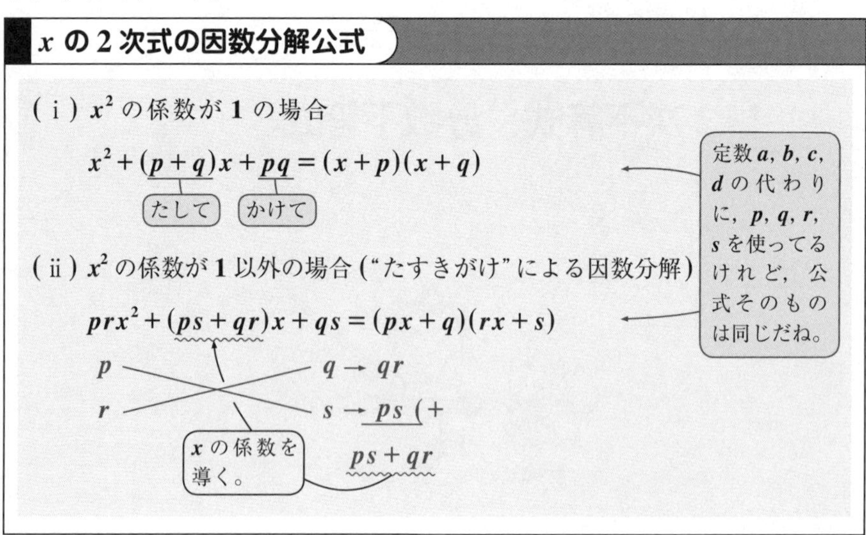

この因数分解を使って2次方程式を解く際に必要となる，もう1つの重要な公式を次に示そう。

$A \cdot B = 0$ の解法

A，B をそれぞれ x の整式とする。このとき

$A \cdot B = 0$ ならば，$A = 0$ または $B = 0$ である。

2つの整式の積 $A \cdot B$ が $A \cdot B = 0$ ならば，A，B の少なくとも1つは0でないといけないね。よって $A = 0$ または $B = 0$ となるんだね。もし，A も B も0でなかったなら，決して $A \cdot B = 0$ にはならないからだ。だから「$A \cdot B = 0$ ならば，$A = 0$ または $B = 0$」となること，これは因数分解型の2次方程式を解く上で重要な鍵となるから，シッカリ頭に入れておくんだよ。さらに，この特別な場合として，$A^2 = 0$ ならば $A = 0$ となることも覚えておこう。これも，$A \neq 0$ とすると $A^2 = 0$ はあり得ないからだ。

(a) **2次方程式 $x^2 + 3x + 2 = 0$ を解いてみよう。** この左辺の x^2 の係数は1だから，因数分解公式：$x^2 + (p+q)x + pq = (x+p)(x+q)$ を使って，左辺を因数分解するんだね。つまり，

$x^2 + \underset{p+q}{3}x + \underset{pq}{2} = 0$　　ここで，$p+q=3$，$pq=2$ をみたす p，q は，

$p=2$，$q=1$（または，$p=1$，$q=2$）だから

$(x+\underset{p}{2})(x+\underset{q}{1}) = 0$　　よって，$x+2=0$ または $x+1=0$

$[\ A \cdot B = 0$　　よって，$A = 0$ または $B = 0\ ]$

∴この x の2次方程式の解は，$x = -2$ または -1 となる。

(b) **2次方程式 $x^2 + x - 12 = 0$ を解くよ。**

（x^2 の係数は1）

$x^2 + \underset{p+q}{1} \cdot x \underset{pq}{-12} = 0$ を変形して，$(x+4)(x-3) = 0$（$A \cdot B = 0$ の形）

（よって，$p=4$，$q=-3$（または $p=-3$，$q=4$））

∴ $x+4=0$ または $x-3=0$ より，解は $x = -4$ または 3 となる。

(c) 次，2 次方程式 $x^2+\underset{2p}{\underline{10}}x+\underset{p^2}{\underline{25}}=0$ を解いてみよう。この左辺は，公式

$x^2+2px+p^2=(x+p)^2$ を使って因数分解できる。

$x^2+10x+25=0$ より，$(x+5)^2=0$ ← $A^2=0$ より $A=0$ とできる

よって，$x+5=0$ より，$x=\underline{-5}$ が解となる。

今回の解はただ 1 つだね。これを**重解**というよ。

それでは次，"たすきがけ" による因数分解を利用して 2 次方程式を解いてみることにしよう。

(d) 2 次方程式 $\underline{2x^2}-x-1=0$ を解くよ。この左辺を因数分解して，

x^2 の係数は 2 で，1 ではないので，この左辺を "たすきがけ" により因数分解しよう。

$2x^2-1\cdot x-1=0$　　　$(2x+1)(x-1)=0$

A・B＝0 の形だ。よって $A=0$ または $B=0$ となる

$$\begin{array}{ccccc} 2 & \times & 1 & \to & 1 \\ 1 & & -1 & \to & -2 \ (+ \\ & & & & -1 \end{array}$$

x の係数

よって，$2x+1=0$ または $x-1=0$ より，解は $x=-\dfrac{1}{2}$ または 1 となるな。

どう？ 2 次方程式を解くのも面白いだろう？ 今度は練習問題でさらに腕を磨くといいよ。

練習問題 17	2 次方程式（Ⅰ）	CHECK 1	CHECK 2	CHECK 3

2 次方程式 $px^2+(p-8)x+2=0$ $(p \neq 0)$ の 1 つの解が 1 であるとき，p の値と，この 2 次方程式のもう 1 つの解を求めよ。

少し応用が入ってたんだけど，解けた？ まず，$x=1$ がこの 2 次方程式の解と言ってるわけだから，これを 2 次方程式に代入して p の値を求めるんだよ。

2 次方程式 $px^2+(p-8)x+2=0$ ……㋐ $(p \neq 0)$

の 1 つの実数解が 1 より，これを㋐に代入しても成り立つ。よって，

$p\cdot 1^2+(p-8)\cdot 1+2=0$　　$p+p-8+2=0$ ← p の 1 次方程式

$2p=8-2$　　$2p=6$　　$\therefore p=\dfrac{6}{2}=3$ ……㋑となるね。

㋑を㋐に代入して，

$$3x^2+(3-8)x+2=0$$ ← x の2次方程式

x^2 の係数が3なので，これは，“たすきがけ”による因数分解の問題だ。

$$3x^2-5x+2=0 \qquad (3x-2)(x-1)=0$$

3 ╲╱ −2 → −2
1 ╱╲ −1 → −3 (+
　　　　　　−5

x の係数

$A\cdot B=0$ より
$A=0$ または $B=0$

$\therefore\ 3x-2=0$ または $x-1=0$ より，㋐の $x=1$ 以外の解は，$x=\dfrac{2}{3}$ となるんだね。どう？ 応用問題も解けるとさらに面白いだろう。

● 解の公式にも慣れよう！

2次方程式は一般に，$ax^2+bx+c=0\ (a\neq0)$ の形で表されるんだね。

$a=0$ だと，$bx+c=0$ となって，1次以下の方程式になるから，$a\neq0$ だ！

そして，この左辺が因数分解できるときは因数分解して $A\cdot B=0$ の形にもち込んで，解を求めたんだね。ここまでは大丈夫だね。

でも，たとえば，2次方程式 $x^2+6x+4=0$ …①が与えられたとするよ。

（$6=p+q$，$4=pq$）

この x^2 の係数が1より，$p+q=6$，$pq=4$ をみたす整数 p，q を求めて因数分解しようとしても，今回はうまくいかないね。エッ，だから解くのをあきらめるって!? ダメダメ！ 左辺が因数分解できなくても，2次方程式はちゃんと解けるんだからね。これから，その解法を教えよう。

まず，2次方程式 $x^2=5$ が与えられたとき，この解がどうなるかはすぐ分かるだろう？ そうだね。2乗して5になる数が x だから，当然

$x=\pm\sqrt{5}$ となる。

これは，$x=\sqrt{5}$ または $-\sqrt{5}$ のこと

（$\sqrt{5}$：5の正の平方根，$-\sqrt{5}$：負の平方根）

これと同様に考えると，方程式 $(x+3)^2=5$ …②の解がどうなるかも分かるだろう？ 今回は，2乗して5となる数が $x+3$ と言ってるわけだから，$x+3=\pm\sqrt{5}$ となる。これから，解 $x=-3\pm\sqrt{5}$ が求まるんだね。

これは，$x=-3+\sqrt{5}$ または $-3-\sqrt{5}$ のこと

実を言うと，この $(x+3)^2=5$ …②を変形すると

$x^2+6x+9=5$，$x^2+6x+4=0$ となって，②は①の方程式と同じものだったんだね。これから，$x^2+6x+4=0$ …①のような因数分解がうまくいかない2次方程式でも，②の形に変形すれば解が求まることが分かったと思う。では，どのようにして①から②の形にもち込むのか，そのやり方を説明しよう。

ここで使う公式も，因数分解のところで教えた公式：

$x^2+2px+p^2=(x+p)^2$ だよ。この公式のポイントは，左辺の x の係数 $2p$

（2で割って2乗）

を2で割って2乗した p^2 が定数項になっているということだ。この公式を使って，$(x+p)^2$ の式を作ることを，“**平方完成する**”ということも覚えておこう。

それでは，因数分解が難しい2次方程式 $x^2+6x+4=0$ …①の x^2+6x の部分をこの平方完成の形にもち込むと，

$(x^2+6x+9)+4-9=0$ 　　$(x^2+6x+9)-5=0$

（2で割って2乗）（9をたした分，9を引く）

$(x+3)^2-5=0$ 　　よって，$(x+3)^2=5$ …②が導けた！

（平方完成の終了！）

後は，さっきやった通り変形して，$x+3=\pm\sqrt{5}$ から，$x=-3\pm\sqrt{5}$ と，①の方程式の解が求まるんだね。納得いった？

実は，一般に2次方程式 $ax^2+bx+c=0$ $(a \neq 0)$ が与えられたとき，この左辺が因数分解できても，できなくても，次の“**解の公式**”を用いれば自動的に解を求めることが出来るんだよ。

2次方程式の解の公式

2次方程式 $ax^2+bx+c=0$ $(a \neq 0)$ の解は

$x=\dfrac{-b\pm\sqrt{b^2-4ac}}{2a}$ となる。(ただし，$b^2-4ac \geqq 0$)

（$\sqrt{\ }$ 内の値は常に0以上）

何か難しそうな式だって？ 大丈夫だよ。2次方程式の3つの定数係数 a，b，c の値をこの公式に当てはめればいいだけだからね。

実際に，2 次方程式 $\underset{a}{1}\cdot x^2+\underset{b}{6}x+\underset{c}{4}=0$ …①の解を，この解の公式を使って求めてみようか。3 つの係数の値は $a=1$，$b=6$，$c=4$ となるので，これを解の公式 $x=\dfrac{-b\pm\sqrt{b^2-4ac}}{2a}$ に代入すると

解 $x=\dfrac{-6\pm\sqrt{6^2-4\cdot1\cdot4}}{2\times1}=\dfrac{-6\pm\sqrt{36-16}}{2}=\dfrac{-6\pm\sqrt{20}}{2}$　（$\sqrt{2^2\times5}=2\sqrt{5}$）

よって，解 $x=\dfrac{-6\pm2\sqrt{5}}{2}=-3\pm\sqrt{5}$ となって，さっきと同じ解が計算できただろう。この解の公式を使えば，P109，110 でやった因数分解で解けるタイプの x の 2 次方程式の解だって，求めることが出来るんだ。(*d*) (P110) の例題の解を調べてみようか。

(*d*) $\underset{a}{2}x^2\underset{b}{-1}\cdot x\underset{c}{-1}=0$ の解が，$(2x+1)(x-1)=0$ より

$x=-\dfrac{1}{2}$ または 1 になることは，既に勉強したね。今度は解の公式：

$x=\dfrac{-b\pm\sqrt{b^2-4ac}}{2a}$ を使ってみよう。$a=2$，$b=-1$，$c=-1$ だから，

$x=\dfrac{-(-1)\pm\sqrt{(-1)^2-4\cdot2\cdot(-1)}}{2\times2}=\dfrac{1\pm\sqrt{1+8}}{4}=\dfrac{1\pm3}{4}$　（$\sqrt{9}=3$）

$=\dfrac{1+3}{4}$ または $\dfrac{1-3}{4}$ より，$x=1$ または $-\dfrac{1}{2}$ となって，同じ解が求まったね。

この解の公式が，これでオールマイティだってことが分かったと思う。これを覚えておけば 2 次方程式はすべて解けるから，「$2a$ 分の，マイナス b，プラスマイナス・ルート・b の 2 乗マイナス $4ac$」と何度も口ずさみながら，頭にたたき込むといいんだよ。

● 判別式 D で解が判別できる！？

解の公式について，1 つ注意しておこう。解の公式：$x=\dfrac{-b\pm\sqrt{b^2-4ac}}{2a}$

の$\sqrt{}$内のb^2-4acは0以上でないといけない。つまり，$b^2-4ac \geqq 0$の

（$\sqrt{A}$は2乗してAになる数だから，常に$A \geqq 0$だ！）

条件が付くということだ。そして，このb^2-4acは特に“**判別式**（はんべつしき）”と呼ばれ，Dで表されることも覚えておいてくれ。つまり，判別式$D=b^2-4ac$で，2次方程式が実数解をもつ条件として，$D \geqq 0$が必要となるんだね。大丈夫？　エッ，$D<0$のときはどうなるかって？　解の公式は$x=\frac{-b\pm\sqrt{D}}{2a}$と書いてもよく，この$\sqrt{}$内の$D$が負となるような実数は存在しないから，“**解なし**”と答えればいいんだよ。

さらに，判別式$D>0$のとき異なる2つの実数解$\frac{-b+\sqrt{D}}{2a}$と$\frac{-b-\sqrt{D}}{2a}$が存在する。そして，判別式$D=0$のとき，解は$x=\frac{-b\pm\sqrt{D}}{2a}=-\frac{b}{2a}$（$D$は0）となってただ1つの解になる。これを“**重解**（じゅうかい）”ということも覚えておこう。ン？　頭の中が混乱してきたって？　いいよ。まとめて下に示そう。

2次方程式の判別式

2次方程式$ax^2+bx+c=0\ (a \neq 0)$の判別式Dを

$D=b^2-4ac$とおく。すると，この2次方程式は

(i) $D>0$のとき，相異なる2実数解$\frac{-b+\sqrt{D}}{2a}$，$\frac{-b-\sqrt{D}}{2a}$をもつ。

(ii) $D=0$のとき，重解$-\frac{b}{2a}$をもつ。

(iii) $D<0$のとき，実数解をもたない。

どう？　文字通り，判別式Dの符号が(i)正，(ii) 0，(iii)負それぞれに対応して，2次方程式の解が判別されるんだね。

それでは，次の例題で判別式Dを使って2次方程式の解を判別してごらん。

(e) 2次方程式$2x^2-3x-1=0$の解を判別してみよう。（$a=2$，$b=-3$，$c=-1$）

判別式$D=b^2-4ac=(-3)^2-4\cdot2\cdot(-1)=9+8=17>0$

よって，この 2 次方程式は相異なる 2 実数解をもつことが分かる。

(f) 2 次方程式 $\underset{a}{1}\cdot x^2+\underset{b}{6}x+\underset{c}{9}=0$ の解を判別してみよう。

判別式 $D=b^2-4ac=6^2-4\cdot1\cdot9=36-36=0$

よって，この 2 次方程式は重解をもつ。

(g) 2 次方程式 $\underset{a}{3}x^2+\underset{b}{3}x+\underset{c}{2}=0$ の解も判別式で判別してみよう。

判別式 $D=b^2-4ac=3^2-4\cdot3\cdot2=9-24=-15<0$

よって，この 2 次方程式は実数解をもたない。

どう？ 判別式 D を使って 2 次方程式の解を判別することも大丈夫だね。

● x の係数が偶数なら，チョット楽になる！？

たとえば，x の 2 次方程式 $\underset{a}{1}\cdot x^2+\underset{2b'}{6}x+\underset{c}{4}=0$ …①のように，x の係数が偶数のとき，この 2 次方程式を $ax^2+2b'x+c=0$ $(a\neq0,\ b'$：整数$)$ と書くことが出来る。x の係数が偶数だから，これまでの b のところに $2b'$ が入ってるんだね。①の例で言えば $2b'=6$ だから $b'=3$ ということになるね。

このように，2 次方程式が $ax^2+2b'x+c=0$ のとき，解の公式は少しだけだけど，その計算が楽になるんだよ。これまでやった一般の 2 次方程式の解の公式 $x=\dfrac{-b\pm\sqrt{b^2-4ac}}{2a}$ の b に $2b'$ を代入すればいいので，実際に計算してみようか。

解 $x=\dfrac{-2b'\pm\sqrt{(2b')^2-4ac}}{2a}=\dfrac{-2b'\pm\sqrt{4b'^2-4ac}}{2a}$

$=\dfrac{-2b'\pm\sqrt{\underset{2^2}{4}(b'^2-ac)}}{2a}=\dfrac{-2b'\pm2\sqrt{b'^2-ac}}{2a}$

$=\dfrac{-b'\pm\sqrt{b'^2-ac}}{a}$ ←分子・分母を 2 で割った！ と，少しスッキリしただろう。

このとき判別式 D も，$D=(2b')^2-4ac=4(b'^2-ac)$ より，この両辺を 4

で割って，$\frac{D}{4}=b'^2-ac$ となる。この $\frac{D}{4}$ でも

(i) $\frac{D}{4}>0$ のとき，相異なる 2 実数解をもつ。

(ii) $\frac{D}{4}=0$ のとき，ただ 1 つの重解をもつ。

(iii) $\frac{D}{4}<0$ のとき，実数解をもたない。

と，D のときと同様に解を判別することが出来るんだね。

それじゃ，$ax^2+2b'x+c=0$ の形の 2 次方程式の解の公式をまとめて下に示そう。これで，解を求める計算が少しだけ楽になるんだね。

$ax^2+2b'x+c=0$ の解の公式

2 次方程式 $ax^2+2b'x+c=0$ ($a \fallingdotseq 0$，b'：整数) の解は，

$x=\frac{-b'\pm\sqrt{b'^2-ac}}{a}$ となる。 $\left(\text{ただし，}\frac{D}{4}=b'^2-ac \geqq 0\right)$

この公式を使って，実際に $\underset{a}{1}\cdot x^2+\underset{2b'}{6}x+\underset{c}{4}=0$ …①の解を求めてみよう。

$a=1$，$b'=3$，$c=4$ より，この解は公式より

$x=\frac{-b'\pm\sqrt{b'^2-ac}}{a}=\frac{-3\pm\sqrt{3^2-1\cdot 4}}{1}=-3\pm\sqrt{5}$ と，さっきよりもアッサリと答えが求まるだろう。これも，「a 分の，マイナス b'，プラスマイナス・ルート・b' の 2 乗マイナス ac」と口ずさみながら覚えていけばいいんだよ。それじゃ，例題で練習しておこう。

(h) 2 次方程式 $\underset{a}{2}x^2\underset{2b'}{-4}x+\underset{c}{1}=0$ を解いてみよう。

$a=2$，$b'=-2$，$c=1$ より，この方程式の解は

$\frac{D}{4}=b'^2-ac=(-2)^2-2\cdot 1=2>0$ より，これは相異なる 2 実数解をもつ。

$x=\frac{-b'\pm\sqrt{b'^2-ac}}{a}=\frac{-(-2)\pm\sqrt{(-2)^2-2\cdot 1}}{2}=\frac{2\pm\sqrt{2}}{2}$

となって答えだ。

(i) 2次方程式 $x^2+8x-4=0$ を解いてみよう。

$\underset{a}{1}\cdot x^2+\underset{2b'}{8}x\underset{c}{-4}=0$ より $a=1,\ b'=4,\ c=-4$

$\frac{D}{4}=4^2-1\cdot(-4)=20>0$ より，これは相異なる2実数解をもつ。

よって，この方程式の解は次のようになる。

$$x=\frac{-b'\pm\sqrt{b'^2-ac}}{a}=\frac{-4\pm\sqrt{4^2-1\cdot(-4)}}{1}=-4\pm\sqrt{\underset{2^2\times 5}{20}}=-4\pm2\sqrt{5}$$

では，次の練習問題でさらに実力に磨きをかけよう！

練習問題 18 | 2次方程式（Ⅱ） | CHECK 1 | CHECK 2 | CHECK 3

方程式 $x^2-x+2=3|x-1|$ ……①を解け。

絶対値内 $x-1$ が（ i ）0以上か，（ ii ）0より小かで場合分けして解こう！

$x^2-x+2=3|x-1|$ …① を解く。

これが（ i ）0以上か，（ ii ）0より小かで場合分けする。

$|a|=\begin{cases}a & (a\geqq 0)\\ -a & (a<0)\end{cases}$ の場合分けを使う。

（ i ）$x-1\geqq 0$，すなわち $x\geqq 1$ のとき，$|x-1|=x-1$ より，①は

$x^2-x+2=3(x-1)$　　$x^2-x+2=3x-3$

$\underset{a}{1}\cdot x^2\underset{2b'}{-4}x+\underset{c}{5}=0$　　この判別式を D とおくと

$\frac{D}{4}=(-2)^2-1\cdot5=4-5=-1<0$ となるので，実数解をもたない。

$\frac{D}{4}=b'^2-ac$

（ ii ）$x-1<0$，すなわち $x<1$ のとき，$|x-1|=-(x-1)$ より，①は

$x^2-x+2=3\times(-1)\cdot(x-1)$　　$x^2-x+2=-3(x-1)$

$x^2-x+2=-3x+3$　　$\underset{a}{1}\cdot x^2+\underset{2b'}{2}x\underset{c}{-1}=0$

$\frac{D}{4}=1^2-1\cdot(-1)=2>0$ より，これは相異なる2実数解をもつ。

これを解いて

$$x=\frac{-1\pm\sqrt{1^2-1\cdot(-1)}}{1}=-1\pm\underset{1.4}{\sqrt{2}}$$ （これは $x<1$ をみたす。）

公式：$x=\frac{-b'\pm\sqrt{b'^2-ac}}{a}$

$\sqrt{2}\fallingdotseq1.4$ より，$-1+\sqrt{2}\fallingdotseq0.4$，$-1-\sqrt{2}\fallingdotseq-2.4$ は共に，$x<1$ の条件をみたす。よっていずれも解だ。

以上（ i ）（ ii ）より，①の解は，$x=-1\pm\sqrt{2}$ となるんだね。

絶対値，判別式，2 次方程式の解の公式と，様々な要素が入った応用問題だったんだね。このような問題が自力でスラスラ解けるようになるまで反復練習することだ。実力がグングン伸びるはずだよ。

● 解の公式の証明もやっておこう！

これまでの解説で，2 次方程式の解の公式の使い方も十分にマスターできたと思う。これで，2 次方程式の解法にも自信がついただろう？ エッ，でも何故解の公式が $x=\frac{-b\pm\sqrt{b^2-4ac}}{2a}$ となるかを知りたいって？ 当然の疑問だね。解の公式そのものは，中学でも習っていると思うけれど，これをキチンと導くには，絶対値の計算など，やはり高校数学の知識が必要なんだね。

ここでは，理解を助けるために，具体的な 2 次方程式 (P111)：

$x^2+6x+4=0$ …① の解法と並行させながら，

一般の 2 次方程式：$ax^2+bx+c=0\ (a\neq 0)$

の解の公式を導くことにしよう。具体例と一般論を対比しながら見ていくと，よく分かるはずだ。

$x^2+6x+4=0$

（これを平方完成にもち込む）

$(x^2+6x+9)+4-9=0$

（2 で割って 2 乗）（9 をたした分，9 を引く。）

$ax^2+bx+c=0\ (a\neq 0)$

両辺を a で割って

$x^2+\frac{b}{a}x+\frac{c}{a}=0$

（これを平方完成にもち込む）

$\left\{x^2+\frac{b}{a}x+\left(\frac{b}{2a}\right)^2\right\}+\frac{c}{a}-\frac{b^2}{4a^2}=0$

（2 で割って 2 乗）（$\left(\frac{b}{2a}\right)^2$ をたした分，$\frac{b^2}{4a^2}$ を引く。）

$(x+3)^2=9-4$	$\left(x+\frac{b}{2a}\right)^2=\frac{b^2}{4a^2}-\frac{c}{a}$ （$\frac{4ac}{4a^2}$）
$(x+3)^2=5$	$\left(x+\frac{b}{2a}\right)^2=\frac{b^2-4ac}{4a^2}$ ← $4a^2$で通分
$x+3=\pm\sqrt{5}$	$x+\frac{b}{2a}=\pm\sqrt{\frac{b^2-4ac}{4a^2}}$
	$\frac{\sqrt{b^2-4ac}}{\sqrt{4a^2}}=\frac{\sqrt{b^2-4ac}}{\sqrt{(2a)^2}}=\frac{\sqrt{b^2-4ac}}{\lvert 2a\rvert}$
	$x+\frac{b}{2a}=\pm\frac{\sqrt{b^2-4ac}}{\lvert 2a\rvert}$
	ここで，右辺の分母は $\lvert 2a\rvert=\pm 2a$ だけれど，この右辺の分数には既に ± が付いているので，この $\lvert 2a\rvert$ の絶対値をはずすときの ± は不要だね。
$(x+3=\pm\sqrt{5})$	$x+\frac{b}{2a}=\pm\frac{\sqrt{b^2-4ac}}{2a}$
	$x=-\frac{b}{2a}\pm\frac{\sqrt{b^2-4ac}}{2a}$
$\therefore x=-3\pm\sqrt{5}$ と答えだ！	$\therefore x=\frac{-b\pm\sqrt{b^2-4ac}}{2a}$ の完成！

以上で，中学で習った数学の復習も兼ねた **2** 次方程式の講義は終了です。でも，ここで学んだ内容は，次回学習する **2** 次関数と連動させることにより，グラフ的にヴィジュアルに分かるようになるので，さらに面白くなるはずだ。次回の講義でも，詳しく分かりやすく解説していくので，楽しみにしてほしい。

9th day　2次関数と最大・最小問題

さァ，これから新しいテーマ，**2次関数**の解説に入ろう。エッ，2次関数は既に中学校で習ったって？そうだね。でも，中学校で習った2次関数はすべて，原点を頂点とするものだったはずだ。これから解説する2次関数の頂点は xy 座標平面上を自由に動ける，ヴァリエーションの豊富なものなんだね。今回は，2次関数のグラフも沢山描くので，ヴィジュアルに(視覚的に)理解できてさらに面白くなってくるはずだ。図形的なセンスを磨くと数学はさらに強くなるんだよ。今日もシッカリ頑張ろうな！

● 関数って，何だろう!?

2次関数の本格的な解説に入る前に，まずその基礎である“**関数**(かんすう)”について話しておこうと思う。

関数の定義

2つの変数 x，y について，

x をある値に定めたとき，それに対して，ただ1つの y の値が定まるとき，y は x の関数であるといい，$y=f(x)$ などと表す。

(これは，$y=g(x)$ でも，$y=h(x)$ でも，何でもいいよ。)

$f(x)$ とは，何か x の式のことなんだね。そして，たとえば $f(x)=2x+1$

(f は，英語の“*function*(関数)”の頭文字だ。)

など，x の1次式のとき，$y=f(x)$ は x の**1次関数**といい，また $g(x)=x^2-2x+3$ など，x の2次式のとき，$y=g(x)$ は x の**2次関数**という。$h(x)=-x^3+1$ だったら，当然 $y=h(x)$ は x の**3次関数**だ。ここまではいいね。ここで，x の2次関数が，$y=g(x)=x^2-2x+3$ で与えられたとき，これに $x=1$ を代入すると，$y=g(1)=1^2-2\cdot1+3=1-2+3=2$ となって，x の値を1に定めると，y の値が2とただ1つ決まることが分かるだろう。関数の定義通りだね。そして，このとき $y=g(x)$ のグラフは xy 座標平面上の点 $(1,\ 2)$ を通ることも分かるんだ。

● 2次関数の基本形のグラフを調べよう！

一般に2次関数は，$y = \underline{ax^2 + bx + c}$ $(a \neq 0)$ の形で表されるんだけれど，

（x の2次式）

今回は $b = 0$，$c = 0$ とした最も単純な $y = ax^2$ の形の2次関数について考えてみよう。この $y = ax^2$ $(a \neq 0)$ が，2次関数の基本となるものだから，特にこれを“2次関数の基本形”と呼ぼう。

それでは，$y = ax^2$ で $a = 1$ のときのもの，つまり $y = x^2$ を $y = f(x) = x^2$ とおいて，そのグラフを xy 座標平面上に描いてみることにしよう。

まず，xy 座標系を作る。図1のように x 軸と y 軸を直交するようにとり，その交点を原点とする。後は x 軸，y 軸共に，…，-2，-1，0，1，2，…と等間隔に座標を定めればいいんだね。

図1 $y = f(x) = x^2$ のグラフ

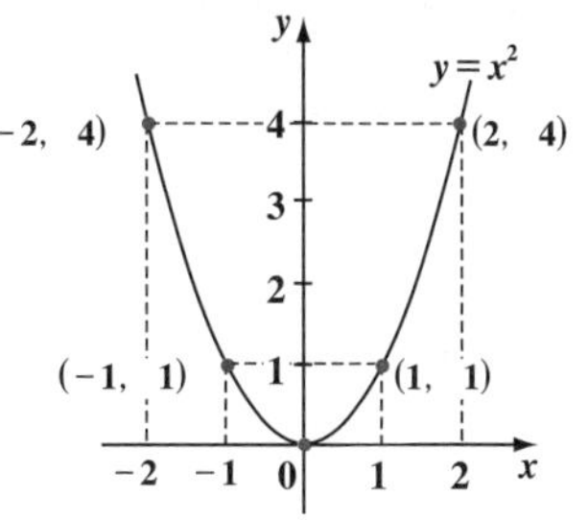

それじゃ，この2次関数 $y = f(x) = x^2$ に，$x = -2$，-1，0，1，2 を順次代入して，そのときの y 座標を求めてみよう。

$y = f(-2) = (-2)^2 = 4$，（点 $(-2,\ 4)$ を通る）　$y = f(-1) = (-1)^2 = 1$，（点 $(-1,\ 1)$ を通る）　$f(0) = 0^2 = 0$（点 $(0,\ 0)$ を通る）

$y = f(1) = 1^2 = 1$，（点 $(1,\ 1)$ を通る）　$y = f(2) = 2^2 = 4$（点 $(2,\ 4)$ を通る）

これから，$y = f(x) = x^2$ が，点 $(-2,\ 4)$，$(-1,\ 1)$，$(0,\ 0)$，$(1,\ 1)$，$(2,\ 4)$ を通ることが分かったので，これらの点を xy 座標平面上にとる。そして，本当は x は，$-\infty$ から $+\infty$ まで自由に連続的にその値をとり得るので，これらの点を滑らかな曲線で結んだものが，この2次関数 $y = f(x) = x^2$ のグラフになるんだね。(図1参照)

このグラフを上下逆さまに見ると，野球で打ち上げたときのフライやホームランのような形になってるだろう。だから，2次関数のグラフのことを“**放物線**（ほうぶつせん）”と呼ぶこともあるから覚えておこう。

$y = ax^2$ のグラフは，(i) $a > 0$ のときと，(ii) $a < 0$ のときとで，大きくその形が異なるんだよ。それぞれの場合について解説しよう。

(ⅰ) $a>0$ の場合，

$y=x^2$ のときと同様に，$y=\frac{1}{2}x^2$，$y=2x^2$，$y=3x^2$ のグラフを描くことが出来るだろう。これらのグラフをまとめて図 **2** に示す。

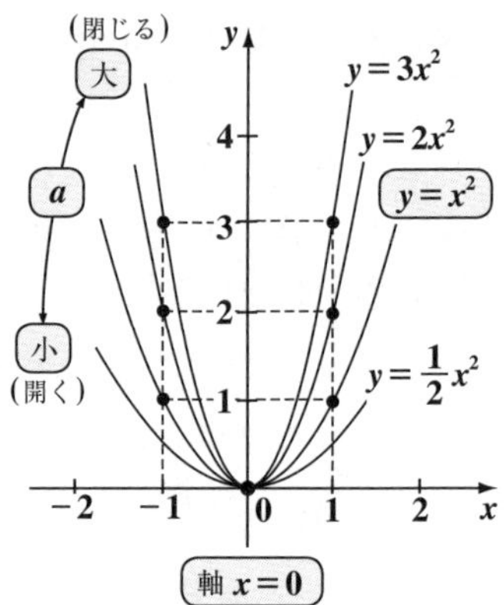

図 2 $y=ax^2$ $(a>0)$ のグラフ

$a>0$ のとき，$y=ax^2$ のグラフは，原点 **O(0, 0)** を頂点にもち，y 軸に関して対称な，**下に凸**の曲線 (チューリップみたいな形のグラフ) になっているね。ここで，この y 軸 ($x=0$ のこと) を "**対称軸**(たいしょうじく)" または単に "**軸**" と呼ぶ。そして，このグラフは軸に関して対称で，a の値が小さくなるほど開く方向に変化することが分かると思う。

(ⅱ) $a<0$ の場合，

まず，$a=-1$ のとき，$y=f(x)=-x^2$ について，同様に具体的に調べてみよう。($-1\cdot x^2$ のこと)

$f(-2)=-(-2)^2=-4$，(点 $(-2,\ -4)$ を通る) $f(-1)=-(-1)^2=-1$，(点 $(-1,\ -1)$ を通る) $f(0)=-0^2=0$ (点 $(0,\ 0)$ を通る)

$f(1)=-1^2=-1$，(点 $(1,\ -1)$ を通る) $f(2)=-2^2=-4$ (点 $(2,\ -4)$ を通る)

となるので，$y=f(x)=-x^2$ のグラフは図 **3** のようになる。ここで，$a=-3,\ -2,\ -\frac{1}{2}$ のときの $y=-3x^2$，$y=-2x^2$，$y=-\frac{1}{2}x^2$ のグラフもまとめて図 **3** に示しておくよ。

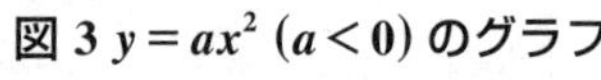
図 3 $y=ax^2$ $(a<0)$ のグラフ

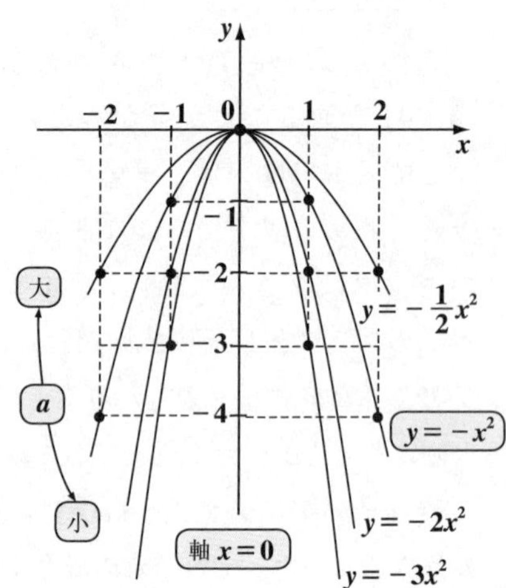

$a<0$ のとき，$y=ax^2$ のグラフは，原点 **O(0, 0)** を頂点にもち，y 軸 ($x=0$) を対称軸にもつ**上に凸**の

曲線(チューリップを上下逆さにしたグラフ)になるんだね。そして，a の値が小さくなる程チューリップは閉じ，a の値が大きくなる程チューリップは開いていくことが分かると思う。

a の絶対値が大きくなる程 → $a=-2,\ -3,\ -4,\ \cdots$

$a=-1,\ -\frac{1}{2},\ -\frac{1}{3},\ \cdots$ ← a の絶対値が小さくなる程

以上より，2 次関数の基本形 $y=ax^2\ (a \neq 0)$ のグラフは，原点 $\mathrm{O}(0,\ 0)$ を頂点とし，y 軸 $(x=0)$ を軸(対称軸)とする曲線で，

(i) $a>0$ のとき，下に凸のグラフに，また
(ii) $a<0$ のとき，上に凸のグラフになるんだね。

これで，2 次関数の基本形 $y=ax^2$ の解説は終了です。

● 2 次関数には 3 つのタイプがある！

一般に，2 次関数には，さっき解説した(i)基本形 $y=ax^2$ を含めて，次の 3 つのタイプがあることをまず頭に入れてくれ。

2 次関数の 3 つのタイプ

(i) 基本形 $y=ax^2$ $(a \neq 0)$
(ii) 標準形 $y=a(x-p)^2+q$ $(a \neq 0)$ ← $y=ax^2$ を $(p,\ q)$ だけ平行移動したもの
(iii) 一般形 $y=ax^2+bx+c$ $(a \neq 0)$

(ii)の標準形 $y=a(x-p)^2+q$ は，基本形 $y=ax^2$ を，x 軸方向に p，y 軸方向に q だけ平行移動したものなんだよ。一般に，xy 座標平面上で，ある関数 $y=f(x)$ のグラフを，$(p,\ q)$ だけ平行移動させたかったら，

(これを，"$(p,\ q)$ だけ平行移動" と簡単に表現してもいいよ。)

(ア) x の代わりに $x-p$ を，
(イ) y の代わりに $y-q$ を代入すればいいんだね。

つまり，$y-q=f(x-p)$ が $y=f(x)$ を $(p,\ q)$ だけ平行移動させたものになる。よって 2 次関数においても，次のようになるね。

(ⅰ) 基本形　　　　　　(ⅱ) 標準形

$$y = ax^2 \xrightarrow[\text{平行移動}]{(p,\ q)\text{だけ}} y - q = a(x-p)^2$$

$$\therefore\ y = a(x-p)^2 + q$$

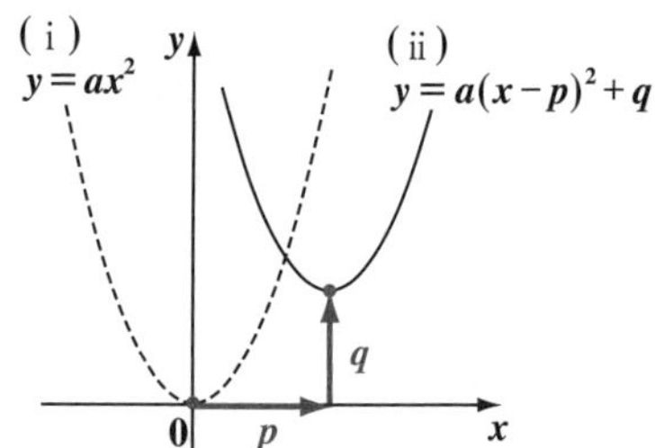

この平行移動のイメージを図 **4** に示しておく。

ン？納得いかないって？「x 軸方向に $+p$，y 軸方向 $+q$ だけ平行移動させるんだったら，x に $x+p$ を，y に $y+q$ を代入すべきだろうに!?」って，考えてない？これは大事なことなので，次の(参考)で詳しく解説しておこう！

参考

一見矛盾しているように見えるこの現象は，実は変数を混同させていることから起こったんだよ。詳しく解説しよう。

一般論として，ある関数 $y=f(x)$ を x 軸方向に $+p$，y 軸方向に $+q$ だけ平行移動してできる関数の変数を x'，y' とおこう。そして，ボク達は，x' と y' の関係式，つまり，$y'=(x'$ の式$)$ の形の関数を求めたいんだね。ここで，$y=f(x)$ …㋐ を，x 軸方向に $+p$，y 軸方向に $+q$ だけ平行移動した変数が，それぞれ x'，y' なので，

$x'=x+p$ ……㋑　　$y'=y+q$ ……㋒ となるのはいいね。

この時点では確かに，p と q をそれぞれ x と y に足しているね。でも，ここで，ボク達は x' と y' の関係式を求めたいわけだから，㋐，㋑，㋒から，どうすればいいと思う……？ そう，気付いたみたいだね。㋑，㋒を変形して

$x=x'-p$ ……㋑′　　$y=y'-q$ ……㋒′ として，

この㋑′と㋒′を㋐に代入すればいいんだね。よって，$y'-q=f(x'-p)$ $[y'=f(x'-p)+q]$ となって，x' と y' の関係式が導けた！

($y'=(x'$ の式$)$ が完成！)

ここで，この変数 x'，y' の代わりに，u，v とおいても，α，β とおいても人の勝手でしょう。だから x'，y' を元の x，y とおいてもいいわけで，

($y'-q=f(x'-p)$)　($v-q=f(u-p)$ となる)　($\beta-q=f(\alpha-p)$ となる)

平行移動後の関数は $y-q=f(x-p)$ と表せる。

元の関数 $y=f(x)$ の変数と同じ変数 x, y を平行移動後の関数にも使ってしまったので，「ムムム…，変だ！」ってことになったんだね。でも，これですべてが分かったと思う。つまり

$$y=f(x) \xrightarrow[\text{平行移動}]{(p,\ q)\text{だけ}} y-q=f(x-p)$$ となる！

それでは，例題で練習しておこう。

(a) 放物線 $y=-x^2$ を，$(3,\ -2)$ だけ平行移動したものを求めよう。

x の代わりに $x-3$ を，y の代わりに $y-(-2)$ $[=y+2]$ を代入すればいいので，

$y+2=-(x-3)^2$　　$\therefore y=-(x-3)^2-2$ となる。

(b) $y=3(x-2)^2-1$ は，$y=3x^2$ をどのように平行移動したものか調べよう。

$y=3x^2 \longrightarrow y+1=3(x-2)^2$

$y+1$ = $y-(-1)$

より，$y=3(x-2)^2-1$ は，$y=3x^2$ を $(2,\ -1)$ だけ平行移動したものだということが分かる。

それじゃ，最後の 3 番目のタイプ (iii) 一般形 :$y=ax^2+bx+c\ (a \neq 0)$ についても解説しておこう。2 次関数は一般に，この形で表されることが多いので，“一般形”と呼ばれるんだろうね。この一般形で表された 2 次関数も，標準形 :$y=a(x-p)^2+q$ の形で表すことが出来る。ポイントは ax^2+bx の部分を“**平方完成**”の形にもち込めばいいんだよ。つまり，

一般形 $y=ax^2+bx+c \quad (a \neq 0)$

$=a\left(x^2+\dfrac{b}{a}x\right)+c$ ← ax^2+bx から，a をくくり出した。

$=a\left\{x^2+\dfrac{b}{a}x+\left(\dfrac{b}{2a}\right)^2\right\}+c-a\cdot\left(\dfrac{b}{2a}\right)^2$ 　$a\cdot\dfrac{b^2}{4a^2}=\dfrac{b^2}{4a}$

2 で割って 2 乗

$a\cdot\left(\dfrac{b}{2a}\right)^2$ をたした分，引く！

平方完成！

$=a\left(x+\dfrac{b}{2a}\right)^2+c-\dfrac{b^2}{4a}$

$\therefore\ y = a\left(x + \dfrac{b}{2a}\right)^2 - \dfrac{b^2-4ac}{4a}$ ← 標準形 $y = a(x-p)^2 + q$ の形

（$\dfrac{b}{2a}$ = $-p$，$-\dfrac{b^2-4ac}{4a}$ = $+q$）

以上より，

基本形　　　　　　　　　　　　一般形

$$y = ax^2 \xrightarrow[\text{だけ平行移動}]{\left(-\frac{b}{2a},\ -\frac{b^2-4ac}{4a}\right)} y = ax^2 + bx + c$$

ということになる。図**5**を見てくれ。

特に，一般形 $y = ax^2 + bx + c\ (a \neq 0)$ の軸が，$x = -\dfrac{b}{2a}$ となることは，絶対覚えておこう。エッ，難しいって？　そうだね，一般論で書くと難しく見えるものなんだ。具体的に一般形から標準形に変形する練習をいくつかやって，慣れてもらおう。自分の手で計算することにより，変形の意味も本当によく理解することが出来るからだ。頑張ろうな！

図 5 一般形 $y = ax^2 + bx + c$

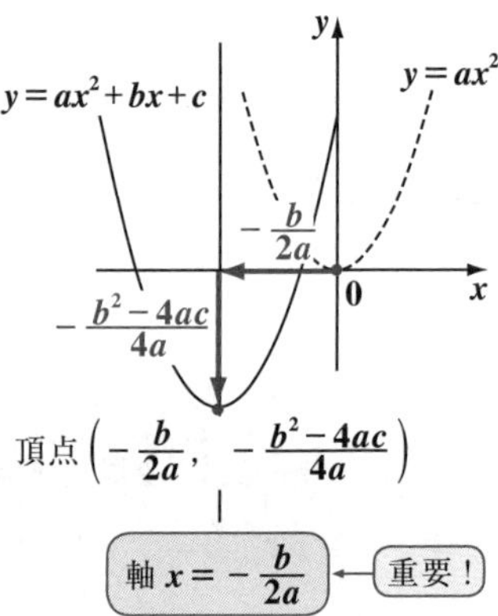

(c) 放物線 $y = 2x^2 - 4x - 1$ の頂点の座標と軸を求め，そのグラフの概形を xy 座標平面上に図示してみよう。

それじゃ，まず標準形に直してみよう。

$y = 2x^2 - 4x - 1$ ← 一般形 ← x^2 の係数が **2** より，下に凸の放物線

$= 2(x^2 - 2x) - 1$ ← $2x^2 - 4x$ から x^2 の係数 **2** をくくり出す。

$= 2(x^2 - 2x + 1) - 1 - 2$　（**2** で割って **2** 乗）（**2** をたした分，引く！）

$= 2(x-1)^2 - 3$ ← 標準形 ← $y = 2x^2$ を $(1,\ -3)$ だけ平行移動したもの

（平方完成の完成 !?）

（$y = a(x-p)^2 + q$ は，$y = ax^2$ を $(p,\ q)$ だけ平行移動したものだからね！）

よって，

$$y = 2x^2 \xrightarrow[\text{平行移動}]{(1,\ -3)\ \text{だけ}} y = 2x^2 - 4x - 1 \quad \leftarrow \text{一般形}$$

$$= 2(x-1)^2 - 3 \quad \leftarrow \text{標準形}$$

（$y = 2x^2$：基本形。頂点 $(0,\ 0)$，軸 $x = 0$ の下に凸の放物線）

（頂点 $(1,\ -3)$，軸 $x = 1$ の下に凸の放物線）

$y=2x^2$ を，(1, −3) だけ平行移動したものが $y=2x^2-4x-1$ なので，$y=2x^2$ の頂点 (0, 0) も，(1, −3) だけ平行移動される。よって，この (1, −3) が $y=2x^2-4x-1$ の頂点の座標になる。そして，直線 $x=1$ を軸 (対称軸) にもつ下に凸の放物線だね。

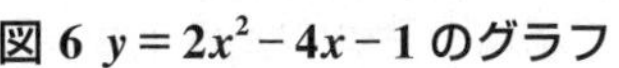

図 6 $y=2x^2-4x-1$ のグラフ

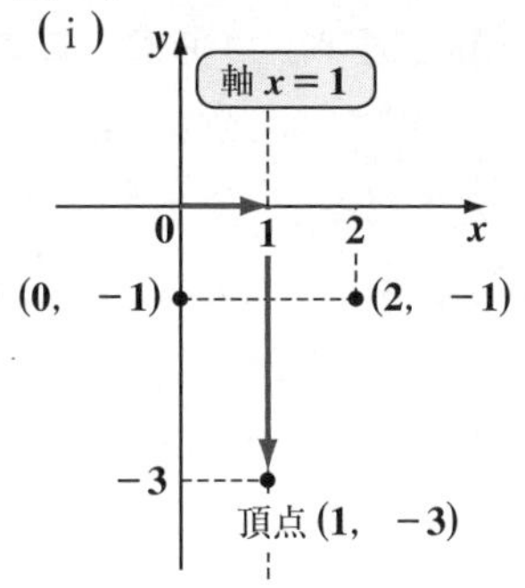

次，$y=2x^2-4x-1$ のグラフを描こう。図 6(i) のように，xy 座標平面上に，まず頂点 (1, −3) をとる。さらに頂点以外の点を 1 つとる。

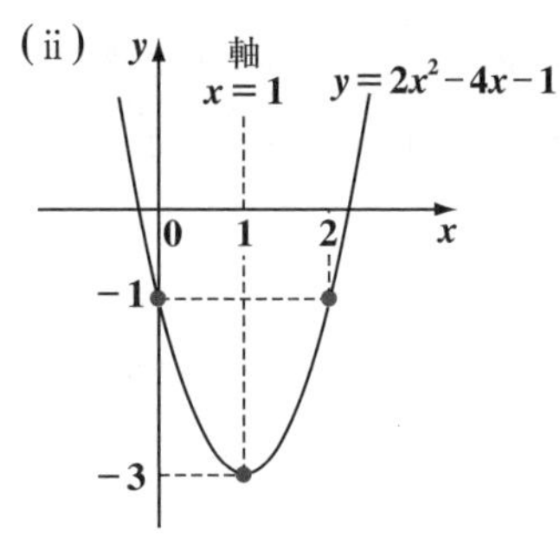

たとえば $x=0$ のとき，$y=-1$ なので，点 (0, −1) をとる。放物線 $y=2x^2-4x-1$ は，軸 $x=1$ に関して対称なので，この軸に関して点 (0, −1) と左右対称な点 (2, −1) をとれば，この放物線は必ずこの点 (2, −1) も通る。

頂点

よって図 6(ii) に示すように，この 3 点 (0, −1), (1, −3), (2, −1) を滑らかな曲線で結べば，2 次関数 $y=2x^2-4x-1$ のグラフが無事に描けるんだね。要領はつかめた？　それじゃ，もう 1 題やってみよう！

(d) 放物線 $y=-x^2-4x-3$ のグラフの概形を描いてみよう。

$y=\underset{\sim\sim\sim}{-x^2-4x}-3$ ← 一般形 ← x^2 の係数が −1 より，上に凸の放物線

$=\underset{\sim\sim\sim}{-(x^2+4x)}-3$ ← $\underset{\sim\sim}{-x^2-4x}$ から x^2 の係数 −1 をくくり出す。

$=-(x^2+\underline{4}x+\underline{\underline{4}})-3+\underline{\underline{4}}$ ← $\underline{4}$ を引いた分，たす。

(2 で割って 2 乗)

$=-(x+2)^2+1$ ← 標準形 ← $y=-x^2$ を (−2, 1) だけ平行移動したもの

よって，$y=-x^2-4x-3$ は点 (−2, 1) を頂点にもち，その軸が直線 $x=-2$ の上に凸の放物線になる。

また，$x=0$ のとき $y=-3$ だから，点 $(0,\ -3)$ を通る。さらに，この点と軸 $x=-2$ に関して対称な点 $(-4,\ -3)$ も通ることが分かるだろう。これで，この放物線が通る 3 点が分かったので，これらを滑らかな曲線で結べば放物線 $y=-x^2-4x-3$ が完成するんだね。(図 7)
どう？慣れると簡単でしょう？

図 7 $y=-x^2-4x-3$ のグラフ

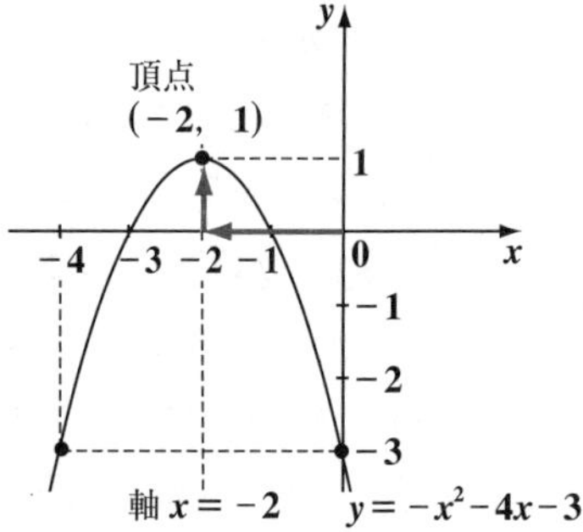

そして，この平行移動の公式は放物線だけでなく，一般の関数の平行移動にも利用できるんだよ。その一例として，x の絶対値の関数 $y=|x|$を平行移動してみよう。

$$y=|x|=\begin{cases} x & (x \geqq 0 \text{ のとき}) \\ -x & (x<0 \text{ のとき}) \end{cases}$$

$x \geqq 0$ のとき $|x|=x$ （0 以上）（0 以上）
$x<0$ のとき $|x|=-x$ だからね。（⊖）（⊕）

図 8 $y=|x|$のグラフ

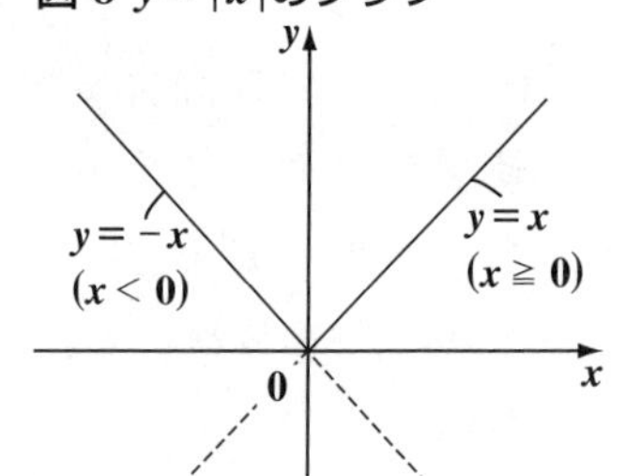

よって，$y=|x|$のグラフは，(ⅰ) $x \geqq 0$ のとき，$y=x$，(ⅱ) $x<0$ のとき，$y=-x$ となって，原点でポキンと折れた形になるんだね。

そして，この $y=|x|$を $(2,\ 1)$ だけ平行移動してみると，

$$y=|x| \xrightarrow[\begin{cases} x \text{ の代わりに } x-2 \\ y \text{ の代わりに } y-1 \end{cases}]{(2,\ 1)\text{ だけ平行移動}} y-1=|x-2| \quad \text{より}$$

$y=|x-2|+1$ となるんだね。
これは，
(ⅰ) $x-2 \geqq 0$，つまり $x \geqq 2$ のとき
$y=x-2+1=x-1$
(ⅱ) $x-2<0$，つまり $x<2$ のとき
$y=-(x-2)+1=-x+3$ となり，

図 9 $y=|x-2|+1$ のグラフ

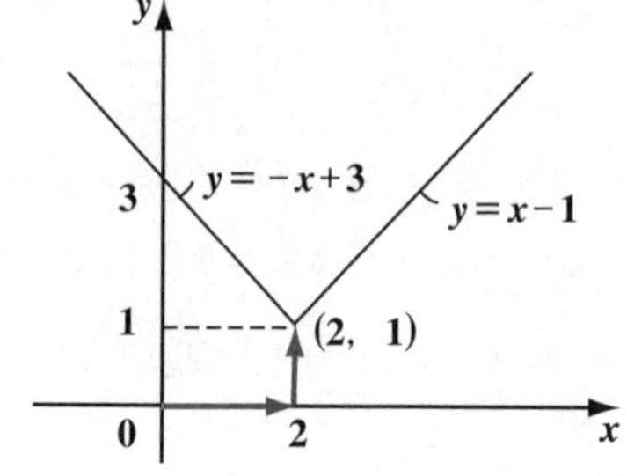

点 $(2,\ 1)$ でポキンと折れた図 **9** に示すようなグラフになるんだね。納得いった？

● 放物線の対称移動にもチャレンジしよう！

放物線の平行移動の解説が終わったので，次に，対称移動についても勉強しよう。この対称移動には，(ⅰ) x 軸に関する対称移動，(ⅱ) y 軸に関する対称移動，そして (ⅲ) 原点 0 に関する対称移動の **3** つがあるんだよ。そして，これらの対称移動の公式も，平行移動のものと同様に，放物線だけでなく，一般の関数にあてはまるものなので，関数 $y=f(x)$ の対称移動という形で解説しよう。

(ⅰ) x 軸に関する対称移動

関数 $y=f(x)$ を，x 軸に関して対称に移動するためには，y の代わりに $-y$ を代入すればいいんだね。

つまり，

$$y=f(x) \xrightarrow[y\text{の代わりに}-y]{x\text{軸に対称移動}} -y=f(x)$$

両辺に -1 をかけて，$y=-f(x)$ のこと

図 10 x 軸に関する対称移動のイメージ

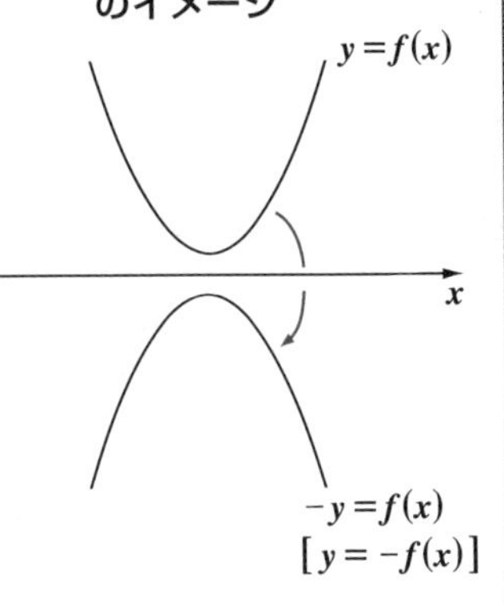

よって，図 **10** に示すように，$y=f(x)$ のグラフを，x 軸を鏡の面のようにして，上下に対称にグラフを移動したかったら，$y=-f(x)$ とすればいいんだね。

(1) $y=2x^2-4x-1$ を，x 軸に関して対称移動したものの方程式を求めよう。

この場合，y の代わりに $-y$ を代入すればいいので，

$-y=2x^2-4x-1$ だね。よって，この両辺に -1 をかけて

$y=-(2x^2-4x-1)=-2x^2+4x+1$ となる。

(2) $y=|x-2|+1$ を，x 軸に関して対称移動したものの方程式を求めよう。

求める関数は，$-y=|x-2|+1$ より，両辺に -1 をかけて，

$y=-|x-2|-1$ となるんだね。大丈夫？

(ⅱ) y 軸に関する対称移動

関数 $y=f(x)$ を，y 軸に関して対称に移動するためには，x の代わりに $-x$ を代入すればいいんだね。

つまり，

$$y=f(x)\ \xrightarrow[x\text{の代わりに}-x]{y\text{軸に対称移動}}\ y=f(-x)$$

図 11 y 軸に関する対称移動のイメージ

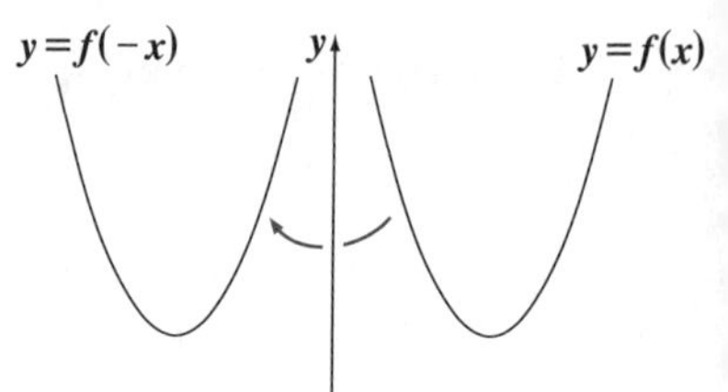

よって，図 11 に示すように，$y=f(x)$ のグラフを，y 軸を鏡の面のようにして，左右に対称にグラフを移動したかったら，$y=f(-x)$ とすればいいんだね。

(3) $y=2x^2-4x-1$ を，y 軸に関して対称移動したものの方程式を求めよう。

この場合，x の代わりに $-x$ を代入すればいいので，

$y=2\underline{(-x)^2}-4\cdot(-x)-1=2x^2+4x-1$ となる。（$(-x)^2=x^2$）

(4) $y=|x-2|+1$ を，y 軸に関して対称移動したものの方程式を求めよう。

x の代わりに $-x$ を代入すればいいので，

$y=\underline{|-x-2|}+1=|x+2|+1$ となる。（$|-x-2|=|x+2|$）

$|3|=3$，$|-3|=3$ より，絶対値内の符号を入れ替えても変化しない。
だから，たとえば，$|-x|=|x|$，$|-t+2|=|t-2|$など……となる。

(ⅲ) 原点 0 に関する対称移動

関数 $y=f(x)$ を原点 0 に関して対称移動するためには，x の代わりに $-x$ を，そして，y の代わりに $-y$ を代入すればいいんだね。

つまり，

$$y=f(x)\ \xrightarrow[\begin{cases}x\text{の代わりに}-x\\ y\text{の代わりに}-y\end{cases}]{\text{原点 }0\text{ に対称移動}}\ \underline{-y=f(-x)}$$

両辺に -1 をかけて，
$y=-f(-x)$ のこと

よって，図 **12** に示すように，$y=f(x)$ のグラフを原点 **0** のまわりにクルリと **180°** 回転させて原点に関して対称移動したかったら，$y=-f(-x)$ とすればいいんだね。この原点 **0** に関して対称移動する操作は，実は下に示すように，x 軸に関する対称移動と y 軸に関する対称移動を併せたものと考えてもいいんだよ。

図 12 原点に関する対称移動のイメージ

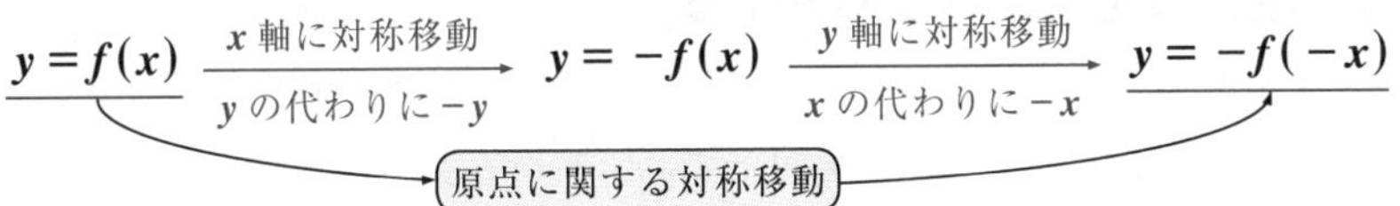

(5) $y=2x^2-4x-1$ を，原点に関して対称移動したものの方程式を求めよう。

この場合，x の代わりに $-x$ を，y の代わりに $-y$ を代入すればいいので，

$-y=2(-x)^2-4\cdot(-x)-1$ より，$-y=2x^2+4x-1$

$\therefore\ y=-(2x^2+4x-1)=-2x^2-4x+1$ となるんだね。

(6) $y=|x-2|+1$ を，原点に関して，対称移動したものの方程式を求めよう。

x の代わりに $-x$ を，y の代わりに $-y$ を代入して，

$-y=|-x-2|+1$ より，$-y=|x+2|+1$

$\therefore\ y=-|x+2|-1$ となるんだね。大丈夫だった？

以上，解説した平行移動と対称移動を組み合わせれば，関数のグラフを自由に移動させることが出来るので，次の例題も簡単に解けるはずだ。

(7) $y=-x^2$ を，$(3,\ -1)$ だけ平行移動して，x 軸に関して対称移動したものの方程式を求めよう。

$$y=-x^2 \xrightarrow[\text{平行移動}]{(3,\ -1)\text{ だけ}} y+1=-(x-3)^2$$
$$[y=-(x-3)^2-1]$$
$$\xrightarrow[\text{対称移動}]{x\text{ 軸に}} -y=-(x-3)^2-1$$

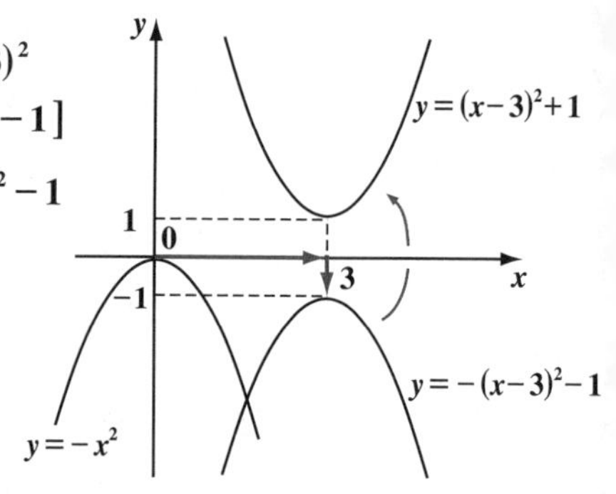

以上より，求める関数は，

$y=(x-3)^2+1$ となるんだね。右に，グラフも示しておいたので，移動の様子がヴィジュアルに分かるはずだ。

● 2次関数の決定には3通りがある！

2次関数の標準形：$y=a(x-p)^2+q$ では，係数 a，p，q の値が決まれば，また，2次関数の一般形：$y=ax^2+bx+c$ では，係数 a，b，c の値が決まれば，1つの2次関数が決定されることになるんだね。この2次関数の決定には，次に示す3つの基本パターンがある。

2次関数の決定

次の条件が与えられれば，2次関数 $y=f(x)$ は決定できる。

(i) 頂点の座標 $(p,\ q)$ と，$y=f(x)$ が通る1点の座標 $(x_1,\ y_1)$ ←(i)頂点と通る1点

(ii) 軸 $x=p$ と，$y=f(x)$ が通る2点の座標 $(x_1,\ y_1)$，$(x_2,\ y_2)$ ←(ii)軸と通る2点

(iii) $y=f(x)$ が通る3点の座標 $(x_1,\ y_1)$，$(x_2,\ y_2)$，$(x_3,\ y_3)$ ←(iii)通る3点

これだけでは，ピンとこないって？当然だね。それぞれ例題を解いて練習していこう。

$(ex1)$ 頂点の座標が $(-2,\ 1)$ で，点 $(1,\ -2)$ を通る ←(i)頂点と通る1点

2次関数を決定しよう。この標準形を

$y=a(x-p)^2+q$ ……① とおくと，この頂点 $(p,\ q)=(-2,\ 1)$ より，これを①に代入して，

$y=a\underbrace{(x+2)^2}_{\{x-(-2)\}^2}+1$ ……①´ となる。さらに，①´は，点 $(x,\ y)=(1,\ -2)$ を通るので，これを①´に代入すると，

$-2=a\underbrace{(1+2)^2}_{3^2=9}+1 \qquad -2=9a+1 \qquad 9a=-3 \quad \therefore a=-\dfrac{3}{9}=-\dfrac{1}{3}$

これを①´に代入して，この**2**次関数は，

$y=-\frac{1}{3}(x+2)^2+1$ と決定できるんだね。大丈夫？

$(ex2)$ 軸 $x=1$ であり，**2**点 $(2,\ 5)$ と $(-1,\ 8)$ を通る ←(ⅱ)軸と通る2点

2次関数を決定しよう。この標準形を

$y=a(x-p)^2+q$ ……② とおくと，この軸 $x=1\ (=p)$ より，

これを①に代入して，$y=a(x-1)^2+q$ ……②´ となる。さらに，

②´は，**2**点 $(2,\ 5)$ と $(-1,\ 8)$ を通るので，これを②´に代入して，

$(\underbrace{2}_{x_1},\ \underbrace{5}_{y_1})$，$(\underbrace{-1}_{x_2},\ \underbrace{8}_{y_2})$

$\begin{cases} 5=a(2-1)^2+q \\ 8=a(-1-1)^2+q \end{cases}$ より，$\begin{cases} 5=a+q & \cdots\cdots③ \\ 8=4a+q & \cdots\cdots④ \end{cases}$ となる。

④－③より，$3=3a \quad \therefore a=1$

これを③に代入して，$5=1+q \quad \therefore q=4$

これと $a=1$ を②´に代入すると，この**2**次関数は，

$y=1\cdot(x-1)^2+4$ より，$y=(x-1)^2+4$ と決定できるんだね。

（これは一般形，$y=x^2-2x+1+4 \quad \therefore y=x^2-2x+5$ としてもいいよ。）

$(ex3)$ では次，$(-1,\ -6)$，$(1,\ 4)$，$(2,\ 3)$ を通る ←(ⅲ)通る3点

2次関数を決定しよう。この通る**3**点の条件の場合，**2**次関数は

一般形：

$y=ax^2+bx+c$ ……⑤ を用いて，係数 a，b，c の値を求めることにする。

⑤は**3**点 $(-1,\ -6)$，$(1,\ 4)$，$(2,\ 3)$ を通るので，これらの座標を⑤に

$(\underbrace{-1}_{x_1},\ \underbrace{-6}_{y_1})$，$(\underbrace{1}_{x_2},\ \underbrace{4}_{y_2})$，$(\underbrace{2}_{x_3},\ \underbrace{3}_{y_3})$

代入すると，

$\begin{cases} -6=a\cdot(-1)^2+b\cdot(-1)+c \\ 4=a\cdot1^2+b\cdot1+c \\ 3=a\cdot2^2+b\cdot2+c \end{cases}$ より，$\begin{cases} a-b+c=-6 & \cdots\cdots⑥ \\ a+b+c=4 & \cdots\cdots⑦ \\ 4a+2b+c=3 & \cdots\cdots⑧ \end{cases}$ となる。

⑦－⑥より，$2b=10 \quad \therefore b=5$

⑧－⑦より，$3a+\underbrace{b}_{5}=-1 \quad 3a=-6 \quad \therefore a=-2$

$a=-2$，$b=5$ を⑥に代入して，$-2-5+c=-6 \quad \therefore c=-6+7=1$

以上 a，b，c の値を⑤に代入して，$y=-2x^2+5x+1$ が決定される。

これら3つのパターン以外にも，たとえば，$x=p$ で x 軸に接する2次関数は，頂点が $(p,\ 0)$ より，$y=a(x-p)^2$ とおいて，a と p の値を求めればいい。

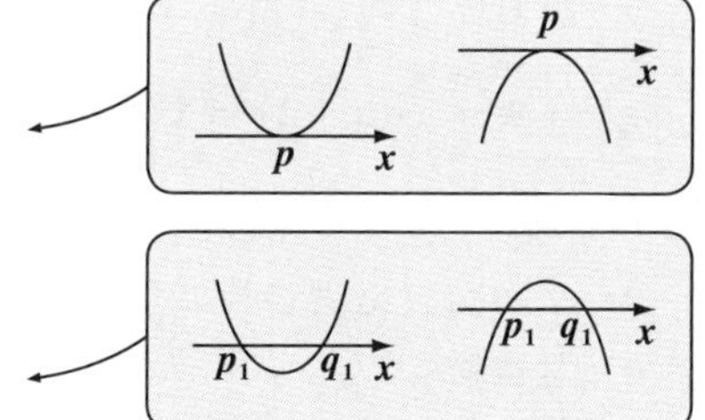

また，x 軸と $x=p_1,\ q_1\ (p_1<q_1)$ で交わる2次関数は，右図のように，$x=p_1,\ q_1$ のときに $y=0$ となるので，$y=a(x-p_1)(x-q_1)$ とおける。そして，a の値を求めて，この2次関数を決定すればいいんだね。要領はつかめた？

● 2次関数の最大・最小問題にもトライしよう！

2次関数の最大値・最小値については，例題 (c)，(d) (P126，127) の2つの2次関数を使って解説しよう。(図13)

(c) $y=2x^2-4x-1=2(x-1)^2-3$

のグラフから，その y 座標は

$\begin{cases} x<1 \text{ で減少し，また，} \\ x>1 \text{ で増加し，} \end{cases}$

丁度 $x=1$ のとき，y 座標は最も小さな値，すなわち"最小値 -3"をとることが分かるね。また，このグラフでは，y 座標はいくらでも大きくなり得るので，この場合，"最大値は存在しない"という。

図13 2次関数の最大値・最小値

(c) $y=2x^2-4x-1$ の最小値 $=-3$

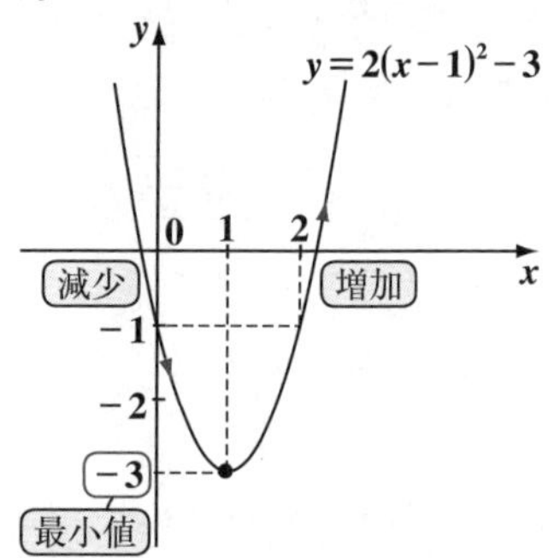

(d) $y=-x^2-4x-3$ の最大値 $=1$

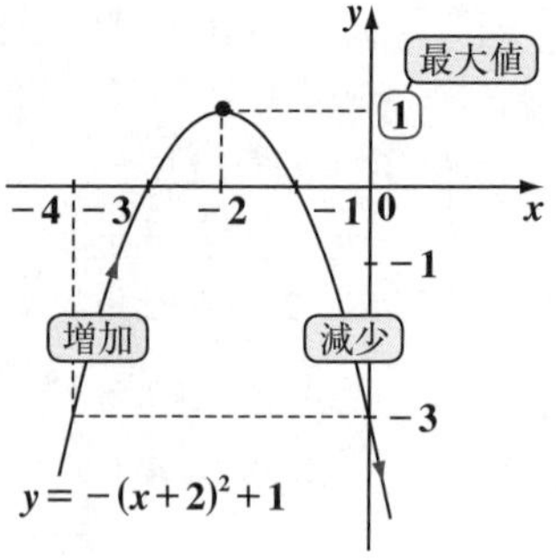

(d) $y=-x^2-4x-3=-(x+2)^2+1$

についても，そのグラフから，y 座標は

$\begin{cases} x<-2 \text{ で増加し，また，} \\ x>-2 \text{ で減少し，} \end{cases}$

丁度 $x=-2$ のとき，y 座標は最も大きな値，すなわち"最大値1"をとることが分かるはずだ。また，このグラフの y 座標はどこまでも小さくなり得るので，この場合，"最小値は存在しない"と言えばいいんだよ。

どう？ 要領はつかめた？ つまり，関数の最大値とは，そのグラフの**1**番大きなy座標のこと，逆に，最小値とは**1**番小さなy座標のことなんだね。それじゃ，$y=f(x)=2x^2-4x-1=2(x-1)^2-3$とおいて，さらに話を進めよう。

これまで，xのとり得る値の範囲について何も条件を付けなかったから，xは自由に値をとれたんだね。このxのとり得る値の範囲を"**定義域**（ていぎいき）"というんだけれど，この定義域を$0 \leqq x \leqq 2$などのように一定の範囲に指定したときの，**2**次関数の最大値・最小値を求める問題もよく出題される。例題で解説するよ。

(e) $y=f(x)=2(x-1)^2-3$ $\underbrace{(0 \leqq x \leqq 2)}_{\text{定義域}}$ のとき，この最大値と最小値を求めてみよう。

図 14 $y=f(x)=2(x-1)^2-3$ $(0 \leqq x \leqq 2)$

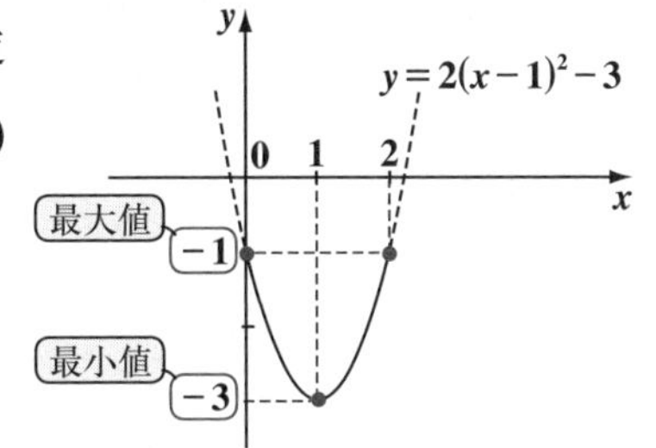

今回は，定義域が$0 \leqq x \leqq 2$と指定されているので，**2**次関数$y=f(x)$もこの範囲内だけで考えるんだね。すると図**14**のグラフから

- $x=0$または**2**のとき，

最大値 $y=f(0)=2\cdot(0-1)^2-3=2\cdot(-1)^2-3$

$=2-3=\underline{-1}$ をとることが分かるね。また，

（これは，$f(2)=2\times(2-1)^2-3=2\times1^2-3=-1$と同じ）

- $x=1$のとき，

最小値 $y=f(1)=2\cdot(1-1)^2-3=0-3=-3$をとることも大丈夫だね。

これから，定義域$0 \leqq x \leqq 2$の範囲で，**2**次関数$y=f(x)$のy座標は$\underbrace{-3}_{\text{最小値}} \leqq y \leqq \underbrace{-1}_{\text{最大値}}$の範囲の値をとることが分かるだろう。この$y$のとり得る値の範囲のことを"**値域**（ちいき）"と呼ぶ。この"**定義域**（ていぎいき）"（xのとり得る値の範囲）と"**値域**（ちいき）"（yのとり得る値の範囲）はペアで覚えておくと，忘れないと思う。

練習問題 19	2 次関数の最小値	CHECK 1	CHECK 2	CHECK 3

放物線 $y = g(x) = (x-2)^2 + a \quad (0 \leqq x \leqq 1)$ の最大値が 3 であるとき，a の値と最小値を求めよ。

今回は，文字定数 a が入っているので，ビビった？　でも，$y = g(x)$ は頂点が $(2,\ a)$ の下に凸の放物線から，$0 \leqq x \leqq 1$ の定義域では，$x = 0$ のときに最大値をとることが分かるはずだ。これが，この問題を解く糸口になるんだよ。

$y = g(x) = (x-2)^2 + a \quad (0 \leqq x \leqq 1)$ より，

$y = g(x)$ は，点 $(2,\ a)$ を頂点にもち，

（このaの値は自由にとり得るので，$y = g(x)$ は上下に動く放物線だね。）

軸 $x = 2$ の下に凸の放物線だね。

グラフの形状から $0 \leqq x \leqq 1$ の範囲では単調に減少するので，$x = 0$ で最大値を，また $x = 1$ のとき最小値をとることが，分かるだろう。ここで，この最大値が $\underline{\underline{3}}$ と与えられているので，これから a の値が決定できる。

つまり最大値 $g(0) = \boxed{(0-2)^2 + a = 3}$　　これを解いて，

$4 + a = 3 \qquad a = 3 - 4 = -1$　となる。

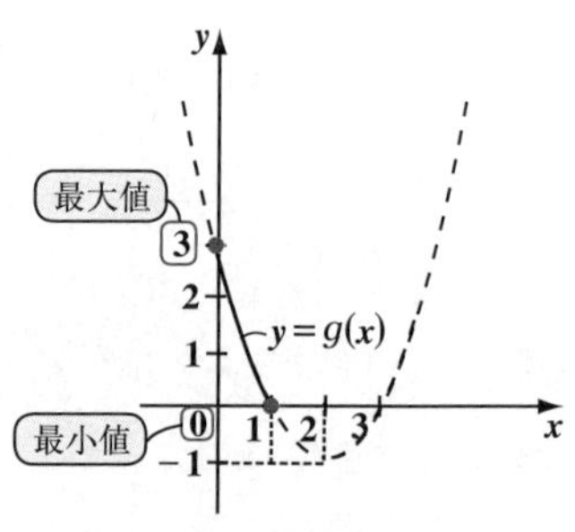

これを $y = g(x)$ の式に代入して，

$y = g(x) = (x-2)^2 - 1 \quad (0 \leqq x \leqq 1)$

よって，$x = 1$ のとき，$y = g(x)$ は最小となり，

最小値 $g(1) = (1-2)^2 - 1 = 0$

となるんだね。

● カニ歩き＆場合分けの問題にチャレンジしよう！

ここで，2 次関数 $y = f(x) = \underline{(x-a)^2 + 2}$ $(0 \leqq x \leqq 2)$ の最小値を考えてみよう。（$x^2 - 2ax + a^2 + 2$ ← 一般形）$y = f(x)$ は x^2 の係数が 1 だから，下に凸の放物線だね。じゃ，

この頂点の座標は？　そう，頂点の座標は $(a,\ 2)$ だね。今回は頂点の x 座標が文字定数 a で，これはさまざまな値をとり得るから，この放物線 $y=f(x)$ は図 **15** に示すように，横に“カニ歩き”することになるんだね。

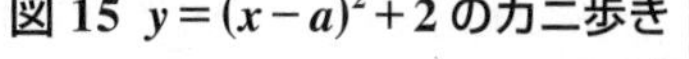
図 15　$y=(x-a)^2+2$ のカニ歩き

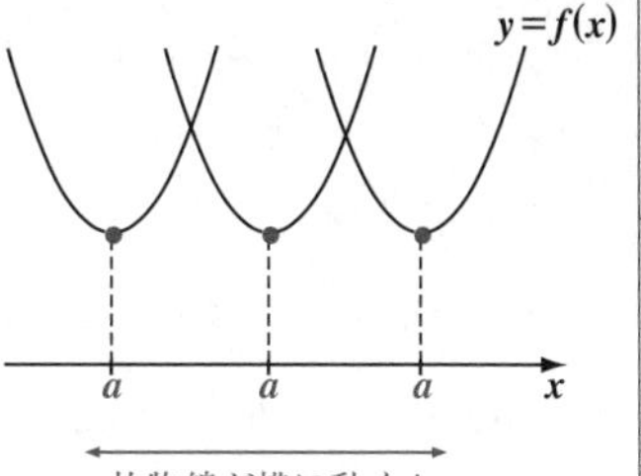

そして，今回，定義域が $0 \leqq x \leqq 2$ と定められているので，$y=f(x)$ が最小値をとる条件は図 **16** に示すように，**3** 通りに場合分けしないといけないね。つまり，

(ⅰ) $a<0$ のとき，

$y=f(x)$ は，$0 \leqq x \leqq 2$ の範囲で単調に増加するので，$x=0$ で最小となるね。

$\therefore$ 最小値 $f(0)=(0-a)^2+2=a^2+2$ だ。

(ⅱ) $0 \leqq a<2$ のとき，

$y=f(x)$ の頂点が $0 \leqq x \leqq 2$ の範囲に入るので，当然 $x=a$ で最小になる。

$\therefore$ 最小値 $f(a)=(a-a)^2+2=2$ だね。

(ⅲ) $2 \leqq a$ のとき，

$y=f(x)$ は $0 \leqq x \leqq 2$ の範囲で単調に減少するので，$x=2$ で最小となる。

$\therefore$ 最小値 $f(2)=(2-a)^2+2=a^2-4a+6$

となるんだね。納得いった？

図 16　$y=(x-a)^2+2\ (0 \leqq x \leqq 2)$ の最小値

(ⅰ) $a<0$ のとき

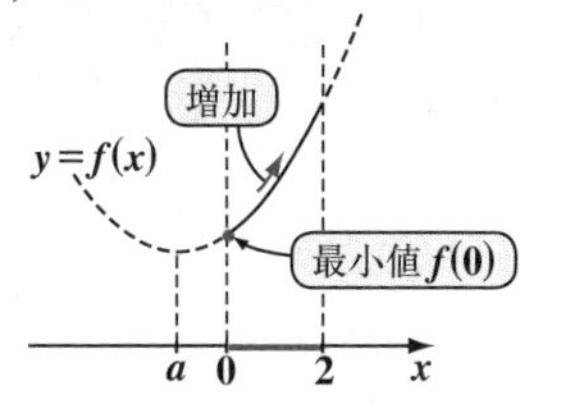

(ⅱ) $0 \leqq a<2$ のとき

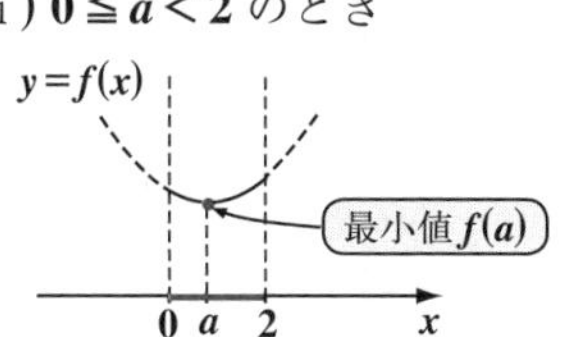

(ⅲ) $2 \leqq a$ のとき

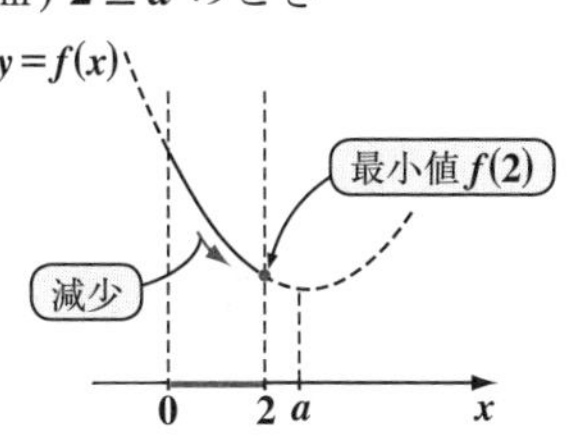

放物線は“カニ歩き”するのに，定義域が $0 \leqq x \leqq 2$ と固定されているので，最小値をとる条件が変わる。だから，“場合分け”が必要となったんだね。つまり，“カニ歩き & 場合分け”の問題だったんだ。ここで，**1** つ疑問に思っている人がいると思う。(ⅰ) $a<0$ のとき最小値 $f(0)$，(ⅱ) $0 \leqq a<2$ のとき最小値 $f(a)$，そして (ⅲ) $2 \leqq a$ のとき最小値 $f(2)$ の場合分けで“等号”が付いていたり，付かなかったりするのに何か意味があるのか？　ってね。これは，ハッキリ言ってどうでもいい。(ⅰ) と (ⅱ) の境界の $a=0$ のとき，最小値は $f(0)$ といっても，$f(a)$ といってもいいね。a は

$\mathbf{0}$ なんだから。同様に，(ⅱ)と(ⅲ)の境界の $a=2$ のとき，最小値を $f(a)$ といっても，$f(2)$ といってもいい。a は 2 で同じだから。だから，場合分けするためにどちらかに等号は付けないといけないけれど，どちらに付けてもかまわない。つまり，場合分けを

(ⅰ) $a \leqq 0$, (ⅱ) $0 < a \leqq 2$, (ⅲ) $2 < a$ 　としても，すべてに等号を付けて

(ⅰ) $a \leqq 0$, (ⅱ) $0 \leqq a \leqq 2$, (ⅲ) $2 \leqq a$ 　などとしても，いいんだよ。大丈夫？

(ⅰ) $a<0$, (ⅱ) $0<a<2$, (ⅲ) $2<a$ はダメだよ。$a=0$ と $a=2$ のときを定義してないからね。

それでは，同じ条件で，今度は最大値を求めてみよう。

練習問題 20	2次関数の最大値（Ⅰ）	CHECK 1	CHECK 2	CHECK 3

2次関数 $y=f(x)=(x-a)^2+2$ $(0 \leqq x \leqq 2)$ の最大値を求めよ。

これも，カニ歩きする放物線に対して，固定された定義域 $0 \leqq x \leqq 2$ が与えられているので，場合分けが必要となる。実際にグラフを描きながら考えることだ。すると，今回は (ⅰ) $a<1$ と (ⅱ) $1 \leqq a$ の2通りの場合分けでいいことが分かるはずだ。

これは，(ⅰ) $a \leqq 1$, (ⅱ) $1<a$ としてもいい！

$y=f(x)=(x-a)^2+2$ $(0 \leqq x \leqq 2)$ は，軸 $x=a$ に関して左右対称なグラフになるから，a が $0 \leqq x \leqq 2$ の定義域に入るか否かに関わらず，

$0 \leqq x \leqq 2$ の丁度真中の値

$$\begin{cases} \text{(ⅰ)}\ a<1 \text{ のとき，最大値は } f(2) \text{ に，} \\ \text{(ⅱ)}\ 1 \leqq a \text{ のとき，最大値は } f(0) \text{ になる} \end{cases}$$

んだね。図17を見れば分かるはずだ。

以上より，$y=f(x)$ は

(ⅰ) $a<1$ のとき，$x=2$ で最大となる。

$\therefore$ 最大値 $f(2)=(2-a)^2+2=a^2-4a+6$

(ⅱ) $1 \leqq a$ のとき，$x=0$ で最大となる。

$\therefore$ 最大値 $f(0)=(0-a)^2+2=a^2+2$

となるんだね。

図17　$y=(x-a)^2+2$ $(0 \leqq x \leqq 2)$ の最大値

(ⅰ) $a<1$ のとき

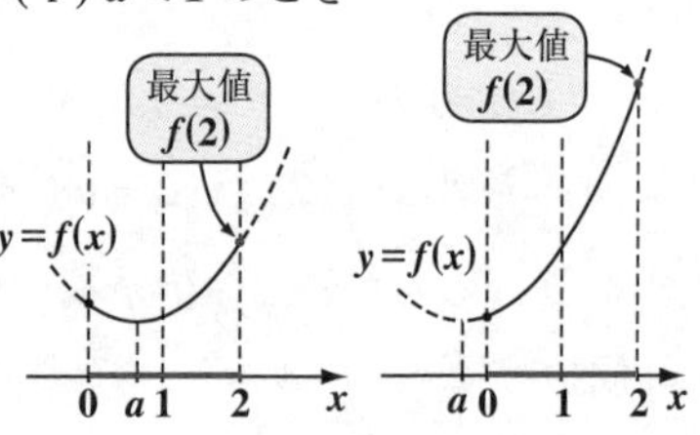

(ⅱ) $1 \leqq a$ のとき

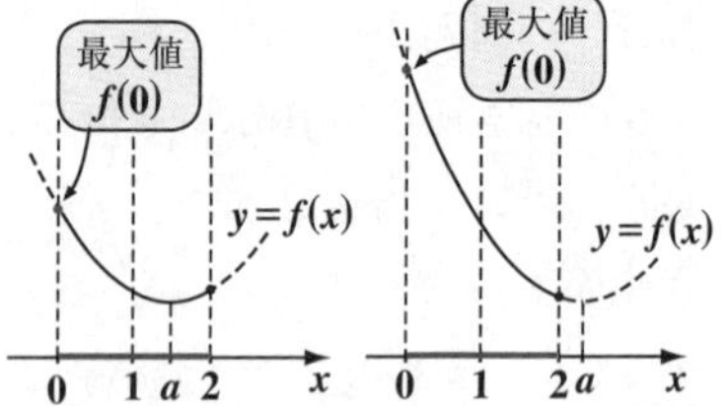

練習問題 21	2次関数の最大値（Ⅱ）	CHECK 1	CHECK 2	CHECK 3

2次関数 $y=g(x)=-x^2+2ax+1\ (-1\leqq x\leqq 1)$ の最大値を求めよ。

$y=g(x)=-(x-a)^2+a^2+1$ より，$y=g(x)$ は点 $(a,\ a^2+1)$ を頂点にもつ，上に凸の放物線だね。今回も，頂点の x 座標が文字定数 a となるので，$y=g(x)$ は横に"カニ歩き"することになるんだね。

$y=g(x)=-x^2+2ax+1$ （a^2 を引いた分たす！）

$=-(x^2-2ax+a^2)+1+a^2$ （2で割って2乗）

$=-(x-a)^2+a^2+1\quad(-1\leqq x\leqq 1)$

ゆえに，$y=g(x)$ は，点 $(a,\ a^2+1)$ を頂点にもつ上に凸の放物線だね。よって，定義域 $-1\leqq x\leqq 1$ における $y=g(x)$ の最大値は右図(ⅰ)，(ⅱ)，(ⅲ)に示すように，3通りに場合分けして求める。

(ⅰ) $a<-1$ のとき，

$y=g(x)$ は，$-1\leqq x\leqq 1$ の範囲で単調に減少するので，$x=-1$ で最大となる。

$\therefore$ 最大値 $g(-1)=-(-1)^2+2a\cdot(-1)+1$
$=-2a$

(ⅱ) $-1\leqq a<1$ のとき，

$y=g(x)$ の頂点が，$-1\leqq x\leqq 1$ の範囲に入るので，$x=a$ で最大となる。

$\therefore$ 最大値 $g(a)=-(a-a)^2+a^2+1$
$=a^2+1$

(ⅲ) $1\leqq a$ のとき，

$y=g(x)$ は，$-1\leqq x\leqq 1$ の範囲で単調に増加するので，$x=1$ で最大となる。

$\therefore$ 最大値 $g(1)=-1^2+2a\cdot 1+1=2a$

どう？ これだけやれば，"カニ歩き & 場合分け"の問題にも自信がついただろう？

$y=g(x)=-(x-a)^2+a^2+1$ の最大値

(ⅰ) $a<-1$ のとき

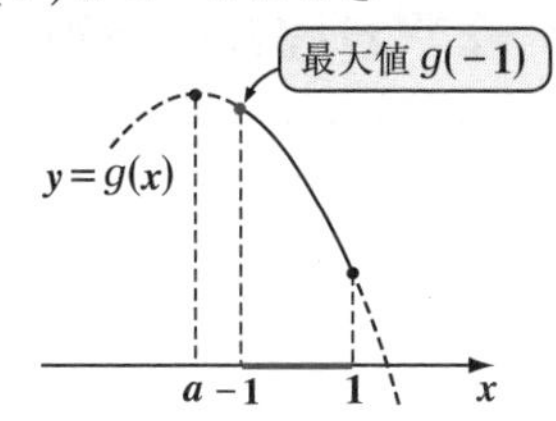

(ⅱ) $-1\leqq a<1$ のとき

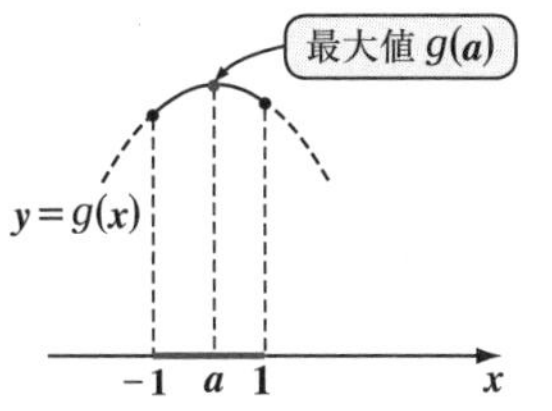

(ⅲ) $1\leqq a$ のとき

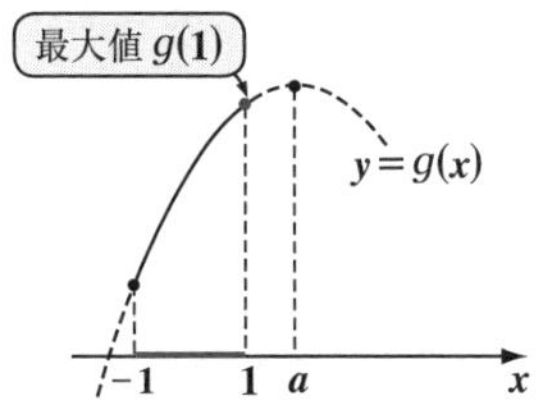

この場合分けは
(ⅰ) $a\leqq -1$ (ⅱ) $-1<a\leqq 1$ (ⅲ) $1<a$
でも，
(ⅰ) $a<-1$ (ⅱ) $-1\leqq a\leqq 1$ (ⅲ) $1<a$
などでもいいよ。

10th day　2次関数と2次方程式

こんにちは。今日で**10**日目の講義になるね。**8**日目の講義で“**2次方程式**”を勉強し，**9**日目の講義で“**2次関数**”について学んだ。ここで，「2次方程式 $ax^2+bx+c=0$ と，2次関数 $y=ax^2+bx+c$ との間に何か深〜い関係があるはずだ!」と感じた人，ピンポ〜ンだ！　この**2**つには密接な関係がある。**2**次方程式も**2**次関数のグラフと連動させることにより，もっとヴィジュアル(視覚的)に理解できるようになるんだよ。

● 2次方程式は分解できる！

2次方程式 $ax^2+bx+c=0$ ……①　$(a \neq 0)$ の両辺をそれぞれ y とおいて分解すると，

$$\begin{cases} y=ax^2+bx+c & [\text{放物線}] \quad \cdots\cdots② \\ y=0 & [x\text{軸}] \quad \cdots\cdots③ \end{cases}$$

となるね。

図1 放物線と x 軸

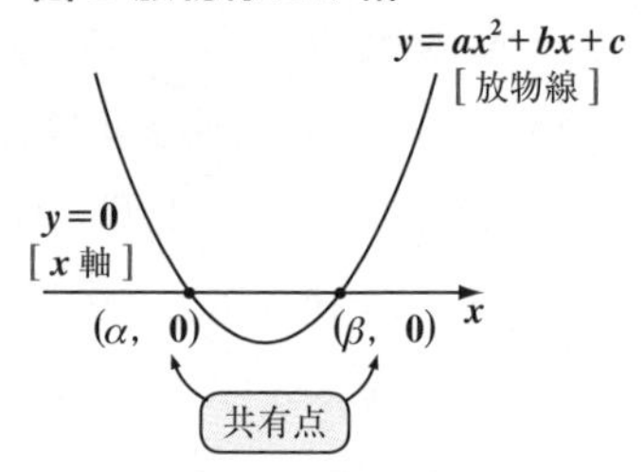

この②の放物線と③の x 軸とが図**1**に示すように異なる**2**つの共有点 $(\alpha,\ 0)$，$(\beta,\ 0)$ をもつものとしよう。このとき，この α と β の値を求めるためにどうすればいいか，分かる？　そうだね。②と③を連立させて，y を消去して，①の x の**2**次方程式にもち込んで，これを解けば，その解として，共有点の x 座標 α と β が求まるんだね。このように考えると，①の**2**次方程式の実数解 α，β が，①を分解してできる**2**次関数(②)と x 軸(③)のグラフの共有点の x 座標になるので，**2**次方程式もヴィジュアルに，グラフで理解できるようになるんだね。

それでは，**2**次方程式 $ax^2+bx+c=0$ ……① を分解する前に，$a>0$ という条件を付けることにしよう。エッ，$a<0$ のときはどうするんだって？　たとえば，$\underset{\ominus}{-2}x^2+4x-1=0$ の**2**次方程式でも，この両辺に -1 をかけて，$\underset{\oplus}{2}x^2-4x+1=0$ として解いても，元の方程式と同じ解が導けるのが分かるだろう。だから，**2**次方程式で，x^2 の係数が負のときは，両辺に -1 をかけて，x^2 の係数を正にしたものが，①の方程式と考えればいいん

だよ。よって，

$ax^2+bx+c=0$ ……① $(a>0)$ とおく。

このとき，判別式 $D=b^2-4ac$ の，正，0，負により，①の実数解の個数

（$ax^2+2b'x+c=0$ のとき $\frac{D}{4}=b'^2-ac$ を使うんだね。）

が変化したんだけれど，これは，①を分解してできる

放物線：$y=ax^2+bx+c$ ……② と，x 軸：$y=0$ ……③ との位置関係に

（$a>0$ より，これは下に凸の放物線）

よって，次のように示すことができる。

図 2 判別式 D と，放物線と x 軸の位置関係

(i) $D>0$ のとき

$\left[\frac{D}{4}>0 \text{ のとき}\right]$

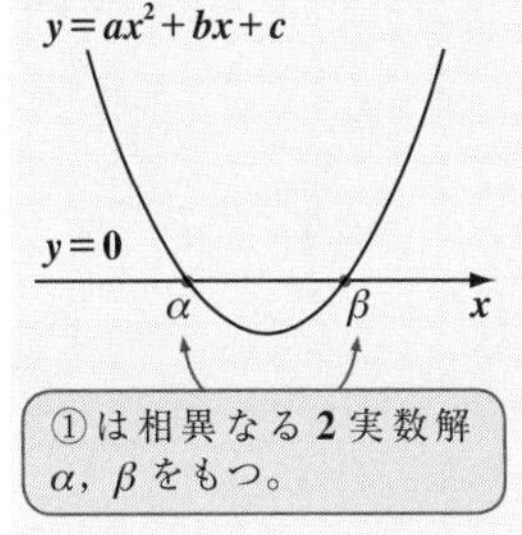

(ii) $D=0$ のとき

$\left[\frac{D}{4}=0 \text{ のとき}\right]$

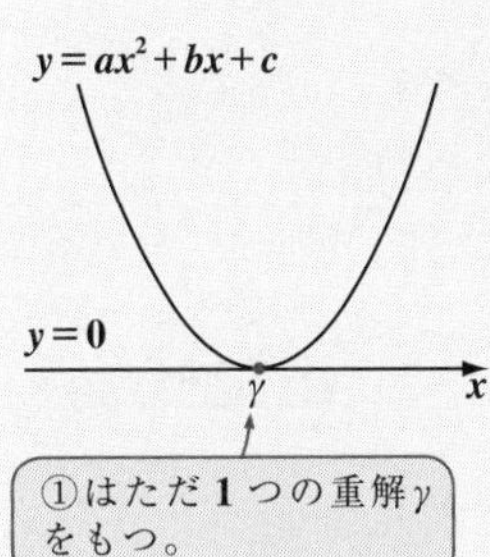

(iii) $D<0$ のとき

$\left[\frac{D}{4}<0 \text{ のとき}\right]$

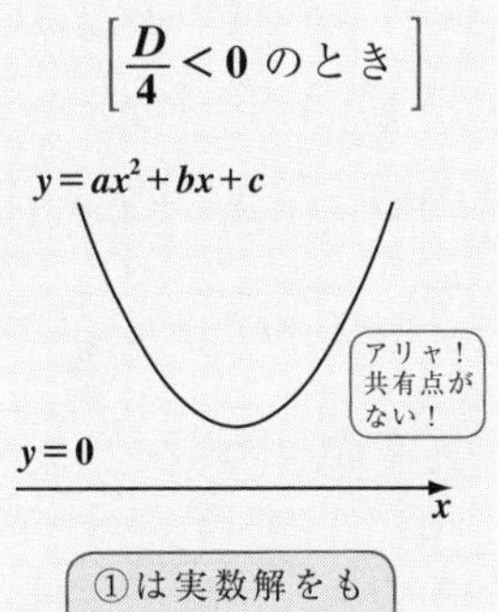

どう？ 判別式 D と 2 次方程式の実数解の個数の関係が，2 次関数のグラフと x 軸との位置関係によって，ヴィジュアルに理解できるようになっただろう。

図 3 判別式 D と，放物線と x 軸の位置関係

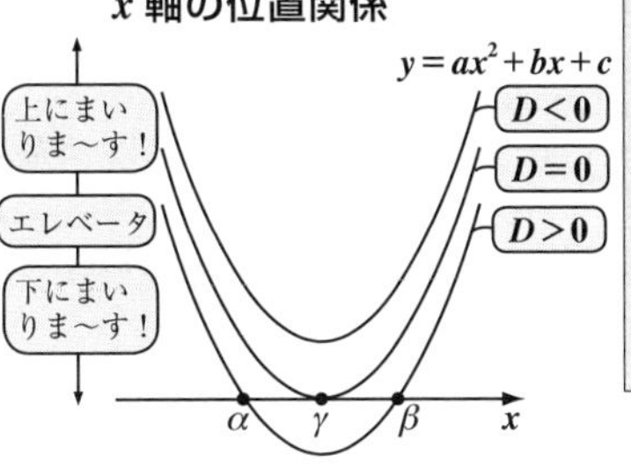

前回勉強した“カニ歩き & 場合分け”の問題では，放物線の横の動きがポイントだったんだけれど，今回の判別式の問題では，放物線の縦の動きが重要になってくるね。

これって，$D<0$ のとき，“上にまいりま～す”，$D>0$ のとき“下にまいりま～す”って感じで，ちょうどエレベータみたいだね。

それじゃ，ここで練習問題を 1 題やっておこう。

練習問題 22　共有点の個数　CHECK 1　CHECK 2　CHECK 3

2 次関数 $y = 2x^2 - 3x + k + 1$ のグラフと x 軸との異なる共有点の個数を調べよ。

2 次関数 $y = 2x^2 - 3x + k + 1$ のグラフと x 軸との共有点の個数は 2 次方程式 $2x^2 - 3x + k + 1 = 0$ の実数解の個数と同じなので，この判別式 D の正，0，負によって分類すればいいんだね。

2 次方程式 $\underset{a}{2}x^2 \underset{b}{-3}x + \underset{c}{k+1} = 0$ …① とおき，この判別式を D とおくと，

$$D = (-3)^2 - 4 \cdot 2 \cdot (k+1)$$
$$= 9 - 8(k+1)$$
$$= -8k + 1 \quad となる。$$

←公式：$D = b^2 - 4ac$ 通りだね。

よって，2 次関数 $y = 2x^2 - 3x + k + 1$ のグラフと x 軸との異なる共有点の個数は，

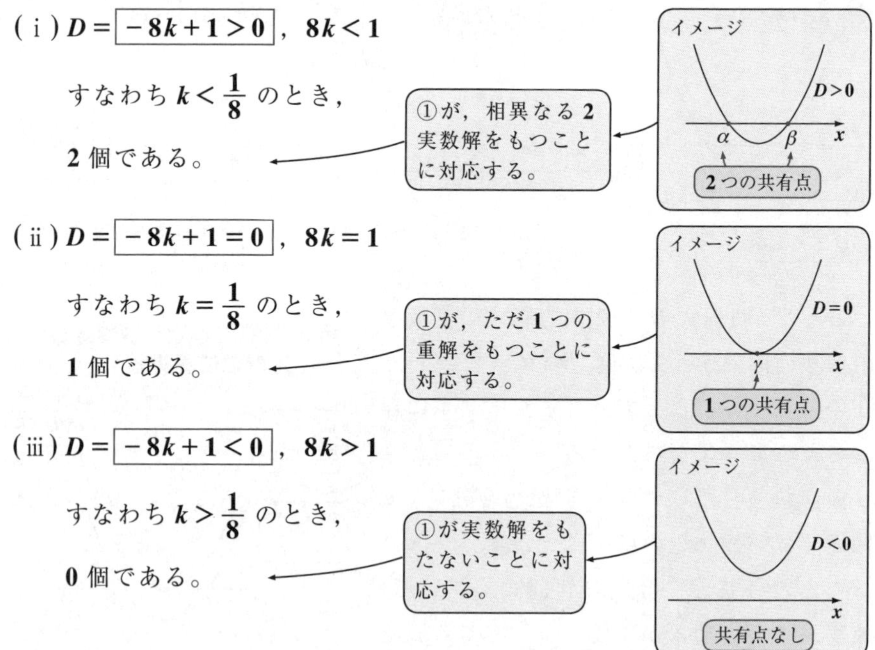

(i) $D = \boxed{-8k + 1 > 0}$，$8k < 1$

すなわち $k < \dfrac{1}{8}$ のとき，

2 個である。

(ii) $D = \boxed{-8k + 1 = 0}$，$8k = 1$

すなわち $k = \dfrac{1}{8}$ のとき，

1 個である。

(iii) $D = \boxed{-8k + 1 < 0}$，$8k > 1$

すなわち $k > \dfrac{1}{8}$ のとき，

0 個である。

どう？ イメージと結果の関係はつかめた？ この練習問題 22 は，2 次関数の頂点の y 座標を使って，次のように解くこともできる。(別解) として示しておくから，これもシッカリマスターしよう。

別解

まず，一般形で与えられた $y = 2x^2 - 3x + k + 1$ を標準形に直すよ。

この部分を平方完成する！

$$y = 2\left(x^2 - \frac{3}{2}x\right) + k + 1$$

$2\cdot\left(\frac{3}{4}\right)^2$ をたした分，$\frac{9}{8}$ を引く。

$$= 2\left\{x^2 - \frac{3}{2}x + \left(\frac{3}{4}\right)^2\right\} + k + 1 - \frac{9}{8}$$

2 で割って 2 乗

$$= 2\left(x - \frac{3}{4}\right)^2 + k - \frac{1}{8}$$

$y = 2x^2 - 3x + k + 1$

頂点

$\left(\frac{3}{4},\ k - \frac{1}{8}\right)$

よって，この放物線の頂点の座標は，

$\left(\frac{3}{4},\ k - \frac{1}{8}\right)$ となるので，この頂点の y 座標 $k - \frac{1}{8}$ が，(ⅰ) 負，(ⅱ) **0**，

負か，**0** か，正かのいずれか

または (ⅲ) 正のときに分類することにより，$y = 2x^2 - 3x + k + 1$ のグラフと x 軸との共有点の個数は，次のように求まるんだね。

(ⅰ) $k - \frac{1}{8} < 0$，すなわち $k < \frac{1}{8}$ のとき

共有点は **2** 個存在する。← $D > 0$ のときと同じ

頂点の y 座標が負のとき，放物線は x 軸の下側に引っぱり下げられるので，x 軸と **2** 個の共有点をもつ。

イメージ

α　β　x

$\left(\frac{3}{4},\ k - \frac{1}{8}\right)$ ⊖

(ⅱ) $k - \frac{1}{8} = 0$，すなわち $k = \frac{1}{8}$ のとき

共有点は **1** 個存在する。← $D = 0$ のときと同じ

イメージ

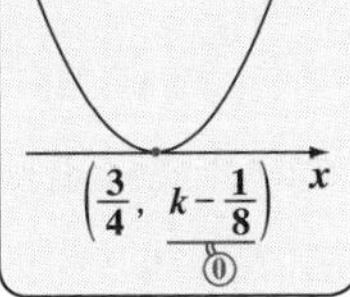

(ⅲ) $k - \frac{1}{8} > 0$，すなわち $k > \frac{1}{8}$ のとき

共有点は存在しない。← $D < 0$ のときと同じ

イメージ

⊕

$\left(\frac{3}{4},\ k - \frac{1}{8}\right)$

x

どう？同じ結果が導けて面白かっただろう？

では次，放物線と一般の直線のグラフの位置関係も 2 次方程式の問題に帰着する。次の練習問題で練習しておこう。

練習問題 23 　2 次関数と直線の共有点　CHECK 1　CHECK 2　CHECK 3

次の 2 次関数と直線について，次の問いに答えよ。

$$\begin{cases} y = x^2 + 2 & \cdots\cdots① \\ y = 2x + k & \cdots\cdots② \end{cases}$$

(1) ①と②がただ 1 つの共有点をもつときの k の値を求めよ。

(2) $k = 3$ のとき，①と②の共有点の x 座標を求めよ。

①と②から y を消去したら，x の 2 次方程式が導ける。(1) では，この 2 次方程式が重解をもつときに対応する。(2) では，$k = 3$ より，この 2 次方程式が相異なる 2 実数解をもつことが分かるはずだ。頑張ろう！

(1) ①の 2 次関数と②の直線が右図のようにただ 1 つの共有点（接点）をもつような k の値を求めるんだね。

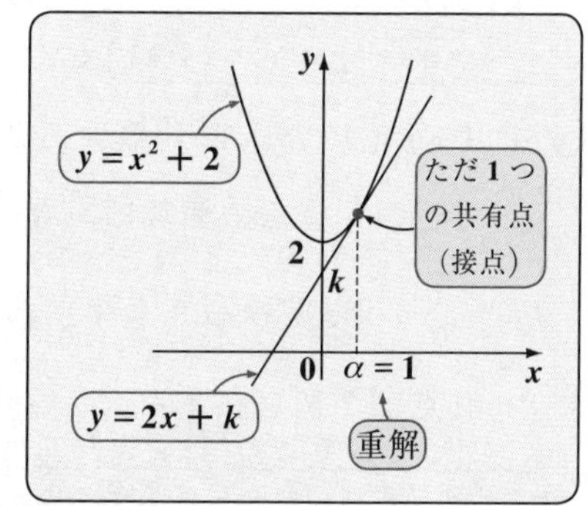

そのために，①，②より y を消去して，x の 2 次方程式を導くと，

$x^2 + 2 = 2x + k$

$\underbrace{1}_{a} \cdot x^2 \underbrace{-2}_{2b'}x + \underbrace{2-k}_{c} = 0 \quad \cdots\cdots③$

となる。

グラフから明らかに，①と②がただ 1 つの共有点で接するとき，③の 2 次方程式は重解 $(=\alpha)$ をもつことになるんだね。よって，③の判別式を D とおくと，

$$\frac{D}{4} = \underbrace{(-1)^2 - 1\cdot(2-k)}_{b'^2 - ac} = 1 - 2 + k = k - 1 \quad \cdots\cdots④$$

$\frac{D}{4} = \boxed{k - 1 = 0}$ となる。← $\frac{D}{4} = b'^2 - ac = 0$ のとき 2 次方程式は重解をもつ。

$\therefore\ k=1$　となる。

$k=1$ のとき，③は，$x^2-2x+2-1=0$　よって，$(x-1)^2=0$ より，
$x^2-2x+1=(x-1)^2$
ナルホド重解 $\alpha=1$ であることも分かるんだね。
これは，①と②の接点の x 座標のことだ。

(2) $k=3$ のとき，④より，$\frac{D}{4}=3-1=2>0$ となるので，

③の x の 2 次方程式は，相異なる 2 実数解 α，β をもつことが分かるね。そして，この α と β は右図に示すように，2 次関数①と直線②の異なる 2 交点の x 座標を表しているんだね。

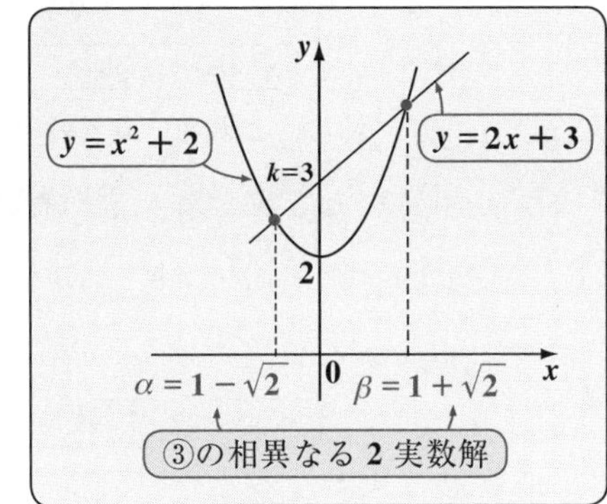

よって，$k=3$ のときの③の解を求めればいい。③は，

$x^2-2x+2-3=0$　となるので，

$1\cdot x^2-2x-1=0$　を解いて，

解の公式：
$ax^2+2b'x+c=0$ の解は，
$x=\frac{-b'\pm\sqrt{b'^2-ac}}{a}$

$$x=\frac{-(-1)\pm\sqrt{(-1)^2-1\cdot(-1)}}{1}=1\pm\sqrt{2}$$　となる。納得いった？

これから，グラフの $\alpha=1-\sqrt{2}$，$\beta=1+\sqrt{2}$ であることも分かったんだね。

● 解の範囲の問題に挑戦しよう！

2 次方程式 $ax^2+bx+c=0$　$(a\neq 0)$ の実数解が放物線 $y=ax^2+bx+c$ と x 軸との共有点の x 座標であることが分かると，いよいよ "解の範囲の問題" もターゲットに入ってくるんだよ。これまで，「判別式 $D>0$ のとき，2 次方程式が相異なる 2 実数解をもつ」ということは既に教えた。

ここではさらに，その相異なる2実数解α，βが，$0<\alpha<\beta$や，$\alpha<1<\beta$や$0<\alpha<1<\beta<2$など，さまざまな解の範囲をみたす条件を求める問題に挑戦していくことになるんだよ。エッ，難しそうって!?　大丈夫だよ。ここでも，2次関数のグラフが大活躍するから，分りやすいと思うよ。頑張ろう！

それじゃ，2次方程式$ax^2+bx+c=0$　$(a>0)$ ……①　が相異なる2実数解α，βをもち，これが，$0<\alpha<\beta$となるための条件を求めてみよう。

(x^2の係数が負のときは，両辺に-1をかけたものだね。)

まず，相異なる2実数解をもつための条件が必要だね。だから，

(Ⅰ) 判別式$D=b^2-4ac>0$　$\therefore b^2-4ac>0$の条件が出てくる。

これで，相異なる2実数解α，β　$(\alpha<\beta)$をもつことは分かった。後は，

(異なる実数解の内小さい方をα，大きい方をβとおいた。)

これらが共に正となるための条件を求めないといけないな。どうする？そう，①を分解して，$y=f(x)=ax^2+bx+c$と$y=0$ [x軸]として，グラフで考えていくんだね。$a>0$なので，$y=f(x)$は下に凸の放物線だね。ここで，(Ⅰ)の$D>0$の条件より，$y=f(x)$はx軸と2点$(\alpha,\ 0)$，$(\beta,\ 0)$で交わることは間違いない。後はα，βが共に正となるためには，軸$x=-\dfrac{b}{2a}$に着目しないといけないね。

(頂点のx座標のこと)

(Ⅱ) 軸$x=-\dfrac{b}{2a}>0$　$\therefore -\dfrac{b}{2a}>0$でないといけない。(図4(ⅰ)を参照)

(もし，$-\dfrac{b}{2a}\leqq 0$ならば，図4(ⅱ)のようになって，$\alpha<-\dfrac{b}{2a}\leqq 0$より$\alpha<0$が決まってしまって，条件に反するんだね。)

図4　軸$x=-\dfrac{b}{2a}>0$

(ⅰ) $-\dfrac{b}{2a}>0$のとき

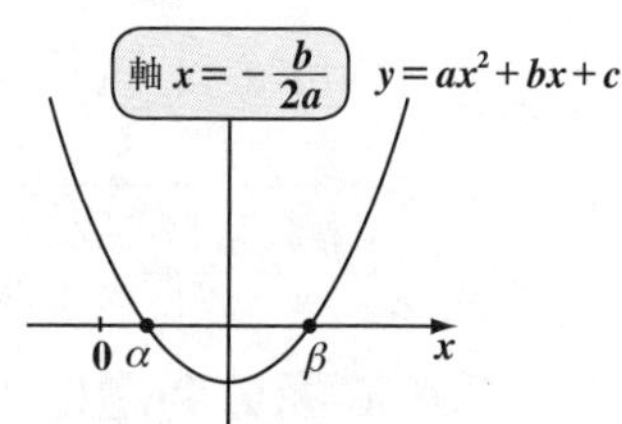

(ⅱ) $-\dfrac{b}{2a}\leqq 0$のとき

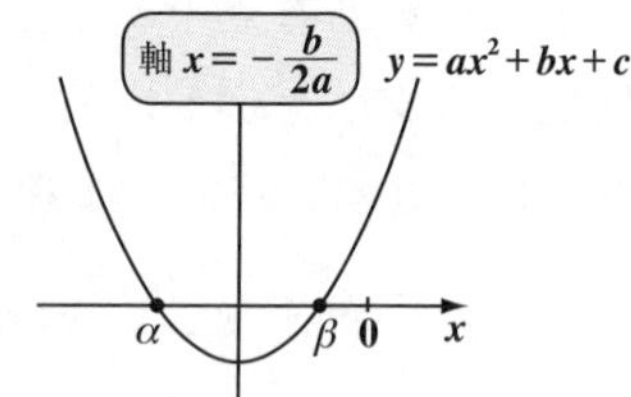

(Ⅰ)$D>0$ かつ(Ⅱ)軸 $x=-\frac{b}{2a}>0$ とすると，$\beta>-\frac{b}{2a}>0$ より，$\beta>0$ は確定するけ

頂点の x 座標より β は大きい ← β は軸より右側にある

れど，まだ $\alpha>0$ とは限らない。図 5(ⅱ)のように $f(0)\leqq0$ だと，放物線がビローンと横に広がって，$\alpha\leqq0$ となってしまうからだ。そうはさせないように，$f(0)>0$ として図 5(ⅰ)のように放物線をキュッと閉じさせると間違いなく $\alpha>0$ も確定するんだね。

どう？ グラフを使って考えていく面白さが分かったはずだ。それでは以上をまとめておくと，

図 5 $f(0)>0$

(ⅰ)$f(0)>0$ のとき

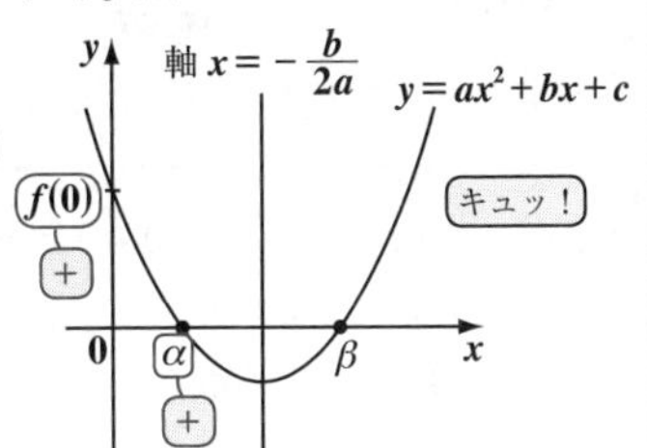

(ⅱ)$f(0)\leqq0$ のとき

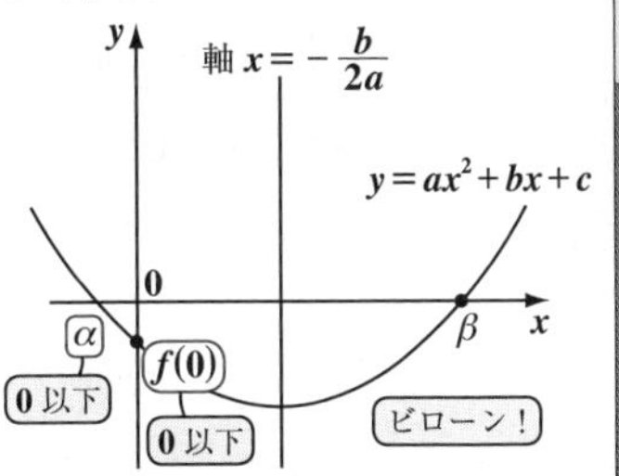

2 次方程式 $ax^2+bx+c=0$ $(a>0)$ が相異なる 2 実数解 α，β $(\alpha<\beta)$ をもち，$0<\alpha<\beta$ となるための条件は，$f(x)=ax^2+bx+c$ として，

(Ⅰ) 判別式 $D=b^2-4ac>0$ より，$b^2-4ac>0$ ← これは $\frac{D}{4}>0$ でもいいよ。

かつ

(Ⅱ) 軸 $x=-\frac{b}{2a}>0$ より，$-\frac{b}{2a}>0$

かつ

(Ⅲ)$f(0)=c>0$ より，$c>0$ となるんだね。

2 次方程式 $ax^2+bx+c=0$ $(a>0)$ が相異なる 2 実数解 α，β $(\alpha<\beta)$ をもち，$\alpha<\beta<0$ となるための条件も同様にグラフで考えると，

(Ⅰ)$D=b^2-4ac>0$ かつ(Ⅱ)$x=-\frac{b}{2a}<0$ かつ(Ⅲ)$f(0)=c>0$

この条件のみが変わる。

となる。自分で考えてみるといいよ。

それでは，具体的に次の練習問題を解いてみよう。

練習問題 24　解の範囲（Ⅰ）　CHECK 1　CHECK 2　CHECK 3

2 次方程式 $px^2-2px+p-1=0$ $(p \neq 0)$ ……㋐ が相異なる 2 実数解 α, β をもち，それが $0<\alpha<\beta$ となるための p の値の範囲を求めよ。

$\underset{a}{p}x^2\underset{2b'}{-2p}x+\underset{c}{p-1}=0$ $(p \neq 0)$ ……㋐ より，これを

$y=f(x)=px^2-2px+p-1$ と $y=0$ ［x 軸］に分解して考えていくんだね。

（Ⅰ）㋐の判別式を D とおくと，㋐は相異なる 2 実数解 α, β をもつので

$$\frac{D}{4}=\boxed{(-p)^2-p\cdot(p-1)>0}$$ ← $\frac{D}{4}=b'^2-ac>0$ を用いた！

$\cancel{p^2}-\cancel{p^2}+p>0$　　$\boxed{\therefore p>0}$

次，$p>0$ より，放物線 $y=f(x)=\underset{+}{p}x^2-2px+p-1$ は下に凸な放物線であることが分かった。よって後は，（Ⅱ）軸（頂点の x 座標）>0，かつ（Ⅲ）$f(0)>0$ より，p の条件をさらに求めていくんだね。

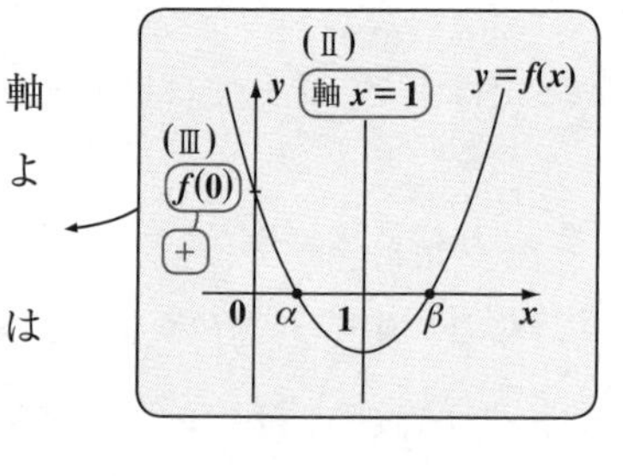

（Ⅱ）$y=f(x)$ の軸 $x=-\frac{-2p}{2\cdot p}=1$ より，これは

軸 $x=-\frac{b}{2a}$ を使った

自動的に $1>0$ をみたす。← これからは p の条件は得られなかった！

（Ⅲ）$f(0)=\boxed{p-1>0}$ より，$\boxed{p>1}$

以上（Ⅰ）（Ⅲ）より，$p>0$ かつ $p>1$ をみたす p の条件は，$p>1$ となって答えだね。

（Ⅰ）（Ⅲ）　0　1　p

“○”は，0 や 1 を含まないことを示す。

どう？少しは，要領がつかめてきた？まだピンとこない人も繰り返し練習すれば，マスターできるはずだよ。

それじゃ，次の例題 (a) を解いてみよう。

(a) 2 次方程式 $2x^2+3x+m-2=0$ が相異なる 2 実数解 α, β をもち，$\alpha<1<\beta$ となるような，m の値の範囲を求めよう。

これも，この 2 次方程式を分解して，$y = g(x) = \underset{\oplus}{2}x^2 + 3x + m - 2$ と

$y = 0$ ［x 軸］として，$y = g(x)$ のグラフで考えてみるといいよ。$y = g(x)$ の x^2 の係数が 2 より，$y = g(x)$ は下に凸の放物線だから，“下がって，上がる”形をしているんだね。この $y = g(x)$ と x 軸との交点の x 座標 α と β が方程式 $g(x) = 0$ の解で，これが $\alpha < 1 < \beta$ となるための条件は，$y = g(x)$ のグラフから考えて……。

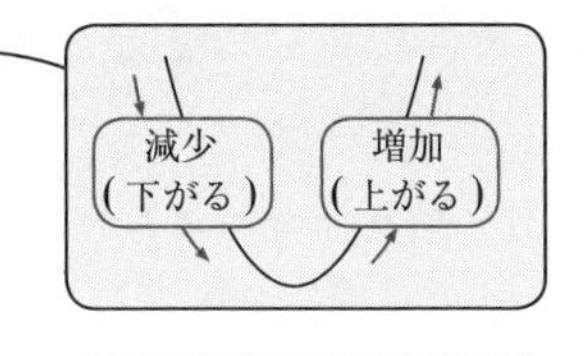

(Ⅰ) $g(1) < 0$ だけでいいことは分かる？ 確かに右の図から，これだと $\alpha < 1 < \beta$ をみたすからね。

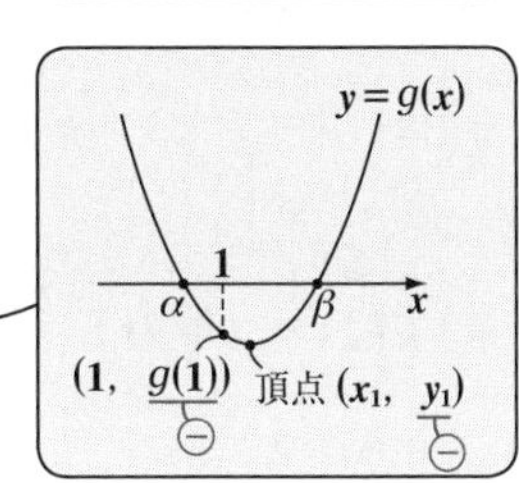

エッ!? 判別式 $D > 0$ を言わなくていいのかって？ 当然の質問だね。まず，$y = g(x)$ の頂点の座標を $(x_1,\ y_1)$ とおくと，y_1 は $g(1)$ 以下なので，$g(1) < 0$ より，$y_1 \leqq g(1) < 0$ となるのは大丈夫だね。ということは，下に凸の放物線 $y = g(x)$ の頂点の y 座標 y_1 が負より，$y = g(x)$ と直線 $y = 0$ ［x 軸］は必ず異なる 2 点で交わる。すなわち，方程式 $g(x) = 0$ は相異なる 2 実数解をもつことになるので，判別式 $D > 0$ は，条件として付ける必要がなかったんだね。納得いった？

以上より，2 次方程式 $\underbrace{2x^2 + 3x + m - 2}_{g(x)} = 0$ の相異なる 2 実数解 α，β が $\alpha < 1 < \beta$ となるための条件は，

(Ⅰ) $g(1) = \boxed{2\cdot1^2 + 3\cdot1 + m - 2 < 0}$　　$m + 3 < 0$　$\therefore m < -3$　だけで，

オシマイだったんだ。超簡単だろう。では，もう 1 題！

(b) 2 次方程式 $2x^2 + (1 - p)x + p - 4 = 0$ が相異なる 2 実数解 α，β をもち，それが $0 < \alpha < 1 < \beta < 2$ となるための p の条件を求めてみよう。

α と β の範囲が複雑だから，ビビったって？ 大丈夫。それ程難しくはないからね。この 2 次方程式を分解して，$y = h(x) = 2x^2 + (1 - p)x + p - 4$ と $y = 0$ ［x 軸］とおこう。そして，これらの交点を $(\alpha,\ 0)$，$(\beta,\ 0)$ とお

いたとき，$0<\alpha<1<\beta<2$ となる条件をグラフ的に考えればいいんだね。そう，$y=h(x)$ は下に凸の放物線だから，次の3つの条件でいいことが分かるはずだ。

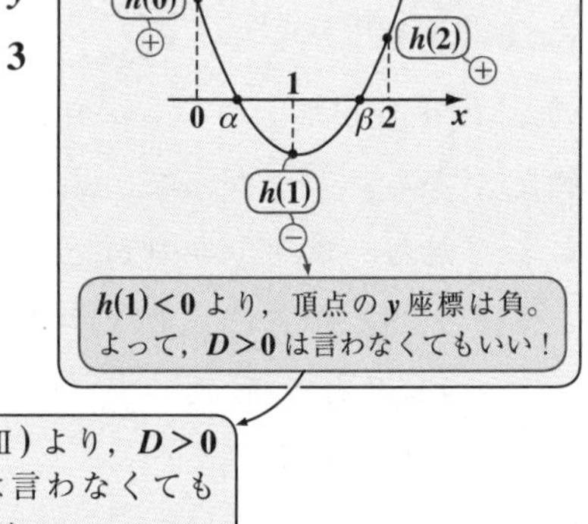

$$\begin{cases} (\text{I})\ h(0)=p-4>0 \\ \text{かつ} \\ (\text{II})\ h(1)=2+1-p+p-4<0 \\ \text{かつ} \\ (\text{III})\ h(2)=8+2(1-p)+p-4>0 \end{cases}$$

(Ⅱ)より，$D>0$ は言わなくてもいい。

(Ⅰ)より $p>4$，かつ，(Ⅱ)より $-1<0$，かつ，(Ⅲ)より $-p+6>0$ $\therefore p<6$

これから p の条件は出てこない！
ただ，正しい不等式が存在するだけだ。

以上(Ⅰ)(Ⅲ)より，求める p のみたすべき条件は，

$4<p<6$ となって，答えだ！

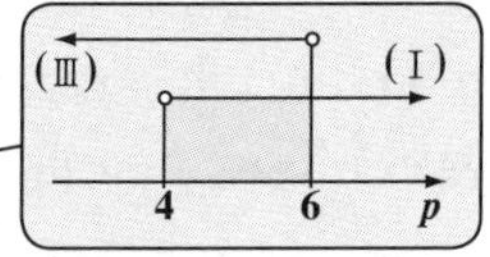

これまでの例題で，"解の範囲の問題"にもずい分自信がついたことだろうね。最後に，練習問題で，さらに腕を磨いておこう。

練習問題 25　解の範囲（Ⅱ）　CHECK 1　CHECK 2　CHECK 3

2次方程式 $mx^2-2x+1-m=0$ $(m\neq0)$ が相異なる2実数解 α，β をもち，それらが，$\alpha<0<\beta$ となるための m の条件を求めよ。

エッ，簡単すぎるって？ そうかなァ。これは x^2 の係数 m が正とも，負とも言ってないので，それぞれの場合に分けて解かないといけない問題だったんだよ。

2次方程式 $mx^2-2x+1-m=0$ $(m\neq0)$ ……㋐ を分解して，

$$\begin{cases} y=f(x)=mx^2-2x+1-m \\ y=0\ [x\text{軸}] \end{cases}$$ とおこう。

(ⅰ) $m>0$ のとき，

$y=f(x)$ は下に凸の放物線になる。よって，$f(x)=0$ の解 α，β が $\alpha<0<\beta$ となるための条件は，右のグラフから明らかに，

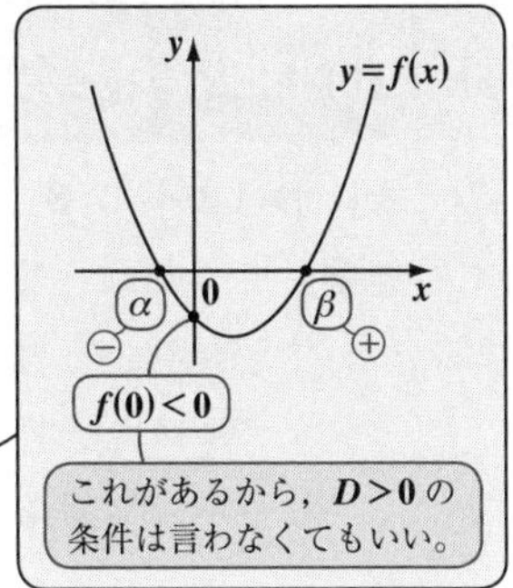

$f(0)=\boxed{1-m<0}$　　$\therefore\ \underline{1<m}$

これと $m>0$ より，

$m>1$ となる。

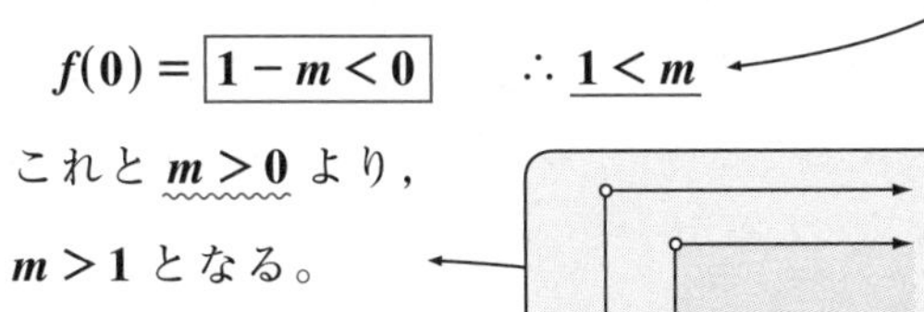

(ⅱ) $m<0$ のとき，

$y=f(x)$ は上に凸の放物線になる。よって，$f(x)=0$ の解 α，β が $\alpha<0<\beta$ となるための条件は，右のグラフから明らかに，

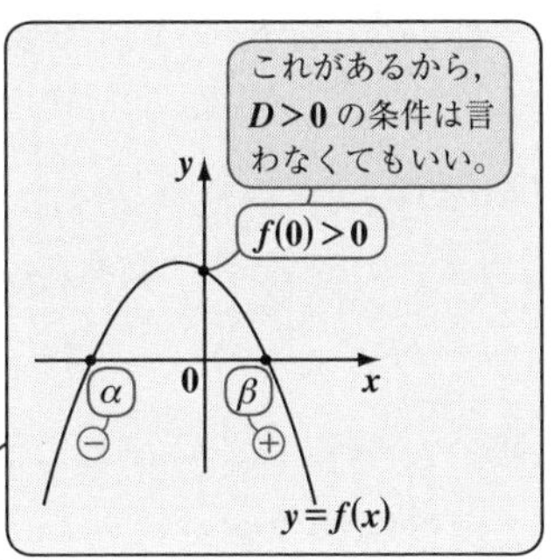

$f(0)=\boxed{1-m>0}$　　$\therefore\ \underline{\underline{m<1}}$

これと $m<0$ より，

$m<0$ となる。

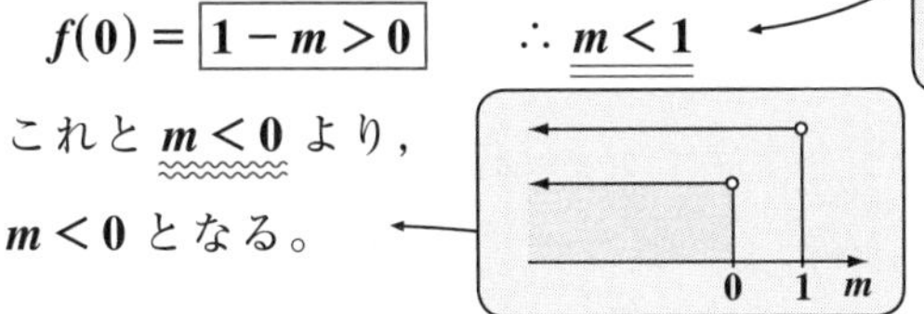

以上(ⅰ)(ⅱ)より，2次方程式㋐の異なる2実数解 α，β が，$\alpha<0<\beta$ となるための m の条件は，$m<0$ または $m>1$ となるんだね。

このような場合分けが確実に出来るようになると数学はスバラシク強くなるんだよ。そして今回のような問題はもう易しい受験問題のレベルになっているんだ。数学って，基礎が固まると，こうした応用問題も解けるようになるんだね。元気出して，頑張ってマスターしてくれ！ 期待してるよ！

11th day　2次不等式，分数不等式

みんな，おはよう！ **8，9，10**日目の講義で，**2**次方程式・**2**次関数について詳しく勉強してきたね。今回は，これらのしめくくりということで，**“2次不等式”**について解説しようと思う。これも，**2**次関数のグラフと併用することにより，ヴィジュアルに理解できるから面白いはずだよ。

そして，教科書の範囲を少し越えるけれど，**“分数不等式”**についても教えるつもりだ。ここまでマスターしておくと，解ける問題の幅がさらに広くなって，受験レベルの問題まで解けるようになるからだ。頑張ろう！

● 2次不等式もグラフで考えよう！

2次方程式は，$ax^2+bx+c=0$ の形をしていた。そして，これをみたす x の値が，α，β などのように求められたんだね。これに対して，**“2次不等式”**（にじふとうしき）は文字通り，不等号（ふとうごう）（$>$ や $<$ のこと）の入った形の **2** 次式で，$ax^2+bx+c \leqq 0$ や，$ax^2+bx+c>0$ $(a \neq 0)$ などの形で与えられる。そして，この **2** 次不等式の**解**は，一般には，x の値ではなくて，x の値の範囲で求められることに注意しよう。この解（x の値の範囲）を求めることを，**“2次不等式を解く”**ということも覚えておいてくれ。

この **2** 次不等式を解くときに，**2** 次関数 $y=ax^2+bx+c$ と x 軸 $[y=0]$ との位置関係が，非常に重要なんだよ。ここで，**2** 次関数 $y=f(x)=ax^2+bx+c$ は $a>0$ の下に凸の放物線についてのみ話すことにする。ナゼって？ たとえば，$-2x^2+x+3<0$（⊖）という不等式が与えられても，この両辺に -1 をかけて，$2x^2-x-3>0$（⊕）として，x^2 の係数を正にして，$y=f(x)=2x^2-x-3$

（不等号の向きが逆転する！）

とおけばいいわけだからね。これは不等号の向きの逆転を除けば，**2** 次方程式のところで解説したのと同じだね。

それじゃ，下に凸の放物線 $y=f(x)=ax^2+bx+c$ $(a>0)$ として，これから話を進めていくよ。ここで，**2** 次方程式 $f(x)=ax^2+bx+c=0$ の判別

式 $D=b^2-4ac$ が $D>0$ のときについて考えてみよう。このとき，2次方程式 $f(x)=0$ は相異なる実数解 α，β $(\alpha<\beta)$ をもつので，2次関数 $y=f(x)$ のグラフと x 軸との位置関係は図1のようになり，$x=\alpha$，β で互いに交わるんだね。これは，もう教えたね。

図1 $y=f(x)$ と x 軸 ($D>0$ のとき)

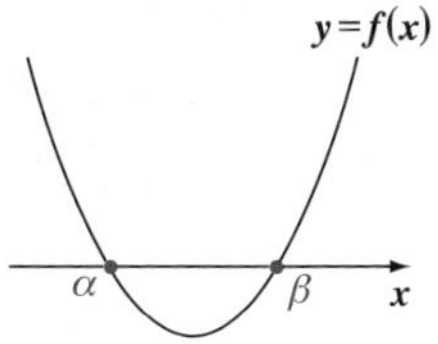

では，ここで，次の2つの2次不等式について考えることにしよう。

$$\begin{cases}(\text{i})\ ax^2+bx+c<0 \ \cdots\cdots ㋐ \quad (a>0) \\ (\text{ii})\ ax^2+bx+c>0 \ \cdots\cdots ㋑ \quad (a>0)\end{cases}$$

← これは，$f(x)<0$ のこと
← これは，$f(x)>0$ のこと

まず，(i) $ax^2+bx+c<0$ ……㋐ $(a>0)$ から見ていこう。㋐を分解して，

$$\begin{cases}y=f(x)=ax^2+bx+c \\ y=0 \quad [x\text{軸}]\end{cases}$$

とおくよ。

図2 $ax^2+bx+c<0$ …㋐ の解

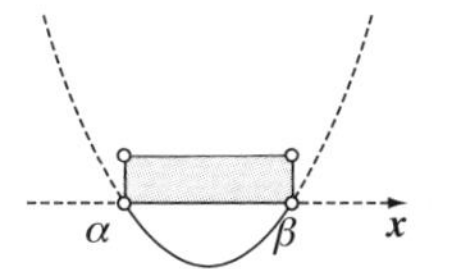

すると㋐は $y=f(x)<0$ ってことだから，図2に示すように，$y<0$ に対応する x の値の範囲，すなわち，$\alpha<x<\beta$ が，㋐の x の2次不等式の解ということになるんだね。

ここで，α と β の値は含まないので，図2では端点を"∘"で示した。もし，㋐が $ax^2+bx+c\leqq 0$ ……㋐′ であったならば，図3に示すように，$y\leqq 0$ に対応する x の値の範囲：$\alpha\leqq x\leqq\beta$ が㋐′の解になる。今回は α，β の値を含むので，図3では端点を"•"で示した。

図3 $ax^2+bx+c\leqq 0$ …㋐′ の解

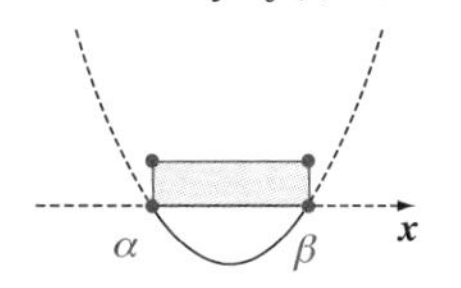

それじゃ次，(ii) $ax^2+bx+c>0$ ……㋑ $(a>0)$ の解も求めてみよう。㋑も同様に分解すると，

$$\begin{cases}y=f(x)=ax^2+bx+c \quad (a>0) \\ y=0 \quad [x\text{軸}]\end{cases}$$

となる。

図4 $ax^2+bx+c>0$ …㋑ の解

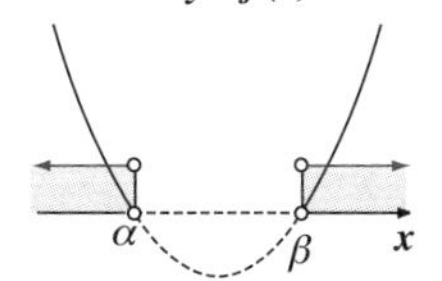

ここで，㋑は，$y=f(x)>0$，すなわち $y>0$ のことなので，図4に示すように

これに対応する x の値の範囲，すなわち $x<\alpha$ または $\beta<x$ が，㋑の 2 次不等式の解になる。

もし，㋑が，$ax^2+bx+c\geqq 0$ ……㋑′ であったなら，$y\geqq 0$ に対応する x の値の範囲だから，$x\leqq\alpha$ または $\beta\leqq x$ となり，これが㋑′の解になるんだね。(図 5)

図 5 $ax^2+bx+c\geqq 0$ …㋑′の解

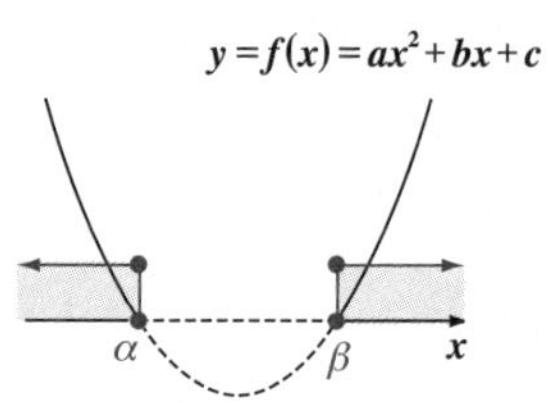

以上をまとめて，下に示すよ。2 次関数のグラフのイメージと一緒に覚えておけば，忘れないはずだ。

> 2 次方程式 $ax^2+bx+c=0$ $(a>0)$ が相異なる 2 実数解 α，β $(\alpha<\beta)$ をもつとき， ← 判別式 $D>0$ のとき
>
> (ⅰ) $ax^2+bx+c<0$ の解は，$\alpha<x<\beta$
>
> [$ax^2+bx+c\leqq 0$ の解は，$\alpha\leqq x\leqq\beta$]
>
> (ⅱ) $ax^2+bx+c>0$ の解は，$x<\alpha$ または $\beta<x$
>
> [$ax^2+bx+c\geqq 0$ の解は，$x\leqq\alpha$ または $\beta\leqq x$]

エッ，例題で練習したいって？ もちろんだ！ 次の例題をやってごらん。

(a) $x^2-2x-3<0$ を解いてみよう。 ← 因数分解型！

まず，2 次方程式：$x^2-2x-3=0$ を解いて

$(x+1)(x-3)=0$ $\therefore x=\underset{\alpha}{-1},\ \underset{\beta}{3}$

下に凸の放物線 → ここで，$y=x^2-2x-3$ とおくと，このグラフから，$x^2-2x-3<0$ の解は

$-1<x<3$ となる。大丈夫だね。

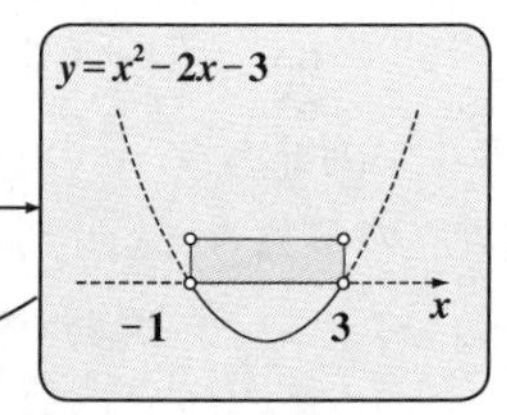

(b) $x^2+2x-4\leqq 0$ を解いてみよう。 ← 解の公式型！

まず，2 次方程式 $\underset{a}{1}\cdot x^2+\underset{2b'}{2x}\underset{c}{-4}=0$ を解いて

$$x=\frac{-1\pm\sqrt{1^2-1\cdot(-4)}}{1}=-1\pm\sqrt{5}$$ ← 公式：$x=\dfrac{-b'\pm\sqrt{b'^2-ac}}{a}$

ここで，$y=x^2+2x-4$ とおくと，このグラフから，$x^2+2x-4\leqq 0$ の解は，

$-1-\sqrt{5}\leqq x\leqq -1+\sqrt{5}$ となるね。

$y=x^2+2x-4$

$-1-\sqrt{5}$ $-1+\sqrt{5}$ x

(c) $\underset{\ominus}{-2}x^2+x+3<0$　を解いてみよう。

この両辺に -1 をかけて，$\underset{\oplus}{2}x^2-x-3>0$ を解けばいいね。（不等号の向きが逆転！）

まず，2 次方程式 $2x^2-x-3=0$ を解いて

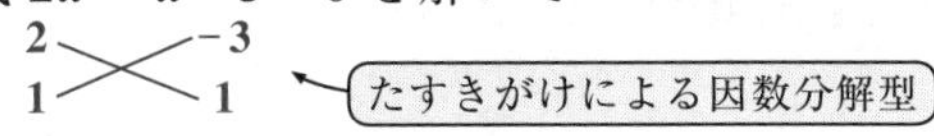

$(2x-3)(x+1)=0$　　$\therefore\ x=\underset{\alpha}{-1},\ \underset{\beta}{\dfrac{3}{2}}$

ここで $y=2x^2-x-3$ とおくと，このグラフから，$-2x^2+x+3<0$，すなわち $2x^2-x-3>0$ の解は

$x<-1$ または $\dfrac{3}{2}<x$ となる。

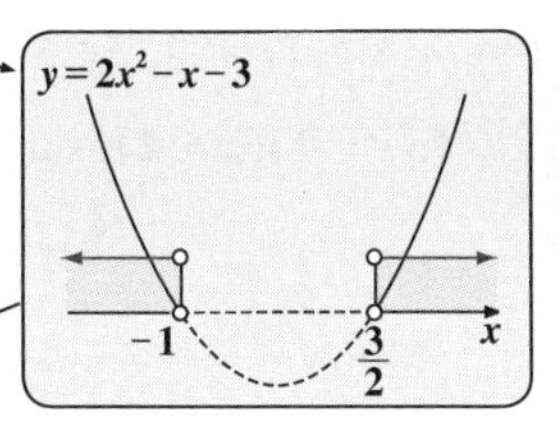

(d) $2x^2+3x-1\geqq 0$　を解いてみよう。（解の公式型！）

まず，2 次方程式 $2x^2+3x-1=0$ を解いて，

公式：$x=\dfrac{-b\pm\sqrt{b^2-4ac}}{2a}$

$$x=\frac{-3\pm\sqrt{3^2-4\cdot2\cdot(-1)}}{2\cdot2}=\frac{-3\pm\sqrt{17}}{4}$$

ここで，$y=2x^2+3x-1$ とおくと，このグラフから，$2x^2+3x-1\geqq 0$ の解は

$x\leqq\dfrac{-3-\sqrt{17}}{4}$ または $\dfrac{-3+\sqrt{17}}{4}\leqq x$

となる。

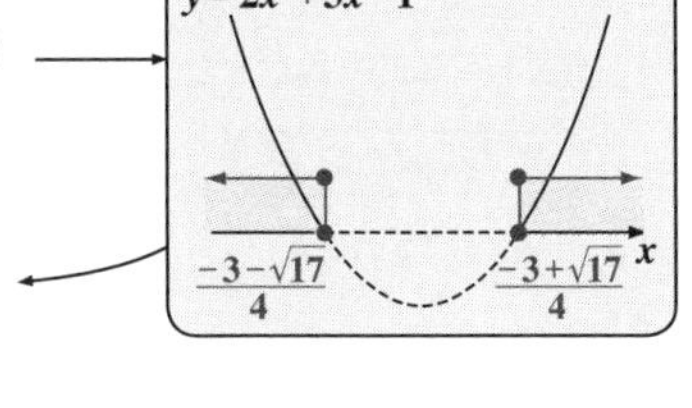

どう？　これで 2 次不等式の解法パターンもマスターできたと思う。ポイントは，図を頭の中で描きながら解くことだね。

それじゃ，少し骨のある問題も解いておこう。

練習問題 26	2 次不等式（Ⅰ）	CHECK 1	CHECK 2	CHECK 3

(1) 2 次不等式 $3x^2+5x-2 \leqq 0$ ……① を解け。

(2) 2 次不等式 $2x^2+3ax-2 \leqq 0$ ……② の解が①の不等式の解を含むような，a の値の範囲を求めよ。

①の解を $\alpha \leqq x \leqq \beta$，②の解を $\alpha' \leqq x \leqq \beta'$ とするとき，右図のようになればいいんだね。

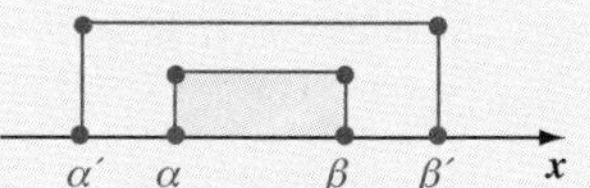

(1) 2 次方程式 $3x^2+5x-2=0$ を解いて，

$(3x-1)(x+2)=0 \qquad \therefore x=-2,\ \frac{1}{3}$

よって，2 次不等式 $3x^2+5x-2 \leqq 0$ ……①

の解は，$-2 \leqq x \leqq \frac{1}{3}$ となるんだね。

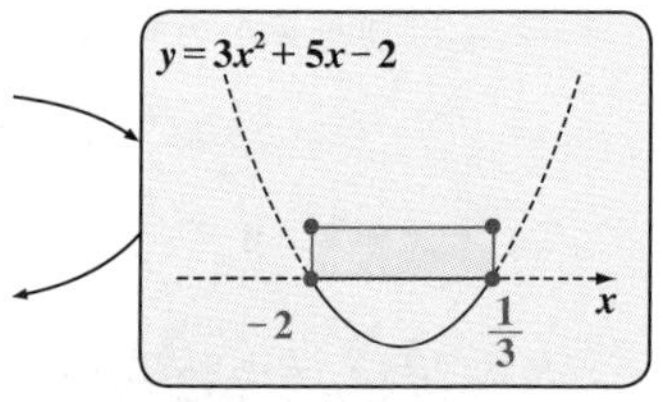

(2) $2x^2+3ax-2 \leqq 0$ …②の解を $\alpha' \leqq x \leqq \beta'$

（α'，β' は 2 次方程式 $2x^2+3ax-2=0$ の解）

とおくと，$\alpha' \leqq -2$ かつ $\frac{1}{3} \leqq \beta'$ となるための a の条件を求めればいいんだね。

ここで，②の左辺を

$f(x)=2x^2+3ax-2$ とおくと，

（下に凸の放物線）

求める条件は

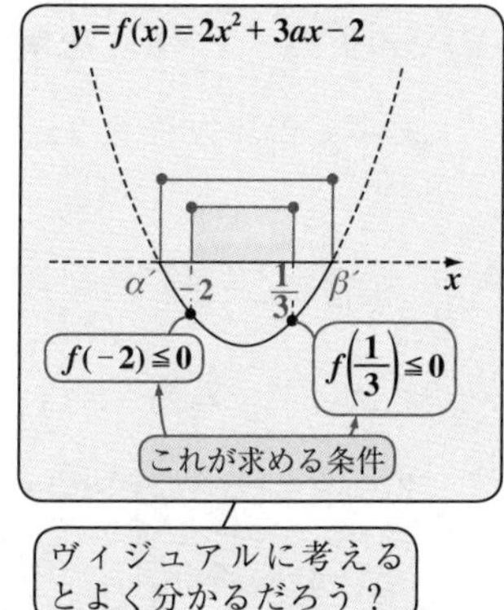

（ヴィジュアルに考えるとよく分かるだろう？）

(ⅰ) $f(-2) \leqq 0$ かつ (ⅱ) $f\left(\frac{1}{3}\right) \leqq 0$ となるので，

(ⅰ) $f(-2)=2\cdot(-2)^2+3a\cdot(-2)-2=\boxed{6-6a \leqq 0}$

$6 \leqq 6a \qquad \therefore 1 \leqq a$

(ⅱ) $f\left(\frac{1}{3}\right)=2\cdot\left(\frac{1}{3}\right)^2+3a\cdot\frac{1}{3}-2=\boxed{\frac{2}{9}+a-2 \leqq 0}$

$a \leqq 2-\frac{2}{9} \qquad \therefore a \leqq \frac{16}{9}$

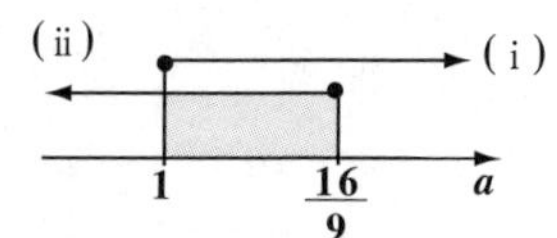

以上 (ⅰ)(ⅱ) より，$1 \leqq a \leqq \frac{16}{9}$ が答えなんだね。どう？面白かった？

● 特殊な2次不等式も攻略しよう！

これまでは，2次方程式 $ax^2+bx+c=0$ $(a>0)$ の判別式 D が，$D>0$ のときの2次不等式について学んできたんだね。でも，ここでは，この D が，$D<0$ や $D=0$ のときの特殊な場合の2次不等式についても勉強しよう。具体例を使って，グラフでヴィジュアルに教えるから，すべて理解できるはずだ。頑張ろう！

(Ⅰ) $D<0$ の場合の例 ← $\frac{D}{4}<0$ でもいい

図6 $y=f(x)=x^2-3x+3$ のグラフ

2次方程式 $x^2-3x+3=0$ の判別式 D は，$D=(-3)^2-4\cdot1\cdot3=9-12=-3<0$ となるので，この2次方程式は実数解をもたないね。よって，下に凸の放物線 $y=f(x)=x^2-3x+3$ は，図6に示すように，すべて x 軸の上側にあって，x 軸とは共有点をもたないことが分かると思う。このとき，次に示すそれぞれの不等式の解を調べていこう。

(i) 2次不等式 $x^2-3x+3>0$ について，$y=f(x)=x^2-3x+3$ とおくと，どんな実数 x に対しても，$y>0$ をみたすので，この2次不等式の解は「すべての実数」ということになるんだね。大丈夫？

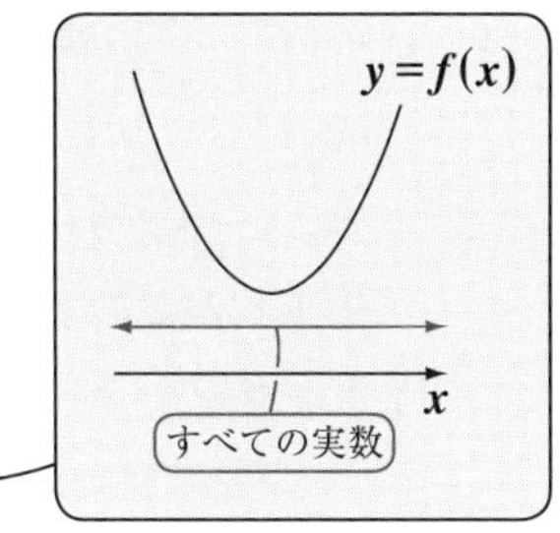

(ii) 2次不等式 $x^2-3x+3\geqq0$ についても，$y=f(x)=x^2-3x+3$ とおくと，どんな x に対しても同様に $y\geqq0$ となるので，やっぱり「すべての実数」が，この不等式の解になるんだね。

(iii) $x^2-3x+3<0$ について考えよう。ここでも，$y=f(x)=x^2-3x+3$ とおくと，すべての実数 x に対して，$y>0$ となるので，$y<0$ となる実数 x は存在しないんだね。よって，この不等式の解は「解なし」と答えておけばいいんだよ。納得いった？

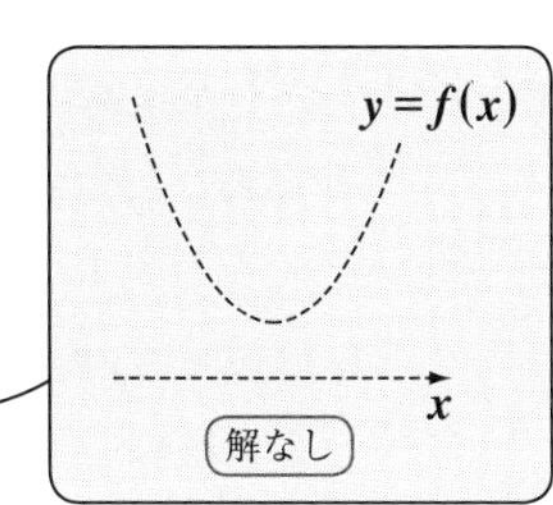

(iv) 2 次不等式 $x^2-3x+3 \leqq 0$ についても同様に，$y=f(x)=x^2-3x+3$ とおくと，$y \leqq 0$ となる実数 x は何もない。よって，「解なし」が答えだ！

(II) $D=0$ の場合の例 ← $\frac{D}{4}=0$ でもいい

図 7 $y=g(x)=x^2-4x+4$ のグラフ

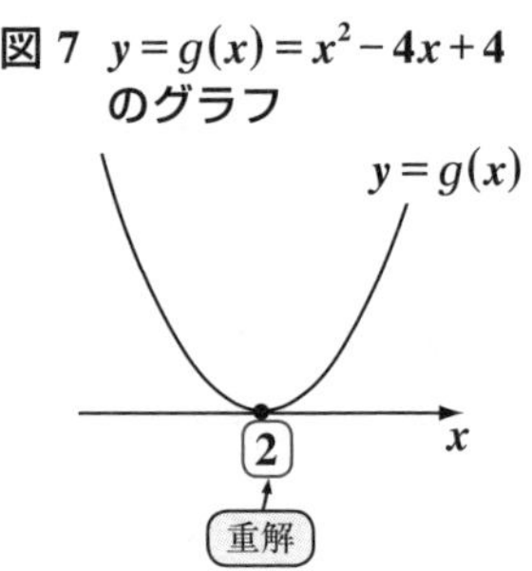

2 次方程式 $x^2-4x+4=0$ の判別式を D とおくと，$\frac{D}{4}=(-2)^2-1\cdot4=0$ となるので，この方程式 $(x-2)^2=0$ は，ただ 1 つの重解 $x=2$ をもつんだね。よって，$y=g(x)=x^2-4x+4$ とおくと，これは図 7 に示すように，$x=2$ で x 軸と接する下に凸の放物線になるんだね。このグラフを基に，以下の 2 次不等式の解が求まっていくんだよ。

(i) 2 次不等式 $x^2-4x+4>0$ について，$y=g(x)=x^2-4x+4$ とおくと，$x=2$ のときだけは，$y=0$ となるけれど，それ以外のすべての実数 x に対しては，$y>0$ だから，$x=2$ 以外のすべての実数がこの不等式の解になる。よって「$x \neq 2$」と書けばいい。

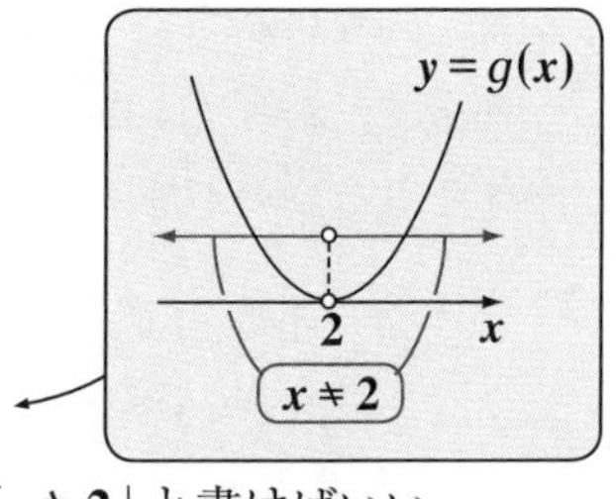

(ii) 2 次不等式 $x^2-4x+4 \geqq 0$ について，$y=g(x)=x^2-4x+4$ とおくと，すべての実数 x に対して $y \geqq 0$ となるのが分かるだろう。よって，この 2 次不等式の解は「すべての実数」ということになるんだよ。大丈夫？

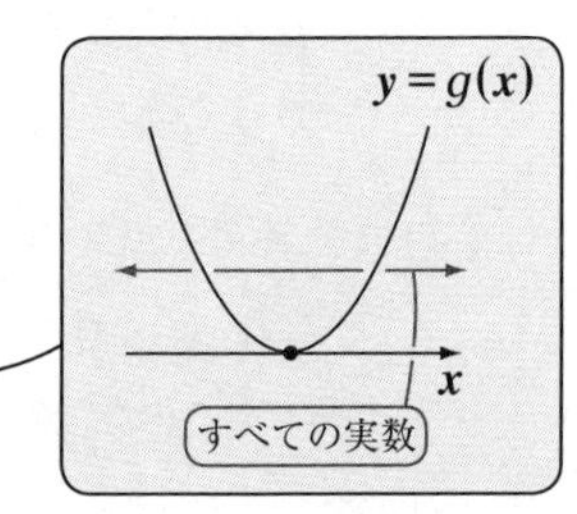

(iii) 2 次不等式 $x^2-4x+4<0$ についても考えよう。今回も，$y=g(x)=x^2-4x+4$ とおくと，すべての実数 x に対して $y \geqq 0$ だから，$y<0$ となる x は何も存在しないんだね。これから，この解は「解なし」になる。

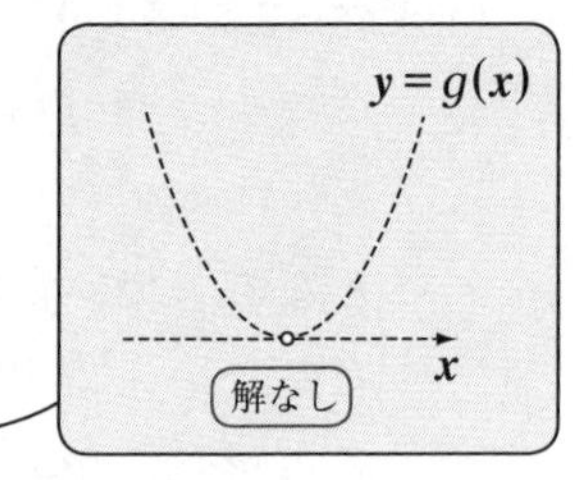

(iv) 最後に2次不等式 $x^2-4x+4\leqq 0$ についてもやっておこう。$y=g(x)=x^2-4x+4$ とおくと，$x=2$ のときだけ $y=0$ となって，$y\leqq 0$ をみたす。$x=2$ 以外では $y>0$ となるので，$y\leqq 0$ をみたすことがないのが分かるね。よって，この2次不等式の解は「$x=2$」ということになる。

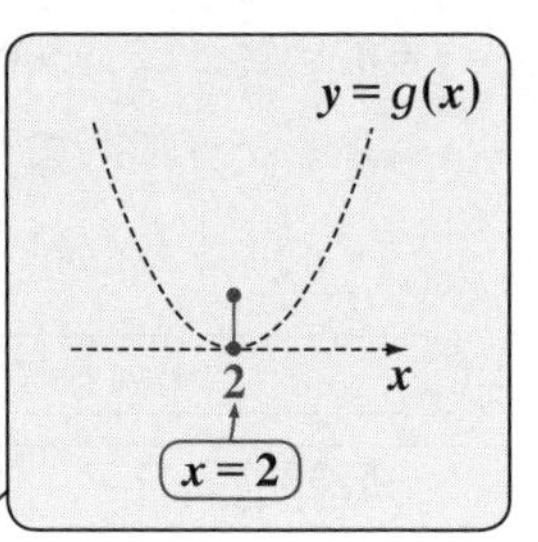

(x の値が解になった！)

どう？ x の2次方程式の判別式 D が (Ⅰ) $D<0$ や，(Ⅱ) $D=0$ のときの2次不等式の解法について，例題で解説してきたけど，大丈夫だった？

それでは，例題でさらに練習しておこう。

(e) $-2x^2+x-1<0$ を解いてみよう。

x^2 の係数が負なので，この両辺に -1 をかけて，

$$2x^2-x+1>0$$

(2 は ⊕)　(−1を両辺にかけたので，不等号の向きが逆転！)

ここで，2次方程式 $2x^2-1\cdot x+1=0$ の判別式を D とおくと，$D=(-1)^2-4\cdot 2\cdot 1=-7<0$ となる。

($a=2$, $b=-1$, $c=1$)　($D=b^2-4ac$)

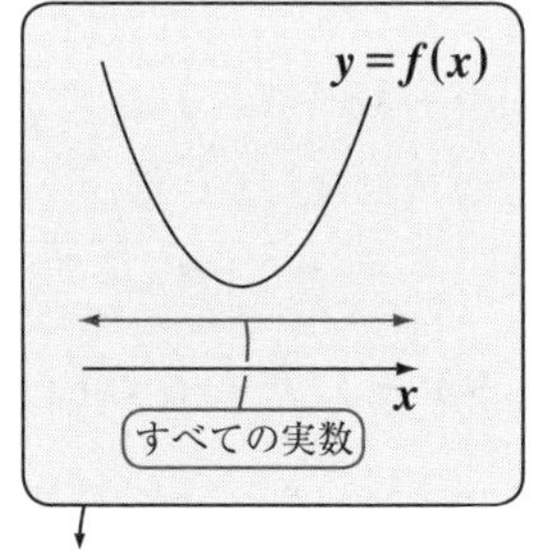

よって，$y=f(x)=2x^2-x+1$ とおくと，これはどんな実数 x に対しても，$y>0$ となる。よって，$2x^2-x+1>0$ の解は「すべての実数」となるんだね。

(f) $4x^2+4x+1\leqq 0$ を解いてみよう。

2次方程式 $4x^2+4x+1=0$ の判別式を D とおくと，$\dfrac{D}{4}=2^2-4\cdot 1=0$ となるので，この2次方程式 $(2x+1)^2=0$ は，ただ1つの重解 $x=-\dfrac{1}{2}$ をもつ。ここで，$y=g(x)=4x^2+4x+1$ とおくと，$x=-\dfrac{1}{2}$ のときのみ

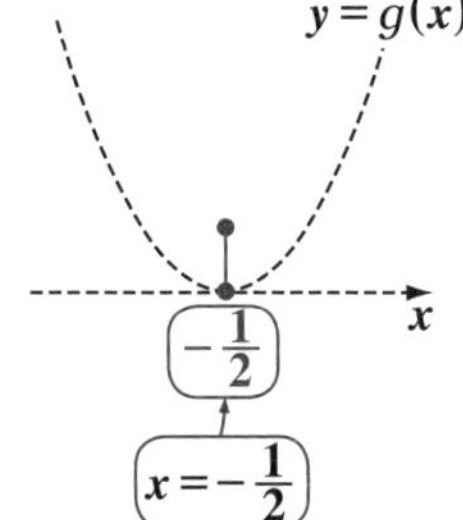

$y=0$ となって，$y \leqq 0$ をみたすけれど，それ以外のどんな x の値に対しても $y>0$ となってしまう。よって，この 2 次不等式 $4x^2+4x+1 \leqq 0$ の解は「$x=-\frac{1}{2}$」となるんだね。では，練習問題を解いてみよう。

（x の値となる特殊な解だ）

練習問題 27　2 次不等式（Ⅱ）　CHECK 1　CHECK 2　CHECK 3

すべての実数 x に対して，2 次不等式 $2x^2+3px+4p+2>0$ が成り立つような，実数 p の値の範囲を求めよ。

$y=f(x)=2x^2+3px+4p+2$ とおいて，グラフで考えると解法の糸口が見えてくるはずだ。頑張ろうな！

ここで，$y=f(x)=\underset{a}{2}x^2+\underset{b}{3p}x+\underset{c}{4p+2}$ とおくと，これは下に凸の放物線となる。ここで，すべての実数 x に対して，2 次不等式 $f(x)=2x^2+3px+4p+2>0$ が成り立つための条件は，2 次方程式 $f(x)=2x^2+3px+4p+2=0$ の判別式 D が，$D<0$ となることなんだね。

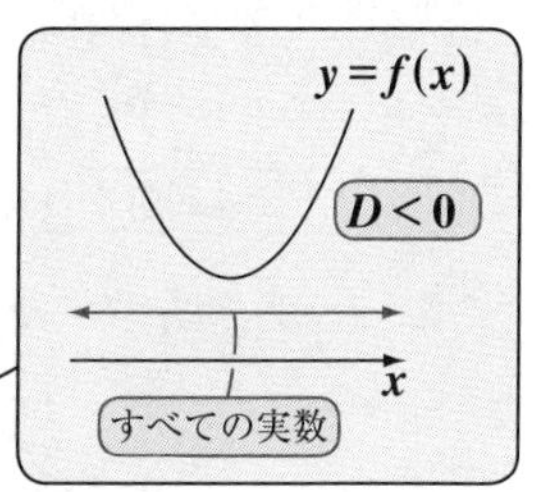

よって，$D=\boxed{(3p)^2-4\cdot 2\cdot(4p+2)<0}$

$9p^2-32p-16<0$ ←（これは p の 2 次不等式）

これは，因数分解型の p の 2 次不等式になってるので，これを解けば，$D<0$ をみたす実数 p の値の範囲が分かって，オシマイだね。

$9p^2-32p-16<0$

1 ＼／ -4
9 ／＼ 4　←（"たすきがけ"）

$(p-4)(9p+4)<0$

∴求める p のとり得る値の範囲は，

$-\frac{4}{9}<p<4$　となって，答えだ。

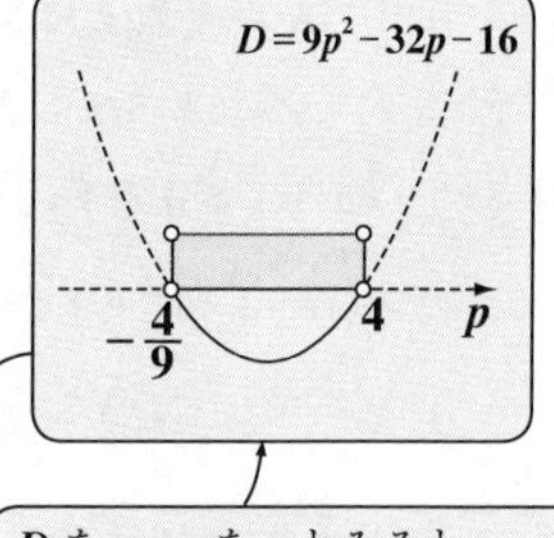

（D を y，p を x とみると $y=9x^2-32x-16$ で，2 次不等式 $9x^2-32x-16<0$ を解くのと同じだね。）

● 分数不等式にも挑戦しよう！

方程式$1=\frac{2}{x}$ $(x\neq 0)$が与えられたら，これはみんな解けるよね。そう。この両辺にxをかけて，$1\times x=2$　$\therefore x=2$とすぐに答えが出せるんだね。それでは不等式$1<\frac{2}{x}$ ……①　$(x\neq 0)$は，どう解く？　エッ？　方程

（分数$\frac{2}{x}$が入った不等式なので，これを“**分数不等式**”と呼ぶ。）

式のときと同様に両辺にxをかけて，$1\times x<2$　$\therefore x<2$として，簡単に答えが出せるって？　ウ～ン，残念ながら間違いだ！　理由は分かる？

不等式の場合，両辺にある数をかけるとき，

(i) かける数が正ならば，不等号の向きは変化しないけれど，
(ii) かける数が負ならば，不等号の向きは逆転するんだったね。

不等式$1<\frac{2}{x}$ ……①　の場合，xは分母にあるから，$x\neq 0$であることは確かだね。でも，xは正か負かいずれか分からない状態なんだね。もし，ここで，$x>0$の保証があれば，正の数xを①の両辺にかけて$x<2$としてもいいけれど，今回は，xの正・負については何も言ってはいないから，こんな変形をしてはいけなかったんだ。

じゃ，どうするって？　①は次のように変形して解くことができる。

$1-\frac{2}{x}<0$,　（$\frac{2}{x}$を左辺に移項）

$\frac{x-2}{x}<0$,　（xで通分）

$x\cdot(x-2)<0$　（左辺の分母のxが分子に上がった!???）

$\therefore$①の解は，$0<x<2$となって答えだ！

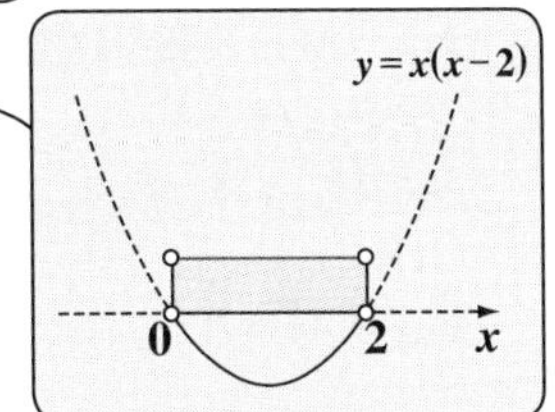

みんな，「何，ソレ？」って顔してるね。分母のxが分子に上がったりしたからね。この種明かしをしておこう。

$\frac{x-2}{x}<0$ ……①′　の場合，xは0ではないけれど，まだ正・負いずれか分からない状態なんだね。しかし，xが正・負いずれであっても，x^2は常に

正なのは分かるね。x が負の数でも，それを 2 乗すれば x^2 は正となるからだ。そして，$x^2>0$ であることは保証されているから，この x^2 を，①′の両辺にかけても，不等号の向きは変化しないんだね。よって，x^2 を①′の両辺にかけて，

$x^2\times\frac{x-2}{x}<\underbrace{x^2\times 0}_{0}$ 　よって，$x(x-2)<0$ が導けて，解が求められる。

見かけ上，①′の分母の x が分子に上がったように見える。

それでは，この分数不等式の解法パターンを公式として，まとめて示すよ。

分数不等式(Ⅰ)

(ⅰ) $\frac{B}{A}>0 \iff A\cdot B>0$

(ⅱ) $\frac{B}{A}<0 \iff A\cdot B<0$

見かけ上，分母の A が分子に上がったように見える。

(ⅰ) $\frac{B}{A}>0$ 　$(A\neq 0)$ 　の両辺に A^2 (>0) をかけて，

$A^2\times\frac{B}{A}>\underbrace{A^2\times 0}_{0}$ 　より，$A\cdot B>0$ となる。

(ⅱ) $\frac{B}{A}<0$ 　$(A\neq 0)$ 　も同様に，この両辺に A^2 (>0) をかけて，

$A^2\times\frac{B}{A}<\underbrace{A^2\times 0}_{0}$ 　より，$A\cdot B<0$ が導けるんだね。納得できた？

それじゃ，この分数不等式の解法パターンを例題で練習しておこう。

(g) $\frac{x+3}{x}>0$ を解いてみよう。

$\frac{x+3}{x}>0$ を変形して 　$\left[\frac{B}{A}>0 \text{ より } A\cdot B>0\right]$

$x(x+3)>0$

$\therefore x<-3$ または $0<x$ となって，答えだ！

(h) $1 < \dfrac{2}{x-1}$ を解いてみよう。

$1 < \dfrac{2}{x-1}$ を変形して

$1 - \dfrac{2}{x-1} < 0$,　　$\dfrac{(x-1)-2}{x-1} < 0$

$\dfrac{x-3}{x-1} < 0$

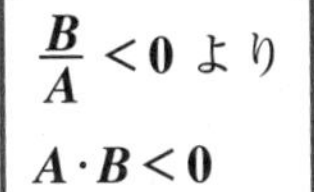

$(x-1)(x-3) < 0$

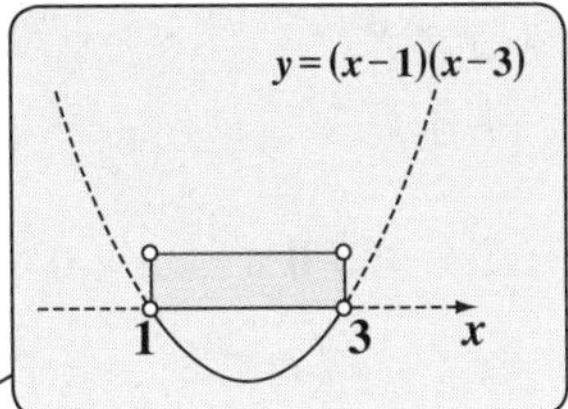

$\therefore\ 1 < x < 3$

どう，分数不等式にも慣れてきた？　それじゃ，次，等号の入った分数不等式の解法パターンについても解説しよう。

分数不等式（Ⅱ）

（ⅰ）$\dfrac{B}{A} \geqq 0 \iff A \cdot B \geqq 0$ かつ $A \neq 0$

（ⅱ）$\dfrac{B}{A} \leqq 0 \iff A \cdot B \leqq 0$ かつ $A \neq 0$

（ⅰ）$\dfrac{B}{A} \geqq 0$　$(A \neq 0)$　の両辺に正の数 A^2　(>0) をかけて，

$A^2 \times \dfrac{B}{A} \geqq \underbrace{A^2 \times 0}_{0}$,　　$A \cdot B \geqq 0$ と変形することはこれまでと同じだ。

でも，$A \cdot B \geqq 0$ の解の中に $A=0$ が含まれていることは分かる？　ン？　よく分からないって？　それじゃ，実際に $A=0$ を $A \cdot B \geqq 0$ に代入してみるといい。すると，$\underbrace{0 \cdot B}_{0} \geqq 0$，すなわち $0 \geqq 0$ となって，$A=0$ は $A \cdot B \geqq 0$ の不等式をみたしているだろう。だから $A \cdot B \geqq 0$ の解の中に $A=0$ は含まれてるんだ。でも，元の分数不等式 $\dfrac{B}{A} \geqq 0$ では A は分母にあったわけだから明らかに $A \neq 0$ でなければならない。したが

って $A\cdot B \geqq 0$ をみたす A の内 $A=0$ を除いて $A \neq 0$ としなければならなかったんだね。よって $\dfrac{B}{A} \geqq 0$ は "$A\cdot B \geqq 0$ かつ $A \neq 0$" と変形するんだよ。

(ⅱ) $\dfrac{B}{A} \leqq 0$ についても，同様に，両辺に $A^2\ (>0)$ をかけて $A\cdot B \leqq 0$ となる。でも，この解の内，$A=0$ を除かないといけないね。よって $\dfrac{B}{A} \leqq 0$ は "$A\cdot B \leqq 0$ かつ $A \neq 0$" と変形する。これで意味はよく分かっただろう。

それでは例題で練習しておこう。

(i) $\dfrac{x+3}{x} \geqq -2$ を解いてみよう。

これを変形して

$$\frac{x+3}{x}+2 \geqq 0,\quad \frac{x+3+2x}{x} \geqq 0$$

$3x+3=3(x+1)$

$$\frac{3(x+1)}{x} \geqq 0$$ この両辺を 3 で割って，

$$\frac{x+1}{x} \geqq 0$$

$$x(x+1) \geqq 0 \text{ かつ } x \neq 0$$

$\left[\dfrac{B}{A} \geqq 0 \text{ より } A\cdot B \geqq 0 \text{ かつ } A \neq 0\right]$

$y=x(x+1)$
-1
0
x

よって，$x(x+1) \geqq 0$ から，$x \leqq -1$ または $0 \leqq x$ となる。

でも，これに $x \neq 0$ の条件が付くので，$0 \leqq x$ を $0 < x$ としなければならないね。以上より，この分数不等式の解は

$x \leqq -1$ または $0 < x$ となるんだね。

(j) $\dfrac{x+2}{x-2} \leqq -1$ を解いてみよう。

これを変形して

$$\frac{x+2}{x-2}+1 \leqq 0,\quad \frac{x+2+x-2}{x-2} \leqq 0$$

$$\frac{2x}{x-2} \leqq 0$$ この両辺を 2 で割って，

$\dfrac{x}{x-2} \leqq 0$　　$\left[\ \dfrac{B}{A} \leqq 0 \text{ より}\right.$

$x(x-2) \leqq 0$ かつ $x-2 \neq 0$　　$\left. A \cdot B \leqq 0 \text{ かつ } A \neq 0\ \right]$

$x(x-2) \leqq 0$ より，$0 \leqq x \leqq 2$ ←

これに $x \neq 2$ の条件が付くので，$0 \leqq x < 2$ が答えだね！

これで，分数不等式の解法にも，十分慣れたと思う。やり方が分かると数学って面白いものだろう。ここで最後に，分数不等式を分母の正・負によって場合分けして解く方法についても示しておこう。例題 (*i*) を使うよ。

(*i*) $\dfrac{x+3}{x} \geqq -2$ を解いてみよう。

今回は左辺の分母の x が，(i) 正のとき，または (ii) 負のときに，それぞれ場合分けして解いてみよう。

(i) $x > 0$ のとき，$\dfrac{x+3}{x} \geqq -2$ の両辺に $x\ (>0)$ をかけて，

$\cancel{x} \cdot \dfrac{x+3}{\cancel{x}} \geqq -2 \cdot x$,　　$x+3 \geqq -2x$

正の数 x をかけたので，不等号の向きはそのまま！

$x+3+2x \geqq 0$,　　$3x+3 \geqq 0$

$\cancel{3}(x+1) \geqq 0$,　　$x+1 \geqq 0$　　$\therefore\ x \geqq -1$

両辺を 3 で割った

よって，$x > 0$

(ii) $x < 0$ のとき，$\dfrac{x+3}{x} \geqq -2$ の両辺に $x\ (<0)$ をかけて，

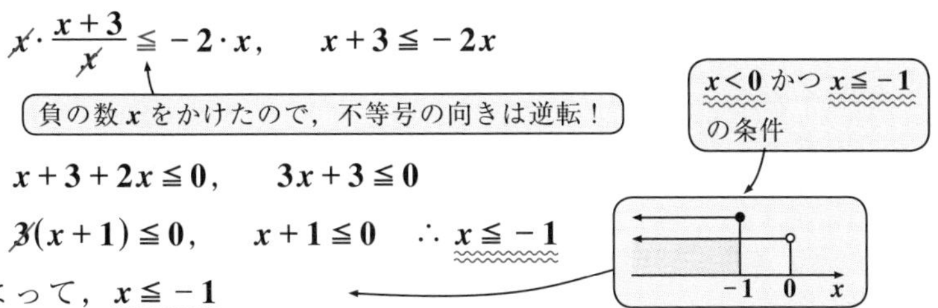

$\cancel{x} \cdot \dfrac{x+3}{\cancel{x}} \leqq -2 \cdot x$,　　$x+3 \leqq -2x$

負の数 x をかけたので，不等号の向きは逆転！

$x+3+2x \leqq 0$,　　$3x+3 \leqq 0$

$\cancel{3}(x+1) \leqq 0$,　　$x+1 \leqq 0$　　$\therefore\ x \leqq -1$

よって，$x \leqq -1$

以上 (i)(ii) より，$x \leqq -1$ または $0 < x$ と，同じ結果が導けたね。

さァ，これで 2 次関数の講義もすべて終了だ！よく頑張ったね。

第3章●2次関数　公式エッセンス

1. $A\cdot B=0$ の解法

$A\cdot B=0$ ならば，$A=0$ または $B=0$ である。(A，B：x の整式)

2. 2次方程式 $ax^2+bx+c=0$ の解の公式

$x=\dfrac{-b\pm\sqrt{b^2-4ac}}{2a}$ となる。(ただし，$b^2-4ac\geqq 0$)

（$\sqrt{\ }$ 内の値は常に0以上）

3. 2次方程式 $ax^2+bx+c=0$ の解 x

(ⅰ) $D>0$ のとき，$x=\dfrac{-b\pm\sqrt{D}}{2a}$　(ただし，判別式 $D=b^2-4ac$)

(ⅱ) $D=0$ のとき，$x=-\dfrac{b}{2a}$　(重解)

(ⅲ) $D<0$ のとき，実数解をもたない。

4. 2次方程式 $ax^2+2b'x+c=0$ (b'：整数) の解の公式

$x=\dfrac{-b'\pm\sqrt{b'^2-ac}}{a}$ となる。　$\left(\dfrac{D}{4}=b'^2-ac\geqq 0\right)$

5. 2次関数の平行移動

(ⅰ) 基本形 $y=ax^2$ $\xrightarrow[\text{平行移動}]{(p,\ q)\text{だけ}}$ (ⅱ) 標準形 $y-q=a(x-p)^2$

6. 2次不等式の解

2次方程式 $ax^2+bx+c=0$　$(a>0)$ が相異なる2実数解 α，β $(\alpha<\beta)$ をもつとき

(ⅰ) $ax^2+bx+c\leqq 0$　の解は，$\alpha\leqq x\leqq\beta$

(ⅱ) $ax^2+bx+c>0$　の解は，$x<\alpha$ または $\beta<x$

7. 分数不等式

(ⅰ) $\dfrac{B}{A}>0\iff AB>0$　　(ⅱ) $\dfrac{B}{A}<0\iff AB<0$

(ⅰ)′ $\dfrac{B}{A}\geqq 0\iff AB\geqq 0$ かつ $A\neq 0$

(ⅱ)′ $\dfrac{B}{A}\leqq 0\iff AB\leqq 0$ かつ $A\neq 0$

第４章
CHAPTER

4 図形と計量

- 三角比の基本
- 三角比の拡張，三角比の公式
- 正弦定理と余弦定理
- 三角比の空間図形への応用

12th day　三角比の定義と性質

さァ，今日から新しいテーマ，“**図形と計量**”すなわち“**三角比**”について勉強していこう。今日は特に，この三角比の定義と性質について解説しよう。これが三角比の基本となるものだから，シッカリマスターしてくれ。なんでもそうだけど，基本が固まれば応用は早いんだよ。

● 三角比を直角三角形で定義しよう！

「三角比(さんかくひ)って，何？」と思ってるかも知れないね。この“**三角比**”とは文字通り，“直角三角形の辺の比”のことなんだ。図**1**のように，**3**辺の長さがa，b，c（c：斜辺）の直角三角形が与えられたとしよう。このとき，この直角三角形の直角ではない，**2**つの内角の内の**1**つをθとおくよ。

これは，ギリシャ文字で“シータ”と読み，角度を表す文字としてよく使われる。

図1　直角三角形

c　b　θ　a

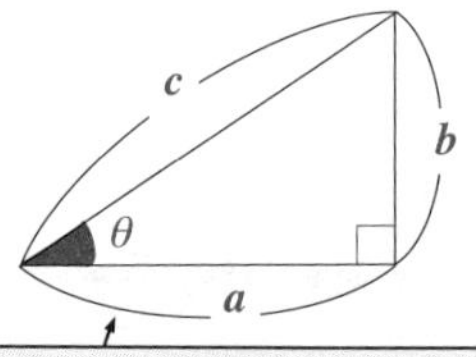

直角三角形では，三平方の定理：$c^2 = a^2 + b^2$が成り立つ！

この角度θ（$0° < \theta < 90°$）に対して，**3**つの三角比：

$\sin\theta$，　$\cos\theta$，　$\tan\theta$を定義するんだよ。エッ，難しそうだって？

“サイン・シータ”　“コサイン・シータ”　“タンジェント・シータ”と読む

そうだね。初めて三角比を勉強するときは，この見慣れない記号で引いてしまうかも知れないね。でも，まず，$\sin\theta$を“サイン・シータ”，$\cos\theta$を“コサイン・シータ”，そして，$\tan\theta$を“タンジェント・シータ”と読むことを覚えてくれ。さらに，日本語でも呼び方がある。**sin**(サイン)を“**正弦**(せいげん)”，**cos**(コサイン)を“**余弦**(よげん)”，そして**tan**(タンジェント)を“**正接**(せいせつ)”とも呼ぶんだね。

それじゃ，**3**つの三角比$\sin\theta$, $\cos\theta$, $\tan\theta$の定義を下に示そう。

直角三角形による三角比の定義

(i) $\sin\theta = \dfrac{b}{c}$，　(ii) $\cos\theta = \dfrac{a}{c}$，　(iii) $\tan\theta = \dfrac{b}{a}$

どれも分数の形だけれど，直角三角形の **3** つの辺の長さ a, b, c の比で表されてるのが分かるね。　エッ，「どれをどれで割るのか分からん」って？ いいよ。分かりやすい覚え方を教えておこう。

図 **2** を見てくれ。

(ⅰ) $\sin\theta = \dfrac{b}{c}$ は，**sin** の頭文字 **s** の筆記体 *s* で考えると，この書き順に対応する **2** つの辺 c と b の比（割り算）の形で表されてるね。

(ⅱ) $\cos\theta = \dfrac{a}{c}$ は，**cos** の頭文字 **c** の筆記体 *c* で考えると，この書き順に対応する **2** つの辺 c と a の比（割り算）の形で表されてるね。

(ⅲ) $\tan\theta = \dfrac{b}{a}$ も，**tan** の頭文字 **t** の筆記体 *t* の書き順に対応する **2** つの辺 a と b の比になってるね。

図 2　三角比の定義

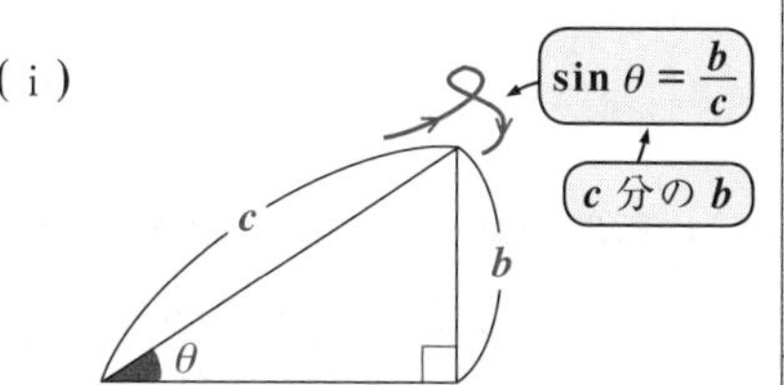

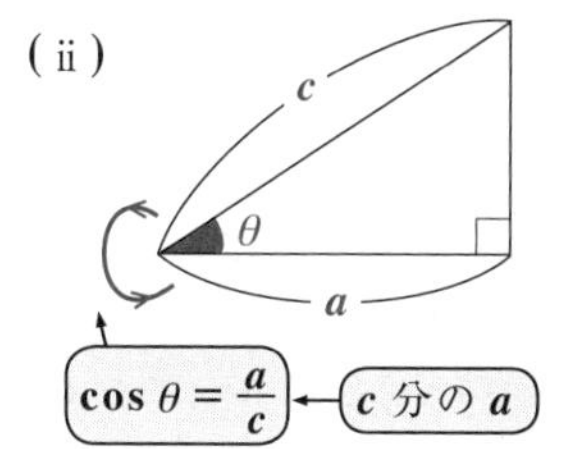

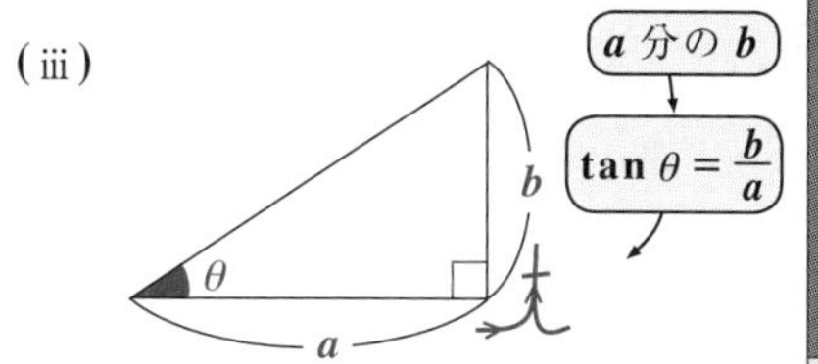

どう？ 定義は頭に入った？

それでは，**3** 辺の長さが a, b, c の同じ直角三角形でも，図 **3** に示すように，もう **1** つの内角 α で三角比を定義すると，

$$\sin\alpha = \frac{a}{c},\ \cos\alpha = \frac{b}{c},\ \tan\alpha = \frac{a}{b}$$

となることも大丈夫？ 筆記体の *s*，*c*，*t* の書き順で考えると間違いなく定義できると思う。

図 3　別の角による三角比の定義

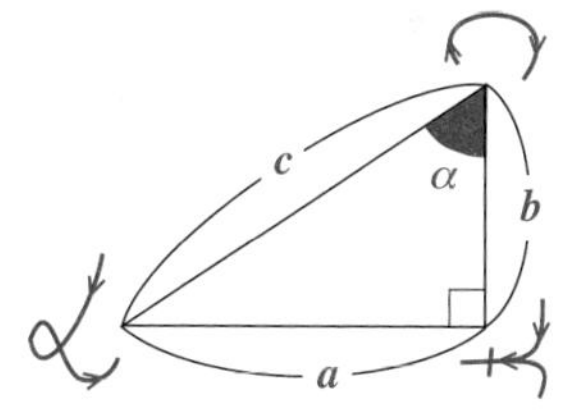

それでは，例題でいくつか練習しておこう。

(*a*) 右の直角三角形について，$\sin\theta$, $\cos\theta$, $\tan\theta$ の値を求めよう。

どう？ 簡単でしょう。右の直角三角形から

$\sin\theta = \dfrac{5}{13}$，　$\cos\theta = \dfrac{12}{13}$，　$\tan\theta = \dfrac{5}{12}$ となるね。

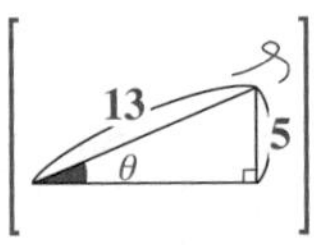

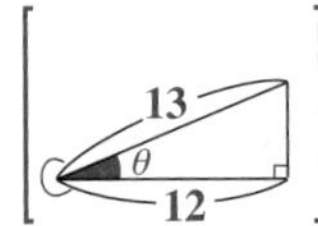

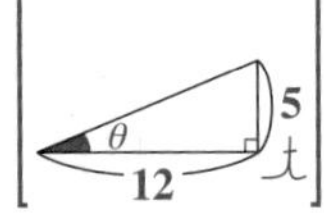

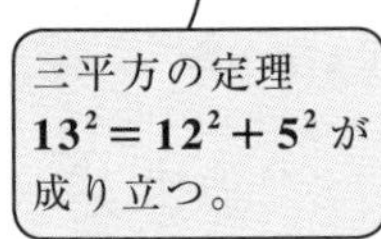

(*b*) 右の直角三角形について，$\sin\alpha$, $\cos\alpha$, $\tan\alpha$ の値を求めてみよう。

これは，ちょっと頭をひねって考えるんだね。

$\sin\alpha = \dfrac{12}{13}$，　$\cos\alpha = \dfrac{5}{13}$，　$\tan\alpha = \dfrac{12}{5}$ となる。

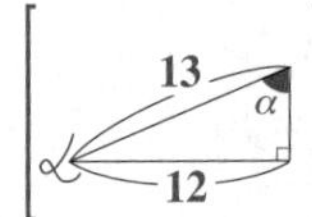

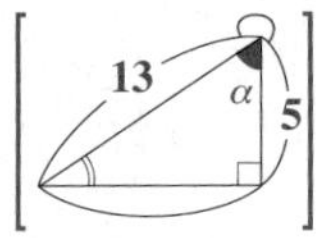

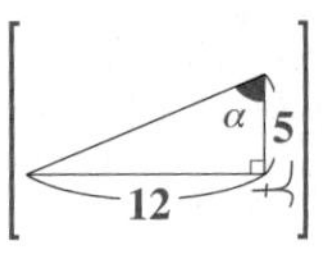

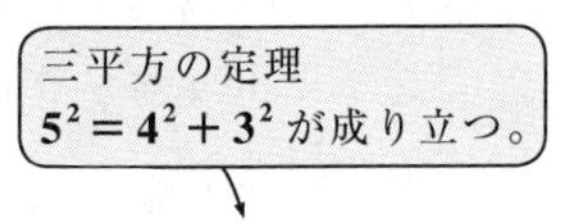

(*c*) 右の直角三角形について，$\sin\theta$, $\cos\theta$, $\tan\theta$ の値を求めてみよう。

これは，さらに頭をひねることになるかもね。

$\sin\theta = \dfrac{3}{5}$，　$\cos\theta = \dfrac{4}{5}$，　$\tan\theta = \dfrac{3}{4}$ となるね。

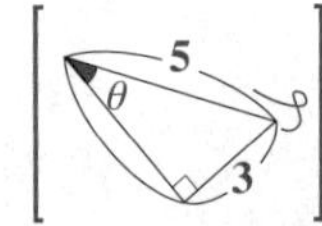

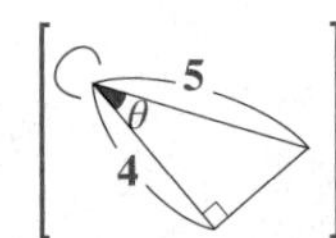

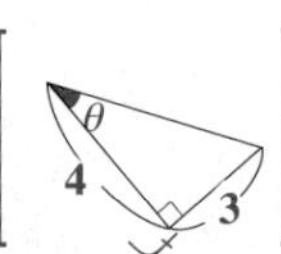

これで，直角三角形による三角比の定義にも自信がついたと思う。それじゃ，さらに解説を進めるよ。

● 三角比は，サイズとは無関係！

これまで，直角三角形の角 θ が指定されたとき，**3** つの三角比の値を求める練習をやったね。でも，「何故，こんなものを求める必要があるんだ？」って思ってるんじゃない？

実は，この三角比は，三角測量（さんかくそくりょう）と呼ばれる測量技術として古くから利用されてきたんだよ。したがって，三角比を使うことによって，大きな木の高さや広い川の川幅などを，木のてっぺんに登ったり，向こう岸まで泳い

だりしなくても測ることが出来るんだ。それには，次のような三角比の重要な性質があるからなんだよ。

三角比の性質

> 三角比 $\sin\theta$, $\cos\theta$, $\tan\theta$ はいずれも，相似な直角三角形であれば，その直角三角形の大きさ（サイズ）とは無関係に，角 θ の大きさのみによって定まる。

ん？まだピンとこないって？いいよ，具体例で示そう。例題 (*c*) でやった 3 辺の長さの比が 3：4：5 で，大きさ（サイズ）が異なる 3 つの相似な直角三角形によって，このことを説明しよう。

図 4 を見てくれ。(ⅰ)(ⅱ)(ⅲ) のいずれも 3 辺の比が 3：4：5 の相似な（形が同じ）直角三角形だね。それぞれの角についての三角比を求めてみよう。(ⅰ) では，繁分数の計算になることも気を付けてくれ。

図 4　三角比はサイズとは無関係

(ⅰ)

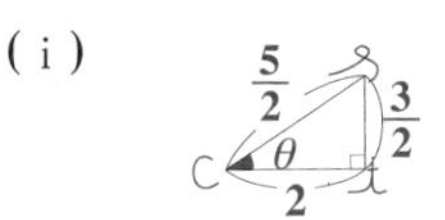

(ⅱ)

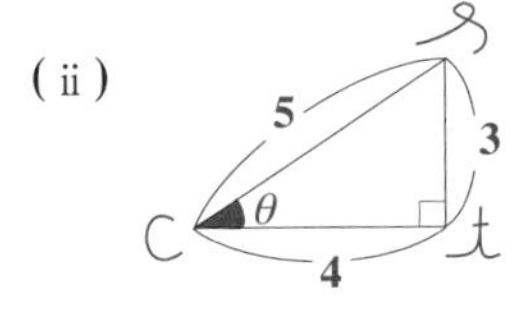

(ⅲ)

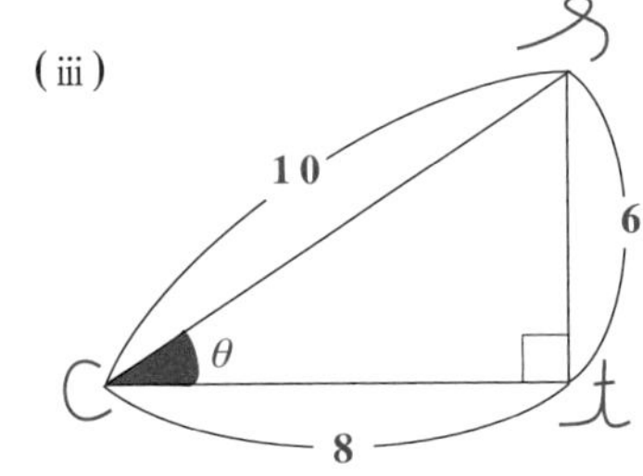

分子の分母は下へ

$$(\text{i})\ \sin\theta = \frac{\frac{3}{2}}{\frac{5}{2}} = \frac{3\times 2}{5\times 2} = \frac{3}{5}$$

分母の分母は上へ　　分子の分母は下へ

$$\cos\theta = \frac{2}{\frac{5}{2}} = \frac{4}{5},\ \tan\theta = \frac{\frac{3}{2}}{2} = \frac{3}{4}$$

分母の分母は上へ

となる。

(ⅱ) $\sin\theta = \frac{3}{5}$, $\cos\theta = \frac{4}{5}$, $\tan\theta = \frac{3}{4}$ と，これは例題 (*c*) と同じだね。

分子・分母を 2 で割る　分子・分母を 2 で割る　分子・分母を 2 で割る

(ⅲ) $\sin\theta = \frac{6}{10} = \frac{3}{5}$, $\cos\theta = \frac{8}{10} = \frac{4}{5}$, $\tan\theta = \frac{6}{8} = \frac{3}{4}$ となる。

どう？(ⅰ)(ⅱ)(ⅲ)のいずれも，同じ $\sin\theta=\frac{3}{5}$，$\cos\theta=\frac{4}{5}$，$\tan\theta=\frac{3}{4}$ になっただろう。つまり，相似な直角三角形であれば，その直角三角形の大きさ(サイズ)によらず，角度 θ の三角比は一定の値になるんだね。これは，三角比が三角形の辺の比だから，当然の結果ともいえるんだけどね。これから，角度 θ の値さえ与えられれば，それに対応して三角比 $\sin\theta$, $\cos\theta$, $\tan\theta$ の値が定まるんだね。そして，試験で最も頻出の三角比は，図 5 に示す $\theta=30°$, $45°$, $60°$ のときのものなんだ。だから，それぞれの角度についての三角比の値を下に示すから，ゼ〜ッタイ頭に入れておいてくれ。

図 5　$\theta=30°$, $45°$, $60°$

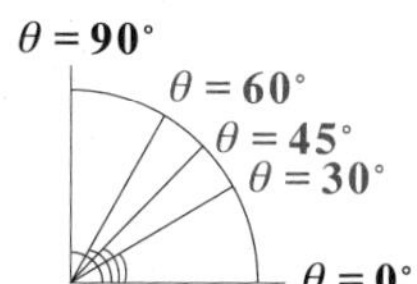

(ⅰ) $\theta=30°$ のとき，辺の比が $1:\sqrt{3}:2$ の横長の直角三角形となるので，

$$\sin30°=\frac{1}{2},\ \cos30°=\frac{\sqrt{3}}{2},\ \tan30°=\frac{1}{\sqrt{3}}$$

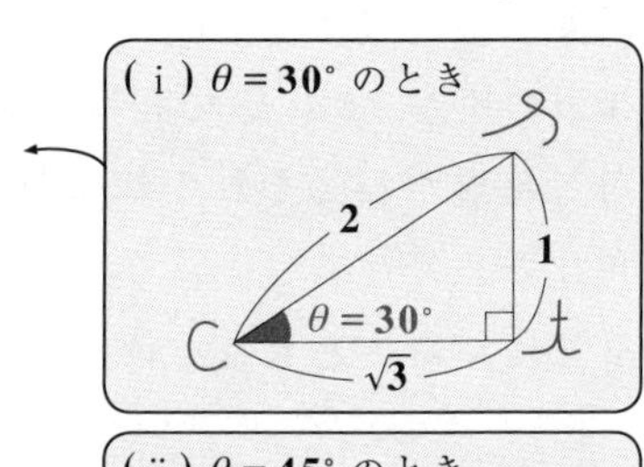

(ⅱ) $\theta=45°$ のとき，辺の比が $1:1:\sqrt{2}$ のズングリムックリした直角三角形となるので，

$$\sin45°=\frac{1}{\sqrt{2}},\ \cos45°=\frac{1}{\sqrt{2}},\ \tan45°=1\ \left(\frac{1}{1}\right)$$

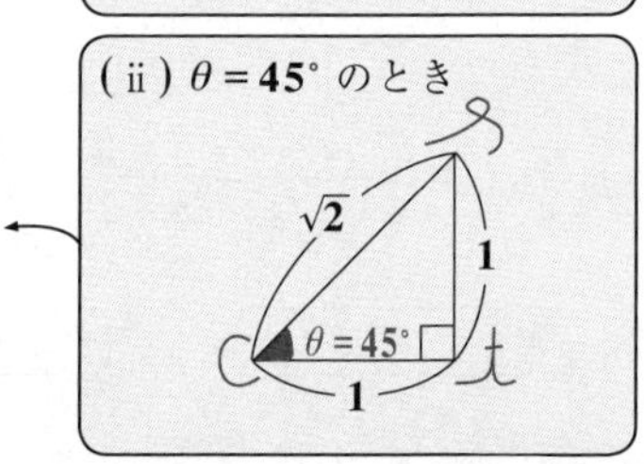

(ⅲ) $\theta=60°$ のとき，辺の比が $1:\sqrt{3}:2$ の縦長の直角三角形となるので，

$$\sin60°=\frac{\sqrt{3}}{2},\ \cos60°=\frac{1}{2},\ \tan60°=\sqrt{3}\ \left(\frac{\sqrt{3}}{1}\right)$$

となる。

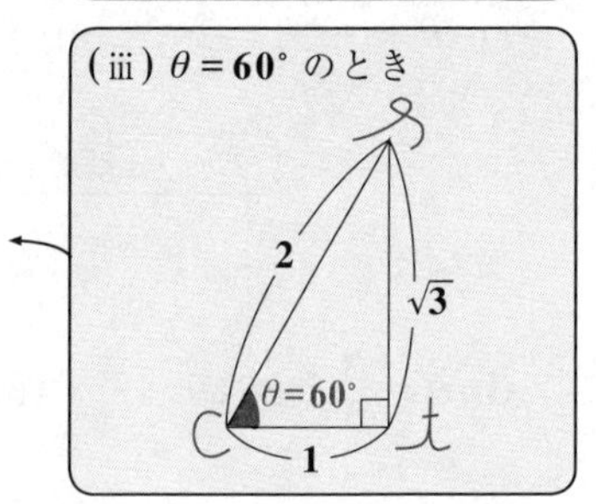

$\theta=30°$, $45°$, $60°$ のときの三角比に使われる 2 種類の直角三角形は，日頃使っている三角定規(さんかくじょうぎ)と同じ形のものだから，なじみ深いはずだ。これらの値は，「$\sin45°$ は…，エ〜ッと，$\frac{1}{\sqrt{2}}$」

なんてレベルじゃなくて，「$\sin 45^\circ = \frac{1}{\sqrt{2}}$」などのように，間髪入れずサッと答えられるようになるまで，何回も練習しておくんだよ。エッ，$\theta = 30^\circ, 45^\circ, 60^\circ$ 以外の三角比の値はどうするんだって？ これについて，表1に示すような“三角比の値の表”として与えられているから，必要ならばそれを利用すればいいんだよ。

この表は，

$\theta = 0^\circ, 1^\circ, 2^\circ, \cdots, 90^\circ$

と，1° 刻み毎に各三角比の値 $\sin\theta, \cos\theta, \tan\theta$ を小数第5位を四捨五入して，小数第4位まで表しているんだね。具体的に，この表から，例えば次のように三角比の値が分かるだろう。

$\sin 8^\circ = 0.1392$

$\cos 87^\circ = 0.0523$

$\tan 12^\circ = 0.2126$

これで，この表の利用の仕方も分かった？ 試験では，$\theta = 30^\circ, 45^\circ, 60^\circ$ とそれに関連する角度以外の角度の三角比が問われることはほとんどないんだけれど，もし問われたなら，この“三角比”の表が与えられるはずだ。だから，これらの表の値は覚えておく必要はないんだよ。

まず，絶対覚えておかないといけないものは $\theta = 30^\circ, 45^\circ, 60^\circ$ の三角比の値なんだね。これを，表1とは形式が異なるけれども，表2にまとめておいた。何度でも反復練習して，シッカリ覚えておくんだよ。

表1　三角比の値

角	正弦 (sin)	余弦 (cos)	正接 (tan)
0°	0.0000	1.0000	0.0000
1°	0.0175	0.9998	0.0175
2°	0.0349	0.9994	0.0349
3°	0.0523	0.9986	0.0524
4°	0.0698	0.9976	0.0699
5°	0.0872	0.9962	0.0875
6°	0.1045	0.9945	0.1051
7°	0.1219	0.9925	0.1228
8°	0.1392	0.9903	0.1405
9°	0.1564	0.9877	0.1584
10°	0.1736	0.9848	0.1763
11°	0.1908	0.9816	0.1944
12°	0.2079	0.9781	0.2126
13°	0.2250	0.9744	0.2309
…	……	……	……
86°	0.9976	0.0698	14.3007
87°	0.9986	0.0523	19.0811
88°	0.9994	0.0349	28.6363
89°	0.9998	0.0175	57.2900
90°	1.0000	0.0000	存在しない

表2　三角比の値（絶対暗記！）

三角比 \ θ	30°	45°	60°
$\sin\theta$	$\frac{1}{2}$	$\frac{1}{\sqrt{2}}$	$\frac{\sqrt{3}}{2}$
$\cos\theta$	$\frac{\sqrt{3}}{2}$	$\frac{1}{\sqrt{2}}$	$\frac{1}{2}$
$\tan\theta$	$\frac{1}{\sqrt{3}}$	1	$\sqrt{3}$

それでは，練習問題をやっておこう。

練習問題 28 三角比の利用 CHECK 1 CHECK 2 CHECK 3

右図に示すように，タワーから 1100m 離れた測定点 B からタワーの先端 A を見上げた角度（仰角（ぎょうかく））が 30° であった。ただし，測定点 B は地面より 1m の高さである。このとき，このタワーの高さ h(m) を求めよ。

三角比を測量に利用する，典型的な問題なんだよ。$\tan 30° = \frac{1}{\sqrt{3}}$ を使えばタワーの高さが分かるはずだ。

図に示すように，測定点 B からタワーの先端 A を通る鉛直線に下（お）ろした垂線の足を C とおくと，$AC = h - 1$(m) となるのは大丈夫だね。

よって，△ABC は，

$BC = 1100$m，$AC = h - 1$(m)，そして，

$\angle ABC = 30°$，$\angle BCA = 90°$ の直角三角形である。よって，三角比の定義より，

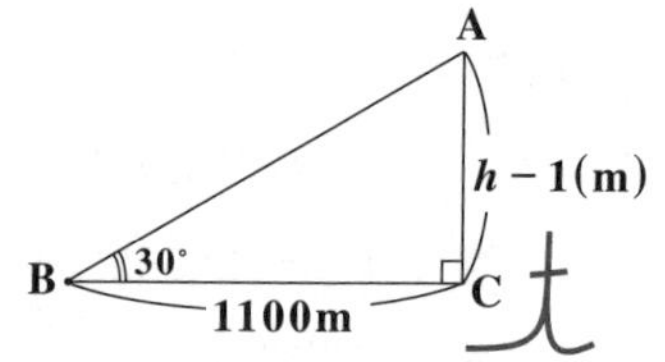

$\tan 30° = \frac{h-1}{1100}$ ……① となる。

ここで，「$\tan 30°$… ，え～と $\frac{1}{\sqrt{3}}$」じゃなくて，$\tan 30° = \frac{1}{\sqrt{3}}$ ……② とサクッと言えるようにしておくんだよ。後は，②を①に代入して，

$$\frac{1}{\sqrt{3}} = \frac{h-1}{1100},\quad h - 1 = \frac{1100}{\sqrt{3}},\quad h - 1 = \frac{1100\sqrt{3}}{3}$$

（分子・分母に $\sqrt{3}$ をかけて有理化した。）

$\therefore h = \frac{1100\sqrt{3}}{3} + 1 = \frac{1100\sqrt{3}+3}{3}$ (m) と答えが出てくるんだね。

（これは約 636m のこと（スカイツリー (634m) 位のタワー））

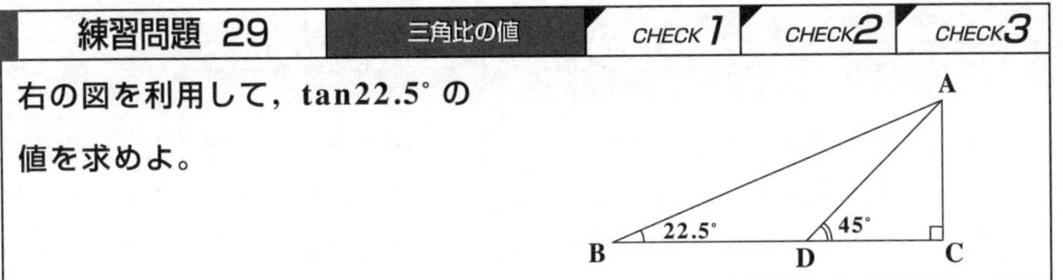

ん？ 辺の長さが何も与えられてないから解けないって？ オイオイ，もう忘れたのか？ 三角比はサイズに無関係だから，大きさなんてどうでもいいんだよ。だから，AC = 1 とでもおいて解けばいいんだよ。

ここで，AC = 1 とおくと，△ADC は辺の比が $1:1:\sqrt{2}$ の直角三角形なので，DC = 1，AD = $\sqrt{2}$ となる。(図(i)参照)

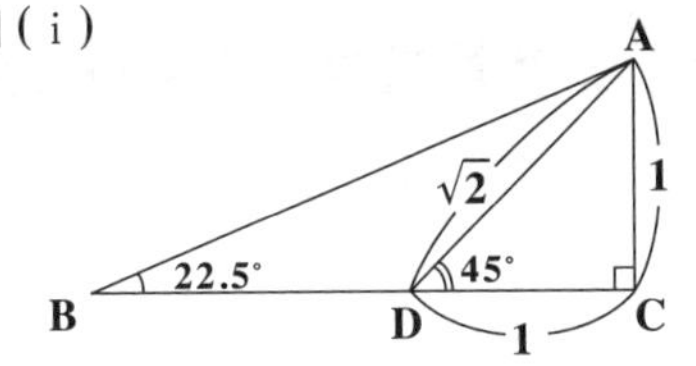

次，図(ii)に示すように，△ABD の2つの内角の和 ∠ABD (22.5°) + ∠BAD は，その外角 ∠ADC (45°) に等しいので，∠BAD = 22.5° となる。よって，△ABD は DA = DB = $\sqrt{2}$ の二等辺三角形である。ここまでは大丈夫？

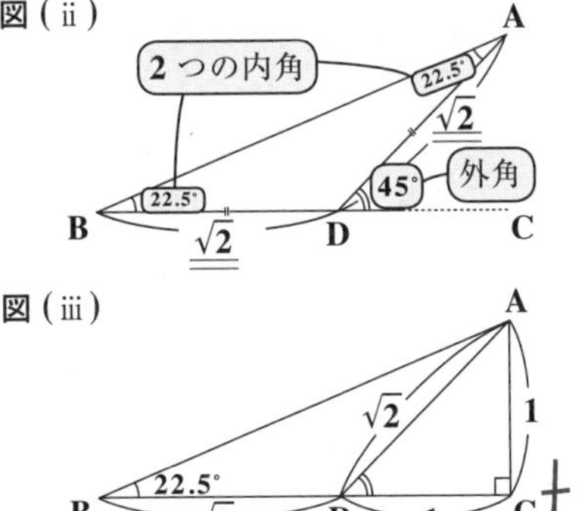

後は，もう一度，直角三角形 ABC で見ると，BC = $\sqrt{2}+1$，AC = 1 より，三角比の定義から，

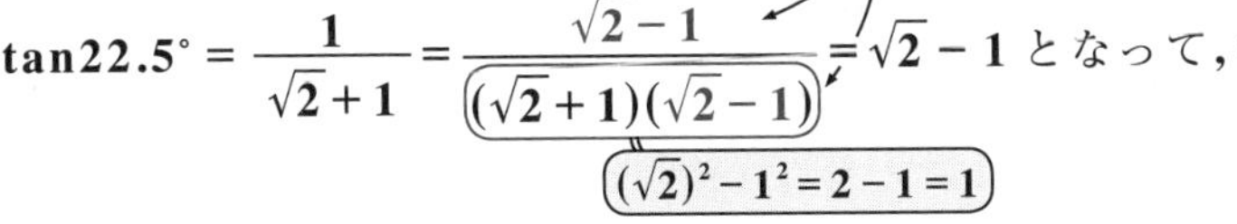

$$\tan 22.5^\circ = \frac{1}{\sqrt{2}+1} = \frac{\sqrt{2}-1}{(\sqrt{2}+1)(\sqrt{2}-1)} = \sqrt{2}-1$$ となって，答えだ！

これで，三角比の基本についての講義は終了だ。みんな，よく復習しておくんだよ。次回は，この三角比の考え方をさらに発展させよう。それじゃ，みんな元気でな！

13th day　三角比の拡張，三角比の公式

今日で，三角比の講義も **2** 日目だね。前回は $\sin\theta$ などの三角比を直角三角形で定義した。今回は，この三角比をさらに拡張することにしよう。ここでいう“拡張”とは角度 θ の範囲を広げて三角比を定義しなおすということなんだよ。そのために，上半円を使うことになる。

さらに，$\cos^2\theta+\sin^2\theta=1$ や，$\sin(90°-\theta)=\cos\theta$ などなど，三角比のさまざまな公式についても解説するつもりだ。エッ，難しそうだって？ 大丈夫！ 今回も分かりやすく解説していくからね。

● 三角比を半円を使って拡張しよう！

前回，図 **1** に示すように，**3** 辺の長さが a，b，c（c：斜辺）の直角三角形 **ABC** を使って，三角比：

$$\sin\theta=\frac{b}{c},\ \cos\theta=\frac{a}{c},\ \tan\theta=\frac{b}{a}$$

を定義したんだね。でも，これで定義できる三角比の角度 θ の範囲には，$0°<\theta<90°$ の制約条件が付く。直角三角形だから当然だね。

この角度 θ の範囲を $0°\leqq\theta\leqq180°$ まで広げて三角比を定義しなおすことが“三角比の拡張”と呼ばれるものなんだ。そのために，図 **1**（ⅱ）に示すように，図（ⅰ）の直角三角形の **3** つの頂点 **A, B, C** を，それぞれ **P, O, Q** とおき，また **3** 辺 a, b, c もそれぞれ x, y, r におきかえる。

図 1　上半円を使った三角比の定義

（ⅰ）

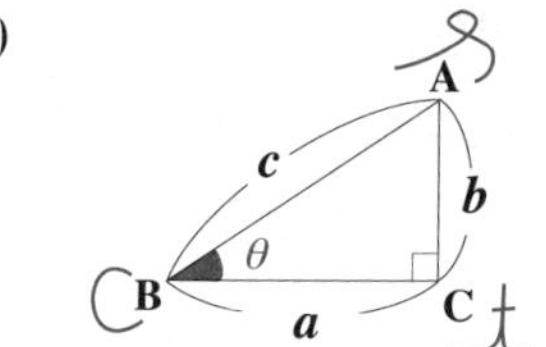

（ⅱ）

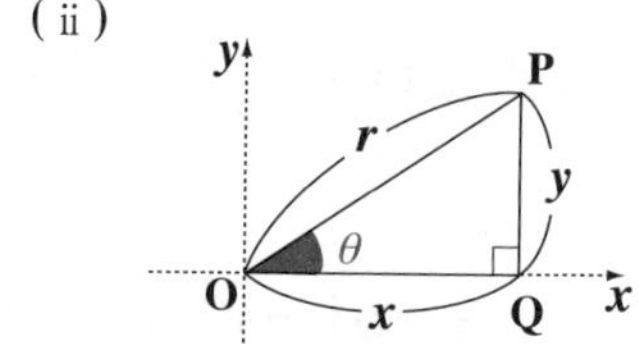

（ⅲ）

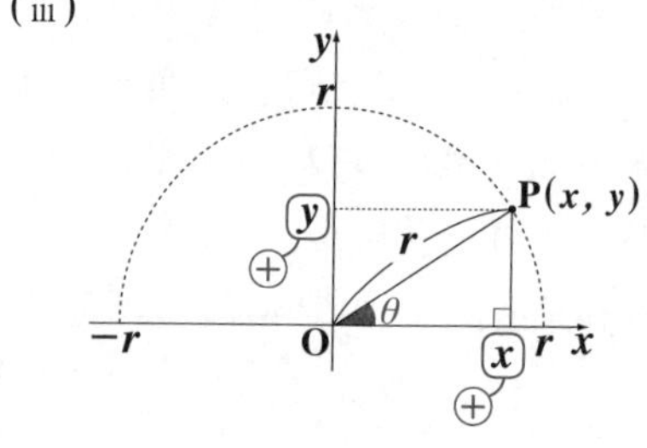

そして，**O** を原点に，辺 **OQ** を x 軸と一致するように，直角三角形 **POQ** を xy 座標平面上におく。すると，図 **1**（ⅲ）に示すように，点 **P** は座標 $\mathbf{P}(x,\ y)$ で表される半径 r の円周上の点になることが分かるね。そして，**OP** と x 軸の正の向きとのなす角を θ とおくと，θ が変化すれば，線分 **OP** が動くので，

OP は動く半径，すなわち“**動径**”と呼ばれることも覚えておこう。

このとき，角度 θ についての **3** つの三角比 $\sin\theta$, $\cos\theta$, $\tan\theta$ はどうなると思う？ ン？ 難しく考えることはないよ。図**1**(ⅰ)でやったのと同様に，図**1**(ⅲ)においても，筆記体 s, c, t で考えればいいんだね。だから…，$\sin\theta=\dfrac{y}{r}$, $\cos\theta=\dfrac{x}{r}$, そして $\tan\theta=\dfrac{y}{x}$ $(x\neq0)$ となるんだね。ここで，r は半径だから，常に $r>0$ ということも覚えておいてくれ。

さァ，ここまでくると，この場合，動径 **OP** は図 **2** に示すように θ が $90°$ 以上になっても三角比 $\sin\theta$, $\cos\theta$, $\tan\theta$ を定義できるんだね。つまり，θ を $0°\leqq\theta\leqq180°$ の範囲にまで拡張して，三角比を定義できるようになったんだ。図 **1**(ⅲ) と図 **2** に示すように，

(ⅰ) $0°<\theta<90°$ のとき，x と y は共に正だけれど，

(ⅱ) $90°<\theta<180°$ のとき，x は負，y は正になることに気を付けよう。

図 2　三角比の拡張

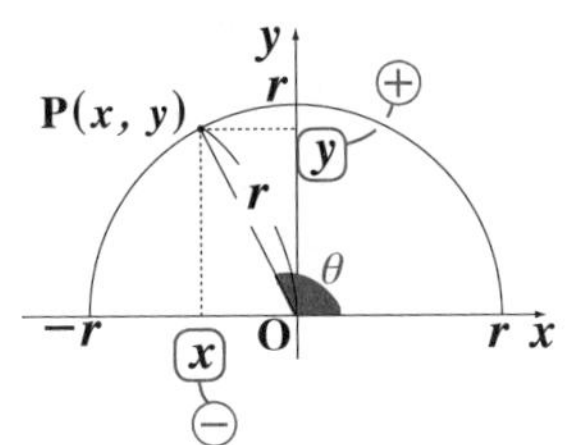

図 3　第 1 象限と第 2 象限

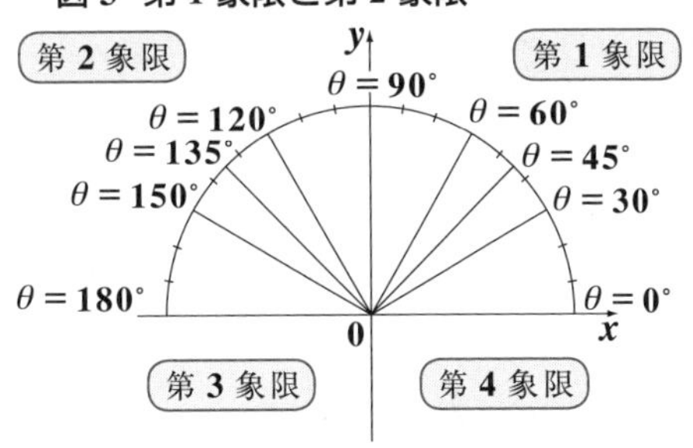

そして，図 **3** に示すように $0°<\theta<90°$ の範囲の角度 θ を“**第 1 象限の角**(だいいちしょうげんのかく)”，または“**鋭角**(えいかく)”と呼び，$90°<\theta<180°$ の範囲の角度 θ を“**第 2 象限の角**(だいにしょうげんのかく)”，または“**鈍角**(どんかく)”ということも覚えておこう。また，図 **3** には，$\theta=0°$, $30°$, $45°$, $60°$, $90°$, $120°$, $135°$, $150°$, $180°$ の主要な角度と，それぞれの動径の位置を示し，今回は関係ないけれど，第 **3** 象限と第 **4** 象限の位置も示しておいた。

それでは，半径 r の半円による拡張された三角比の定義を次にまとめて示そう。

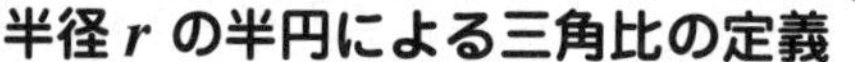

半径 r の半円による三角比の定義

$\sin\theta = \frac{y}{r}$，　$\cos\theta = \frac{x}{r}$，　$\tan\theta = \frac{y}{x}$ $(x \neq 0)$

$(0° \leqq \theta \leqq 180°)$

ここで，三角比は図形の大きさ(サイズ)には無関係であることを思い出してくれ。これは，今回の半径 r の半円による定義でも当てはまる。だから，この半径 r は，2 でも $\sqrt{2}$ でも，自由に値をとることができるんだ。

「であるなら，$r=1$ でもいいじゃないか！」と考え付いた人いない？半径 $r=1$ の円のことを特に"**単位円**(たんいえん)"というんだけれど，当然，この単位円でも三角比を定義することができる。これが，最も洗練された三角比の定義と言っていいと思うよ。

半径 1 の半円による三角比の定義

半径 1 の半円により，三角比を次のように定義する。

$\sin\theta = y$，　$\cos\theta = x$，　$\tan\theta = \frac{y}{x}$ $(x \neq 0)$

（y は $\frac{y}{1}$ のこと，x は $\frac{x}{1}$ のこと）

$(0° \leqq \theta \leqq 180°)$

$r=1$ だと，$\sin\theta$ は点 P の y 座標，$\cos\theta$ は点 P の x 座標そのものになってしまうんだね。きわめて，シンプルになっただろう。これから，θ が，(ⅰ)第 1 象限の角(鋭角)か，(ⅱ)第 2 象限の角(鈍角)かによって，三角比の符号が，図 4 に示すように決まってしまうんだよ。第 1 象限の角 θ に対しては，sin，cos，tan のいずれも正(⊕)になるんだね。これに対して，第 2 象限の角 θ については，sin は正(⊕)だけど，cos と tan は共に負(⊖)になる。

図 4　三角比の符号

第 2 象限		第 1 象限	
$\sin\theta = y$	⊕	$\sin\theta = y$	⊕
$\cos\theta = x$	⊖	$\cos\theta = x$	⊕
$\tan\theta = \frac{y}{x}$	⊖	$\tan\theta = \frac{y}{x}$	⊕

$x<0$，$y>0$ より，$\tan\theta = \frac{⊕}{⊖} = ⊖$ となる！

これもとても大事だから，よ～く頭に入れておくんだよ。

● 絶対暗記の三角比の値も拡張しよう！

準備が整ったので，$\theta = 0°, 30°, 45°, 60°, 90°, 120°, 135°, 150°, 180°$ のときの三角比の値を具体的に求めてみるよ。そして，求めたこれらの三角比の値は，試験でいつも問われるものばかりだから，$\theta = 30°, 45°, 60°$ のときの三角比の値と共に，シッカリ覚えておこう！

図5　三角比の値

(Ⅰ) まず，$\theta = 0°, 90°, 180°$ の三角比を求めよう。

これは，図5の半径 $r = 1$ の半円で考えると，

(ⅰ) $\theta = 0°$ のとき，$P(1, 0)$ より，

$x = 1,\ y = 0$ だ。

$$\therefore \sin 0° = \underbrace{0}_{y},\ \cos 0° = \underbrace{1}_{x},\ \tan 0° = \underbrace{0}_{\frac{y}{x} = \frac{0}{1}}$$

(ⅰ) $\theta = 0°$ のとき

(ⅱ) $\theta = 90°$ のとき，$P(0, 1)$ より，

$x = 0,\ y = 1$ だ。

$$\therefore \sin 90° = \underbrace{1}_{y},\ \cos 90° = \underbrace{0}_{x},\ \tan 90°\ は$$

存在しない！

$\frac{y}{x} = \frac{1}{0}$ となって，分母に0がきてはいけない

(ⅱ) $\theta = 90°$ のとき

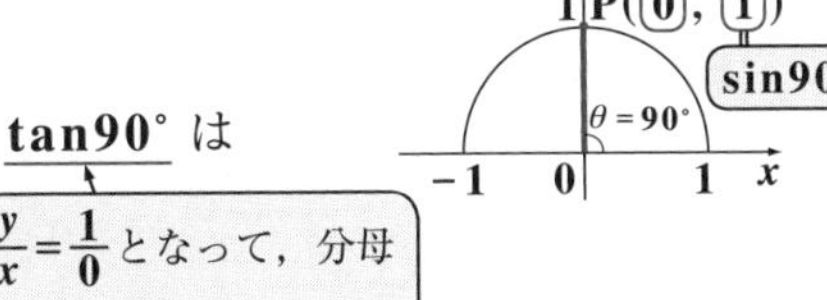

(ⅲ) $\theta = 180°$ のとき，$P(-1, 0)$ より，

$x = -1,\ y = 0$ だね。

$$\therefore \sin 180° = \underbrace{0}_{y},\ \cos 180° = \underbrace{-1}_{x},\ \tan 180° = \underbrace{0}_{\frac{y}{x} = \frac{0}{-1}}$$

(ⅲ) $\theta = 180°$ のとき

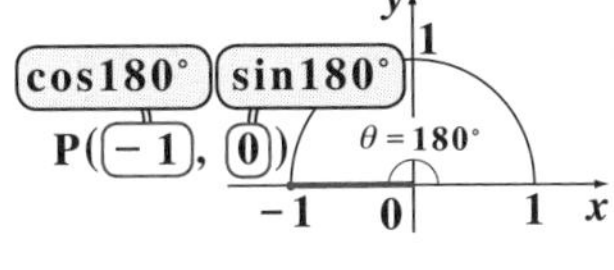

(Ⅱ) 次，$\theta = 120°$ の三角比を求めよう。

図6に示すように，半径 $r = 2$ の半円で考える。

$\theta = 120°$ のとき，$P(-1, \sqrt{3})$ より，

$x = -1,\ y = \sqrt{3}$

$$\therefore \sin 120° = \underbrace{\frac{\sqrt{3}}{2}}_{\frac{y}{r}},\ \cos 120° = \underbrace{-\frac{1}{2}}_{\frac{x}{r}},\ \tan 120° = \underbrace{-\sqrt{3}}_{\frac{y}{x} = \frac{\sqrt{3}}{-1}}$$

図6　$\theta = 120°$ の三角比の値

これは，第1象限の角 $\theta = 60°$ のときの $\sin 60° = \frac{\sqrt{3}}{2}$，$\cos 60° = \frac{1}{2}$，$\tan 60° = \sqrt{3}$ に対して，$\theta = 120°$ は第2象限の角なので，cos と tan の符号が，負 (⊖) になってるだけだね。

(Ⅲ) $\theta = 135°$ の三角比も求めてみよう。

図 7　$\theta = 135°$ の三角比の値

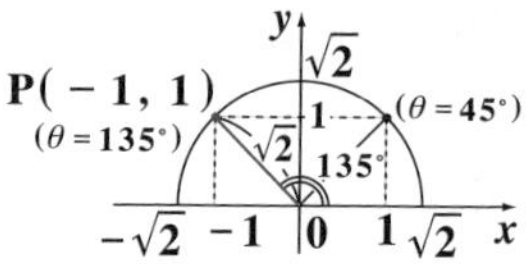

図 7 に示すように，今回は半径 $r = \sqrt{2}$ の半円で考えるといいんだね。

$\theta = 135°$ のとき，$P(-1,\ 1)$ より，

$x = -1$，$y = 1$

$\therefore \sin 135° = \frac{1}{\sqrt{2}}$，$\cos 135° = -\frac{1}{\sqrt{2}}$，$\tan 135° = -1$

（$\frac{y}{r}$）　（$\frac{x}{r}$）　（$\frac{y}{x} = \frac{1}{-1}$）

これは，第 1 象限の角 $\theta = 45°$ のときの $\sin 45° = \frac{1}{\sqrt{2}}$，$\cos 45° = \frac{1}{\sqrt{2}}$，$\tan 45° = 1$ に対して，$\theta = 135°$ は第 2 象限の角なので，cos と tan の符号が，負 (⊖) になってるだけだね。

(Ⅳ) 最後に，$\theta = 150°$ の三角比を求めよう。

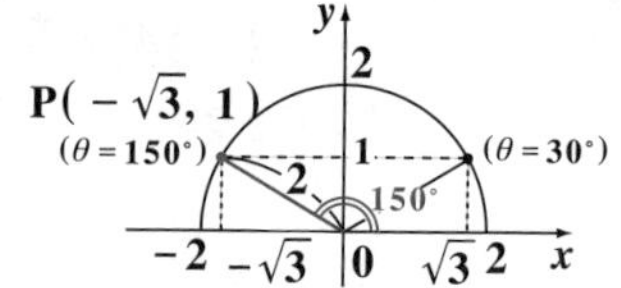

図 8　$\theta = 150°$ の三角比の値

図 8 に示すように，半径 $r = 2$ の半円で考える。$\theta = 150°$ のとき，$P(-\sqrt{3},\ 1)$ より，

$x = -\sqrt{3}$，$y = 1$

$\therefore \sin 150° = \frac{1}{2}$，$\cos 150° = -\frac{\sqrt{3}}{2}$，$\tan 150° = -\frac{1}{\sqrt{3}}$

（$\frac{y}{r}$）　（$\frac{x}{r}$）　（$\frac{y}{x} = \frac{1}{-\sqrt{3}}$）

これは，第 1 象限の角 $\theta = 30°$ のときの $\sin 30° = \frac{1}{2}$，$\cos 30° = \frac{\sqrt{3}}{2}$，$\tan 30° = \frac{1}{\sqrt{3}}$ に対して，$\theta = 150°$ は第 2 象限の角なので，cos と tan の符号が，負 (⊖) になってるだけだね。

第 1 象限の角と第 2 象限の角について，cos と tan の符号は異なるけれど，(Ⅱ) $\theta = 60°$ と $\theta = 120°$，(Ⅲ) $\theta = 45°$ と $\theta = 135°$，そして(Ⅳ) $\theta = 30°$ と $\theta = 150°$ のそれぞれの三角比の絶対値が等しいことが分かったと思う。つまり，ペアで覚えればいいってことだね。それじゃ，前回勉強した分と合わせて，覚えておかないといけない三角比の値を表にして次に示すよ。

これらは，試験では頻出だから，たとえば，「sin135° は？」と問われたら，「え～っと，… $\frac{1}{\sqrt{2}}$」とかではなく，瞬時に答えられるように練習しておこう。これまでの解説で使った半円の図を常に頭に浮かべられるようにしておくといいね。

表 1　三角比の値（絶対暗記）

θ	$0°$	$30°$	$45°$	$60°$	$90°$	$120°$	$135°$	$150°$	$180°$
sin	0	$\frac{1}{2}$	$\frac{1}{\sqrt{2}}$	$\frac{\sqrt{3}}{2}$	1	$\frac{\sqrt{3}}{2}$	$\frac{1}{\sqrt{2}}$	$\frac{1}{2}$	0
cos	1	$\frac{\sqrt{3}}{2}$	$\frac{1}{\sqrt{2}}$	$\frac{1}{2}$	0	$-\frac{1}{2}$	$-\frac{1}{\sqrt{2}}$	$-\frac{\sqrt{3}}{2}$	-1
tan	0	$\frac{1}{\sqrt{3}}$	1	$\sqrt{3}$	/	$-\sqrt{3}$	-1	$-\frac{1}{\sqrt{3}}$	0

ペア（60°と120°）　ペア（45°と135°）　ペア（30°と150°）

表が大きくなって，覚えることが多そうだけど，第 **1** 象限と第 **2** 象限のそれぞれのペアの角度の三角比の値を覚えればいいんだね。今日の夜はこれを唱えながら眠るといいよ。記憶ものって，寝る前に覚えるのが，**1** 番効率がいいみたいだからね。

それでは，例題で練習しておこう。

(a) $\sin120°\cdot\cos60°-\cos150°\cdot\tan45°$ の値を求めよう。

$\sin120°=\frac{\sqrt{3}}{2}$，$\cos60°=\frac{1}{2}$，$\cos150°=-\frac{\sqrt{3}}{2}$，$\tan45°=1$ より，

与式 $=\frac{\sqrt{3}}{2}\times\frac{1}{2}-\left(-\frac{\sqrt{3}}{2}\right)\times1=\frac{\sqrt{3}}{4}+\frac{\sqrt{3}}{2}=\frac{3\sqrt{3}}{4}$ となるね。

（$\frac{\sqrt{3}}{2}=\frac{2\sqrt{3}}{4}$）

与式：“与えられた式”という意味

(b) $\dfrac{\cos135°}{\sin150°}-\dfrac{\cos30°}{\tan120°}$ の値を求めよう。

$\cos135°=-\frac{1}{\sqrt{2}}$，$\sin150°=\frac{1}{2}$，$\cos30°=\frac{\sqrt{3}}{2}$，$\tan120°=-\sqrt{3}$ より，

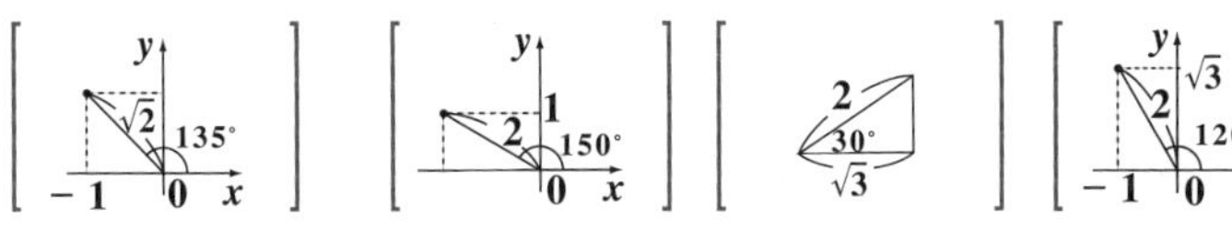

$$与式=\frac{-\frac{1}{\sqrt{2}}}{\frac{1}{2}}-\frac{\frac{\sqrt{3}}{2}}{-\sqrt{3}}=-\frac{2}{\sqrt{2}}+\frac{\sqrt{3}}{2\sqrt{3}}=-\sqrt{2}+\frac{1}{2}=\frac{1-2\sqrt{2}}{2}$$ となる。

(分母の分母は上へ)(分子の分母は下へ)(分子の分母は下へ)

今は，複雑な計算に思えるかも知れないけど，これも慣れだから，スラスラできるようになるまで頑張るんだよ。

● 三角比の基本公式をマスターしよう！

これまで勉強した3つの三角比 $\sin\theta$, $\cos\theta$, $\tan\theta$ の間には相互関係があるんだよ。この三角比の相互関係のことを，ここでは"三角比の基本公式"と呼ぶことにするよ。まず，この基本公式を下に示そう。

三角比の基本公式

(i) $\cos^2\theta+\sin^2\theta=1$

(ii) $\tan\theta=\frac{\sin\theta}{\cos\theta}$ $(\theta \neq 90°)$

("子分の沢田"と覚えよう！)

(iii) $1+\tan^2\theta=\frac{1}{\cos^2\theta}$ $(\theta \neq 90°)$

こんな公式がどこから出てきたかって？ これは，半径1の円(単位円)を使った三角比の定義から，導き出していけるんだ。

図9 三角比の基本公式

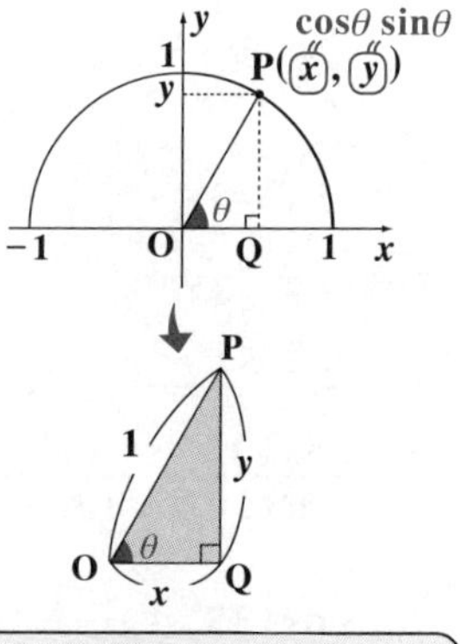

(i) 図9に示すように，半径1の円を使って三角比を定義すると，動径OPの点 $P(x, y)$ の x 座標，y 座標がストレートに，それぞれ $\cos\theta$, $\sin\theta$ を表すので，

$$\begin{cases} x=\cos\theta \\ y=\sin\theta \end{cases} \cdots\cdots ①$$ となるね。

また，直角三角形OPQに三平方の定理を用いると，

$x^2+y^2=1$ (1^2) ……② となる。

(θ が，第2象限の角のとき，$x<0$ となるけれど，$x^2>0$ なので，②は $x<0$ のときも成り立つ！)

よって，①を②に代入すると，

$(\cos\theta)^2+(\sin\theta)^2=1$ $\therefore \cos^2\theta+\sin^2\theta=1$ と，(i)の基本公式が

導けるんだね。

ここで，$(\cos\theta)^2$ を $\cos^2\theta$ と，また $(\sin\theta)^2$ を $\sin^2\theta$ と表すことも，約束事だから，覚えておいてくれ。エッ，2 乗の位置が変だ，何故そうなるのか分からんって？ いいよ，解説しよう。たとえば，$\theta = 30°$ のとき，$\cos 30° = \dfrac{\sqrt{3}}{2}$ だね。この両辺を 2 乗すると，

$(\cos 30°)^2 = \left(\dfrac{\sqrt{3}}{2}\right)^2 = \dfrac{3}{4}$ となる。ここでもし，$(\cos 30°)^2 = \cos 30°^2$ と表したとすると，角度 30° を 2 乗して，

$(\cos 30°)^2 = \cos 900°$ と間違えるかも知れないだろう。

だから，$(\cos 30°)^2 = \cos^2 30°$ と表すように，決めたんだろうね。

以上より，$(\cos\theta)^2 = \cos^2\theta$，$(\sin\theta)^2 = \sin^2\theta$，$(\tan\theta)^2 = \tan^2\theta$ などと表す。

(ⅱ) 図 9 のように，半径 1 の半円で三角比を定義すると，$\tan\theta$ は

$\tan\theta = \dfrac{y}{x}$ ……③ となるんだったね。（$y = \sin\theta$，$x = \cos\theta$）

これに①を代入して，$\tan\theta = \dfrac{\sin\theta}{\cos\theta}$ となる。

ここで，$\theta = 90°$ のとき，$\cos 90° = 0$ となって，分母に 0 が出てくるので，このとき $\tan\theta$ は定義できないね。よって，$\theta \neq 90°$ の条件が付く。

これで，$\tan\theta = \dfrac{\sin\theta}{\cos\theta}$ $(\theta \neq 90°)$ の (ⅱ) の基本公式も導けた！

この公式は“子分の沢田”と覚えるといいよ。その心は“コ分のサはタ”，つまり，“cos 分の sin は tan”って，ことなんだ。大丈夫？

(ⅲ) の公式は，(ⅰ) $\cos^2\theta + \sin^2\theta = 1$ と (ⅱ) $\tan\theta = \dfrac{\sin\theta}{\cos\theta}$ の 2 つの公式から導ける。$\theta \neq 90°$，すなわち $\cos\theta \neq 0$ として，(ⅰ) の公式の両辺を $\cos^2\theta$ $(\neq 0)$ で割ると，

$$\frac{\cos^2\theta + \sin^2\theta}{\cos^2\theta} = \frac{1}{\cos^2\theta}, \quad \underbrace{\frac{\cos^2\theta}{\cos^2\theta}}_{1} + \underbrace{\frac{\sin^2\theta}{\cos^2\theta}}_{\left(\frac{\sin\theta}{\cos\theta}\right)^2 = (\tan\theta)^2 = \tan^2\theta\ \ ((ⅱ)より)} = \frac{1}{\cos^2\theta}$$

∴(ⅱ)より，$1+\tan^2\theta=\dfrac{1}{\cos^2\theta}$ $(\theta \fallingdotseq 90°)$と，(ⅲ)の公式も導けるんだね。

この3つの基本公式(ⅰ) $\cos^2\theta+\sin^2\theta=1$，(ⅱ) $\tan\theta=\dfrac{\sin\theta}{\cos\theta}$，

(ⅲ) $1+\tan^2\theta=\dfrac{1}{\cos^2\theta}$ は，$0° \leqq \theta \leqq 180°$ の範囲のどんな角 θ についても

成り立つんだよ。(ただし，(ⅱ)，(ⅲ)では，$\theta \fallingdotseq 90°$ とする。)

ンッ，実際に確かめたいって？ いいよ，$\theta=120°$ のときでやってみようか？

$\cos120°=-\dfrac{1}{2}$，$\sin120°=\dfrac{\sqrt{3}}{2}$，$\tan120°=-\sqrt{3}$ だったね。それじゃ，

1つ1つ確かめていこう。

まず，(ⅰ) $\cos^2 120°+\sin^2 120°=(\underbrace{\cos120°}_{-\frac{1}{2}})^2+(\underbrace{\sin120°}_{\frac{\sqrt{3}}{2}})^2$

$$=\left(-\frac{1}{2}\right)^2+\left(\frac{\sqrt{3}}{2}\right)^2=\frac{1}{4}+\frac{3}{4}=\frac{1+3}{4}=1$$

よって，$\cos^2 120°+\sin^2 120°=1$ が成り立ってるね。

次，(ⅱ) $\dfrac{\sin120°}{\cos120°}=\dfrac{\frac{\sqrt{3}}{2}}{-\frac{1}{2}}=-\dfrac{2\sqrt{3}}{2}=-\sqrt{3}$，また，$\tan120°=-\sqrt{3}$ より，

分子の分母は下へ　分母の分母は上へ

$\tan120°=\dfrac{\sin120°}{\cos120°}$ も成り立つのが分かる。

“子分の沢田”だ

最後に，(ⅲ) $1+\tan^2 120°=1+(-\sqrt{3})^2=1+3=4$ だし，

$\dfrac{1}{\cos^2 120°}=\dfrac{1}{\left(-\frac{1}{2}\right)^2}=\dfrac{1}{\frac{1}{4}}=4$ となるから，

分母の分母は上へ

$1+\tan^2 120°=\dfrac{1}{\cos^2 120°}$ も成り立つことが確認できた！

それでは，三角比の基本公式を使って，次の練習問題を解いてごらん。

練習問題 30	三角比の基本公式	CHECK 1	CHECK 2	CHECK 3

(1) $\sin\theta+\cos\theta=-\frac{1}{2}$ のとき，次の式の値を求めよ。

（ｉ）$\sin\theta\cdot\cos\theta$　　（ⅱ）$\tan\theta+\frac{1}{\tan\theta}$

(2) $\tan\alpha=2$ のとき，$\frac{1}{2}\left(\frac{1}{1-\sin\alpha}+\frac{1}{1+\sin\alpha}\right)$ の値を求めよ。

(1) $\sin\theta+\cos\theta$ の値が与えられていれば，その両辺を 2 乗して，$\sin\theta\cdot\cos\theta$ の値を求めることが出来るんだよ。(2) では，公式 $1+\tan^2\alpha=\frac{1}{\cos^2\alpha}$ を使う。頑張ろう！

(1) $\sin\theta+\cos\theta=-\frac{1}{2}$ ……①　←〔これから，θ の値を求めようと頑張る必要はないよ！〕

（ｉ）①の両辺を 2 乗して，

$$(\sin\theta+\cos\theta)^2=\left(-\frac{1}{2}\right)^2,\quad \underbrace{\sin^2\theta+2\sin\theta\cos\theta+\cos^2\theta}_{}=\frac{1}{4}$$

〔$\sin^2\theta+\cos^2\theta$ ＝ 1（公式(ｉ)より)〕

$$1+2\sin\theta\cos\theta=\frac{1}{4},\quad 2\sin\theta\cos\theta=\frac{1}{4}-1=-\frac{3}{4}$$

$$\therefore\ \sin\theta\cos\theta=-\frac{3}{8}$$ ……………………………(答)

（ⅱ）$\tan\theta+\frac{1}{\tan\theta}=\frac{\sin\theta}{\cos\theta}+\frac{\cos\theta}{\sin\theta}=\frac{\sin^2\theta+\cos^2\theta}{\sin\theta\cos\theta}$

〔$\frac{\sin\theta}{\cos\theta}$ ＝ $\tan\theta$（公式(ⅱ)）〕〔$\frac{\cos\theta}{\sin\theta}$ ＝ $\tan\theta$ の逆数〕〔$\sin^2\theta+\cos^2\theta$ ＝ 1〕〔$\sin\theta\cos\theta$ ＝ $-\frac{3}{8}$（(ｉ)の結果より)〕

$$\therefore\ \tan\theta+\frac{1}{\tan\theta}=\frac{1}{-\frac{3}{8}}=-\frac{8}{3}$$ ……………………………(答)

〔分母の分母は上へ〕

(2) $\tan\alpha = 2$ のとき,

$$\frac{1}{2}\left(\frac{1}{1-\sin\alpha}+\frac{1}{1+\sin\alpha}\right)=\frac{1}{2}\cdot\frac{1+\sin\alpha+1-\sin\alpha}{(1-\sin\alpha)(1+\sin\alpha)}$$

$$1^2-\sin^2\alpha=1-\sin^2\alpha=\cos^2\alpha\ (\because \sin^2\alpha+\cos^2\alpha=1)$$

$$=\frac{1}{2}\cdot\frac{2}{\cos^2\alpha}=\frac{1}{\cos^2\alpha}=1+\tan^2\alpha=1+2^2=5$$ ……………………(答)

((公式(iii))

どう？ 結構手ゴワイ問題だったと思うけど, 三角比の **3** つの基本公式をうまく使って解いていくことが出来ただろう？ エッ, やっぱり難しいって？ 誰でも最初はそうだよ。でも, 繰り返し練習して, このような変形が自然に見えてくるようになれば, しめたものだ！ 頑張れ, 頑張れ !!

● $\cos(\theta+90°)$ などの変形は, 記号と符号で決まる！

それじゃ, $\cos(\theta+90°)$ や $\sin(180°-\theta)$ などの変形公式についても解説しよう。これには, 次の公式がある。

$\cos(\theta+90°)$ 等の変形公式

(Ⅰ) $90°$ の関係したもの

$$\begin{cases}\sin(90°-\theta)=\cos\theta\\ \cos(90°-\theta)=\sin\theta\\ \tan(90°-\theta)=\dfrac{1}{\tan\theta}\end{cases}\qquad\begin{cases}\sin(90°+\theta)=\cos\theta\\ \cos(90°+\theta)=-\sin\theta\\ \tan(90°+\theta)=-\dfrac{1}{\tan\theta}\end{cases}$$

(Ⅱ) $180°$ の関係したもの

$$\begin{cases}\sin(180°-\theta)=\sin\theta\\ \cos(180°-\theta)=-\cos\theta\\ \tan(180°-\theta)=-\tan\theta\end{cases}$$

これらの公式は，$90°$ や $180°$ に θ がたされたり，引かれたりしたときの三角比を，θ だけの三角比にスッキリ変形するための公式なんだね。エッ，また公式だらけでウンザリだ！って？ でも，大丈夫だよ。安心してくれ。これらの公式については，特に覚えていなくても，これから話す“記号”と“符号”の決定によって，正確に変形できる，とっておきの方法があるからだ。

まず，$\cos(\theta+90°)$ や，$\cos(180°-\theta)$ の変形では，（Ⅰ）$90°$ の関係したものと，（Ⅱ）$180°$ の関係したものの，**2** つに分類される。**1** つずつ解説していこう。

（Ⅰ）$90°$ の関係したもの（たとえば，$\sin(90°-\theta)$ や $\cos(\theta+90°)$ など）については次の手順で変形する。

90° の関係したもの

（ⅰ）記号の決定

- $\sin \longrightarrow \cos$
- $\cos \longrightarrow \sin$
- $\tan \longrightarrow \dfrac{1}{\tan}$

（ⅱ）符号（⊕，⊖）の決定

θ を第 **1** 象限の角，たとえば $\theta=30°$ とでもおいて，左辺の符号から右辺の符号を決定する。

ン？ これだけでは，何のことかよく分からんって!? 当然だね。それじゃ，これから，$\sin(90°-\theta)$ を例にとって，具体的に変形してみよう。

これはまず，$90°$ が関係しているので，

（ⅰ）$\sin \longrightarrow \cos$ となるんだね。つまり，

$\sin(90°-\theta)=\bigcirc\cos\theta$ と記号が決まる。次に，

符号（⊕，⊖）はまだ未定

（ⅱ）右辺の符号を決定しよう。

そのためには θ は，$0°<\theta<90°$ の範囲の角度であればなんでもいいんだけど，便宜上 $\theta=30°$ とすることにしよう。そして，

この左辺 $=\sin(90°-\theta)$ の符号を調べ，これが

- 正ならば，右辺の符号も正，すなわちそのままにする。
- 負ならば，右辺の符号も負，すなわち“$-$”を付ける。

$\theta = 30^\circ$ のとき，左辺 $= \sin(90^\circ - \overset{30^\circ}{\theta}) = \sin 60^\circ > 0$ より，
右辺の符号も正，すなわち，そのままでいいので，

$\sin(90^\circ - \theta) = \underline{\cos\theta}$ となる。簡単だろう。

（$+\cos\theta$ のこと）

（sin を s と略記した）

次，$\cos(\theta + 90^\circ)$ もやってみよう。90° が関係しているので，
（i）cos ⟶ sin と変形されるので，$\cos(\theta + 90^\circ) = \bigcirc\sin$ と記号が決まる。
次，（ii）$\theta = 30^\circ$ とおくと，$\cos(\theta + 90^\circ) = \cos 120^\circ < 0$ より，
右辺の符号も⊖にする。よって，

$\cos(\theta + 90^\circ) = -\sin\theta$ と変形できる。

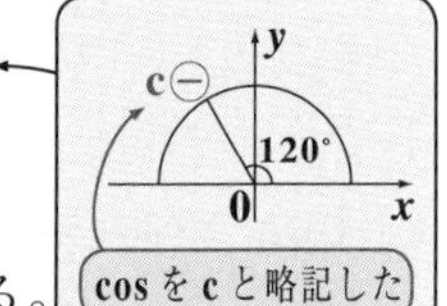

もう1つ。$\tan(\theta + 90^\circ)$ も同様に，次のように変形できる。

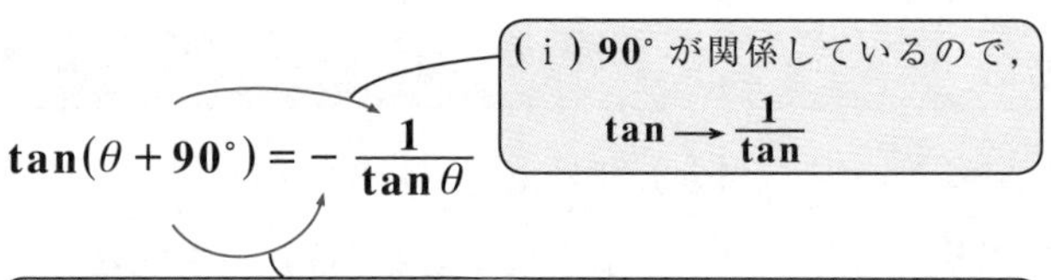

$$\tan(\theta + 90^\circ) = -\frac{1}{\tan\theta}$$

（$\theta = 30^\circ$ として，左辺 $= \tan 120^\circ < 0$　よって，右辺も⊖をつける。）

（tan を t と略記した）

どう？ 要領を覚えると，この種の変形も簡単にできることが分かっただろう？公式として覚えるより，この手順をシッカリ押さえておけばいいんだね。では，次 180° の関係したものの変形についても解説しておこう。

（II）180° の関係したもの（たとえば，$\sin(180^\circ - \theta)$ など）については，次の手順で変形できる。

180°の関係したもの

（i）記号の決定

- sin ⟶ sin
- cos ⟶ cos
- tan ⟶ tan

（180°系では記号は変化しないね！）

（ii）符号（⊕，⊖）の決定

θ を第1象限の角，たとえば $\theta = 30^\circ$ とでもおいて，左辺の符号から右辺の符号を決定する。

それでは，$\sin(180^\circ - \theta)$ を例にとって，実際に変形してみよう。これは，180° が関係しているので，

(ⅰ) sin ⟶ sin より，$\sin(180^\circ-\theta)=$ ◯ $\sin\theta$ と記号を決定できる。次に，

(ⅱ) $\theta=30^\circ$ とおいて，左辺の符号を調べると，

$\sin(180^\circ-30^\circ)=\sin150^\circ>0$ より，右辺の符号も正となる。

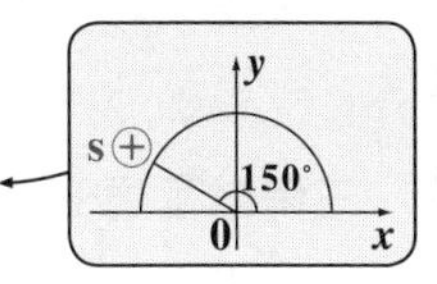

よって，$\sin(180^\circ-\theta)=\sin\theta$ と変形できるんだね。

次，$\cos(180^\circ-\theta)$ も 次のように変形できる。

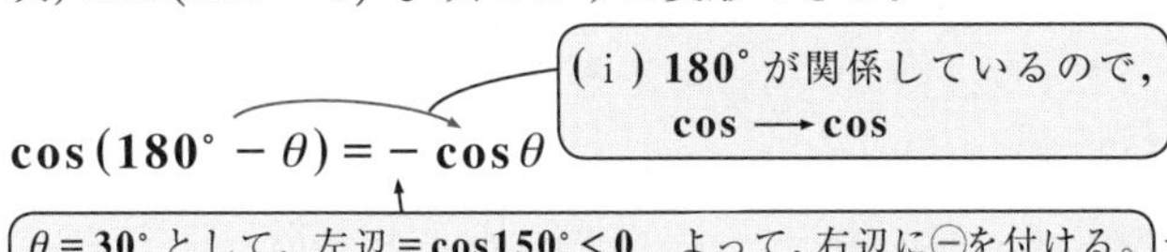

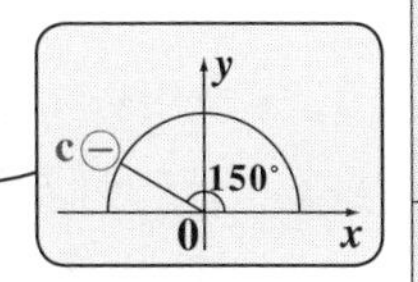

さらに，$\tan(180^\circ-\theta)$ も同様に，次のように変形できる。

(ⅰ) 180° が関係しているので，
tan ⟶ tan

$$\tan(180^\circ-\theta)=-\tan\theta$$

θ = 30° として，左辺 = tan150° < 0　よって，右辺に⊖を付ける。

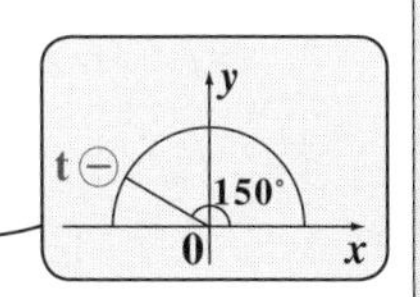

それじゃ，次の練習問題で腕だめしをしておこう。

練習問題 31　三角比の変形　CHECK 1　CHECK 2　CHECK 3

$\sin(\theta+90^\circ)\cdot\cos(180^\circ-\theta)+\cos(90^\circ-\theta)\cdot\cos(\theta+90^\circ)$ **の値を求めよ。**

90° や 180° の入った各三角比を，(ⅰ) 記号と (ⅱ) 符号を考えて変形していくんだね。

・$\sin(\theta+90^\circ)=\cos\theta$ ⟵ (ⅰ) sin → cos ，(ⅱ) $\theta=30^\circ$ として，$\sin120^\circ>0$

・$\cos(180^\circ-\theta)=-\cos\theta$ ⟵ (ⅰ) cos → cos ，(ⅱ) $\theta=30^\circ$ として，$\cos150^\circ<0$

・$\cos(90^\circ-\theta)=\sin\theta$ ⟵ (ⅰ) cos → sin ，(ⅱ) $\theta=30^\circ$ として，$\cos60^\circ>0$

・$\cos(\theta+90^\circ)=-\sin\theta$ ⟵ (ⅰ) cos → sin ，(ⅱ) $\theta=30^\circ$ として，$\cos120^\circ<0$

よって，

$$\sin(\theta+90^\circ)\cdot\cos(180^\circ-\theta)+\cos(90^\circ-\theta)\cdot\cos(\theta+90^\circ)$$

$$=\cos\theta\cdot(-\cos\theta)+\sin\theta\cdot(-\sin\theta)$$

$$=-\cos^2\theta-\sin^2\theta=-(\underbrace{\cos^2\theta+\sin^2\theta}_{1})=-1$$ と変形できる！

以上で，$\cos(\theta+90^\circ)$ や $\sin(180^\circ-\theta)$ などの変形も完璧になったはずだ！

● 三角方程式にもチャレンジしよう！

では次，教科書の範囲を少し越えるけれど，試験では頻出となるはずだから，ここで，**“三角方程式”**の問題についても解説しておこう。

三角方程式とは，三角比 $(\sin x,\ \cos x,\ \tan x)$ の入った方程式のことで，その方程式をみたす角度 x の値が解となるんだよ。そして，この解を求めることを，“三角方程式を解く”というんだよ。三角比の角度として，これまでよく θ を用いてきたけれど，三角方程式ではこの角度が未知数なので，x を用いることが多いことにも気を付けよう。

エッ，三角方程式って，難しそうって？ そんなことないよ。たとえば，

$\cos x = -\dfrac{1}{\sqrt{2}}$ ……㋐ や $\sin x = \dfrac{1}{2}$ ……㋑ （ただし，$0° \leqq x \leqq 180°$ とする）

も立派な（?）三角方程式と言えるんだよ。要するに，三角方程式って，ナゾナゾみたいなもんなんだね。$0° \leqq x \leqq 180°$ の範囲内の角度 x の中で，㋐や㋑の三角方程式をみたす x の値はなァーに？ と問いかけてきてるだけなんだね。

それじゃ，㋐の答えはどうなる？ そう，$x = 135°$ だね。
では，㋑の答えは？ エッ，$x = 30°$ だって？ 確かに，$x = 30°$ も解だけど，㋑をみたす解として，$x = 150°$ も考えられるだろう。だから，㋑の解は，

$\sin 150° = \dfrac{1}{2}$ だから。

$x = 30°$ または $150°$ と答えると，正解だったんだよ。

このような，$\sin x$ や $\cos x$ の入った三角方程式では，半径 **1** の上半円を利用すると，ヴィジュアルに状況が分かるので，間違えることなく答えを出せるんだよ。三角方程式では，角度に x を使うことが多いので，この半円の座標軸は，これと区別するために，X と Y を使えばいい。図 **10** を見てくれ。

図 10　$X = \cos x,\ Y = \sin x$ で考えよう！

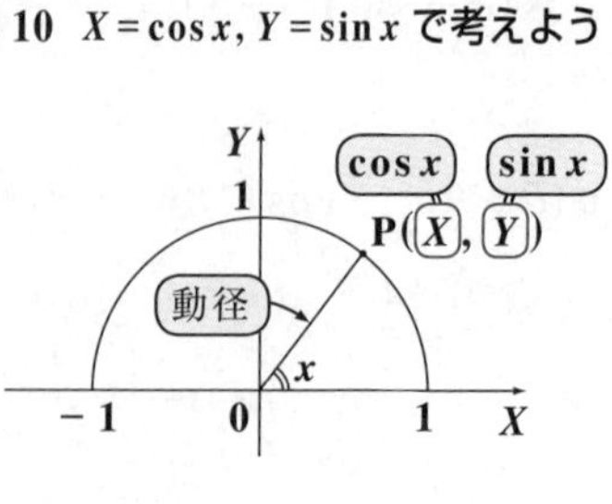

すると，車のワイパーのように動く動径（どうけい）**OP** を，X 軸の正の向きとなす角 x にとったとき，点 $P(X, Y)$ の X 座標が $\cos x$ を，そして Y 座標が $\sin x$ を表すんだったね。以上より，もう **1** 度

㋐と㋑の方程式を考えてみよう。

まず，$\cos x = -\frac{1}{\sqrt{2}}$ ……㋐ について，$\cos x$ は半径 **1** の半円周上の点 **P** の X 座標になるので，$X = -\frac{1}{\sqrt{2}}$ (X 軸に垂直な直線)とおける。図 **11** に示すように，この直線 $X = -\frac{1}{\sqrt{2}}$ と半円との交点が点 **P** であり，これから動径 **OP** と X 軸の正の向きとのなす角 x が $135°$，すなわち解 $x = 135°$ として求まるんだね。納得いった？

図 11　$\cos x = -\frac{1}{\sqrt{2}}$ の解

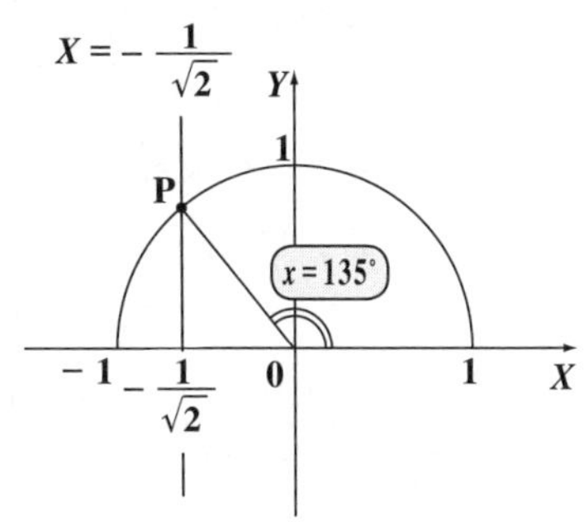

それでは，次，$\sin x = \frac{1}{2}$ ……㋑ についてもグラフで考えてみよう。$\sin x$ は半径 **1** の半円周上の点 **P** の Y 座標になるので，㋑は $Y = \frac{1}{2}$ (X 軸に平行な直線)とおけるだろ。すると，図 **12** に示すように，この直線 $Y = \frac{1}{2}$ と半円との交点 **P** が **2** つ存在するので，それぞれの動径 **OP** に対応する角度 x も **2** つ存在して，$x = 30°$ または $150°$ の解が，ヴィジュアルに導けるんだね。面白かった？

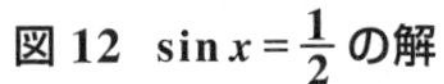
図 12　$\sin x = \frac{1}{2}$ の解

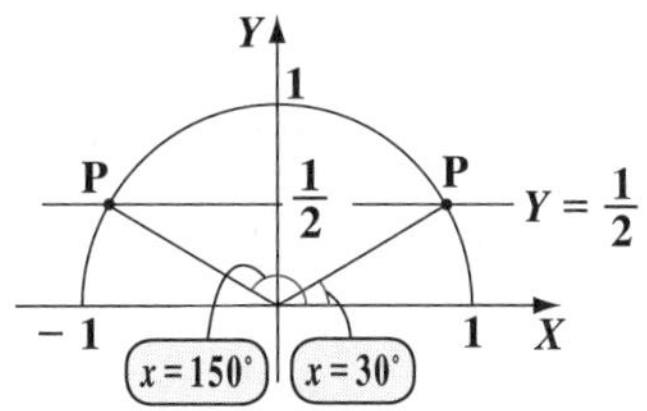

ここで，$0° \leqq x \leqq 180°$ の範囲のとき，$\cos x$ と $\sin x$ のとり得る値の範囲についても確認しておこう。図 **13** に示すように，$0° \leqq x \leqq 180°$ の範囲の x に対して，

$$\begin{cases} Y = \sin x \text{ より，} 0 \leqq \sin x \leqq 1 \\ X = \cos x \text{ より，} -1 \leqq \cos x \leqq 1 \end{cases}$$

図 13　$\sin x$ と $\cos x$ の範囲

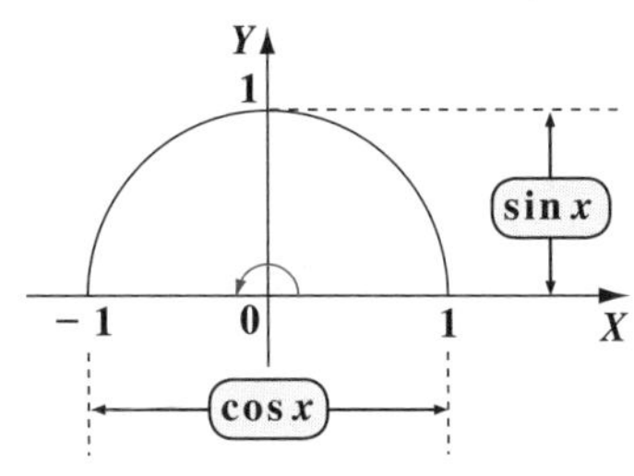

となることが分かると思う。だから，$0° \leqq x \leqq 180°$ の範囲の x について，“$\sin x = 2$ となる x を求めよ”や，“$\cos x = -3$ となる x を求めよ”と

（$\sin x$：0 以上，1 以下）（$\cos x$：-1 以上，1 以下）

言われても，それは無理な話なんだね。よって，こういう場合は，“解なし”と答えればいいんだよ。大丈夫？

以上，$\sin x$ や $\cos x$ に対して，$\tan x$ の場合，$0° \leqq x \leqq 180°$ の x に対して，$x = 90°$ では定義されていないけれど，$-\infty < \tan x < \infty$ の範囲で値をとることができる。でも，三角方程式を解く上で必要な $\tan x$ の値は，図 14 に示すように，$x = 0°$, $30°$, $45°$, $60°$, $120°$, $135°$, $150°$, $180°$ のときのものだけだから，これらをシッカリ覚えておいてくれたらいいんだよ。つまり，$0° \leqq x \leqq 180°$ $(x \neq 90°)$ の x で，方程式 $\tan x = -\sqrt{3}$ が与えられたら，この解は $x = 120°$，とすぐに答えられるように練習しておけばいいんだね。$\tan x$ の場合，特に，半径 1 の上半円は使わない。でも，$\tan x$ も XY 座標平面上で何か図形的な意味があるんじゃないかって？いい勘してるね。これについても，知識としてもっておくと，役に立つかも知れないので，簡単に解説しておこう。

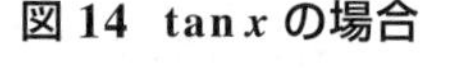
図 14 tan x の場合

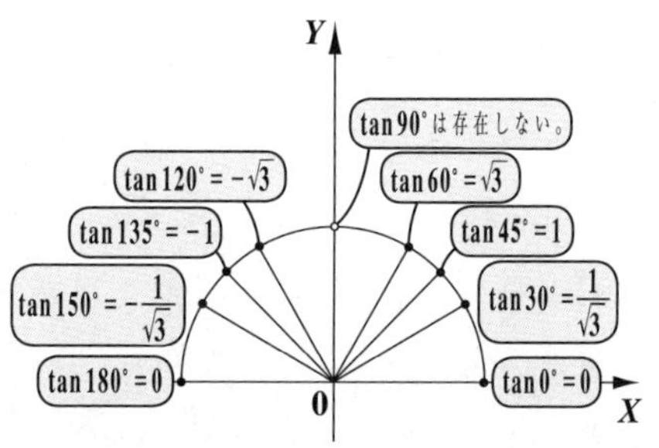

$\tan x$ は，$\tan x = \dfrac{Y}{X}$（$\dfrac{\sin x}{\cos x}$）で定義されるんだけど，$\tan x$ も図形のサイズとは無関係に，角度 x によってのみ値が定まるんだね。よって，$X = 1$ とおいても

（これは X 軸に対して垂直な直線を表す。）

てもかまわない。このとき $\tan x$ は，$\tan x = Y \left[= \dfrac{Y}{1}\right]$ となる。よって，図 15 に

示すように，角度 x によって定まる直線（動径）と直線 $X=1$（X 軸と垂直な直線）との交点 P の Y 座標そのものが，$\tan x$ になるんだね。（i）$0° \leqq x < 90°$ のときと，（ii）$90° < x \leqq 180°$ のときの $\tan x$ の求め方を，図 15（i）と（ii）でそれぞれ示しているから，よく理解してくれ。

図 15　$\tan x$ の意味

（i）

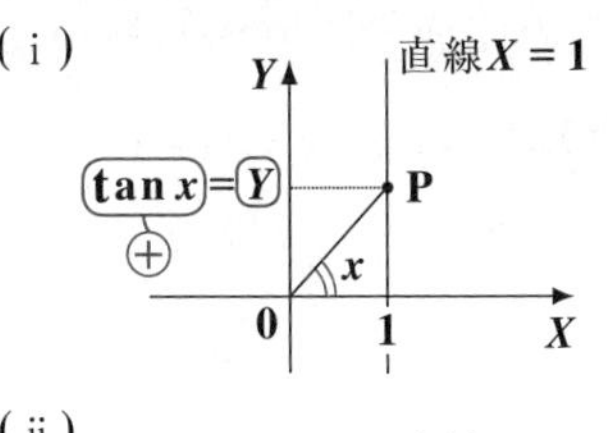

（ii）

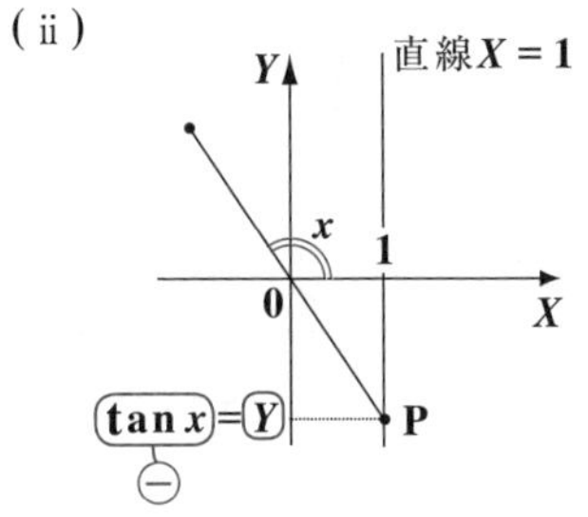

イマイチ，まだピンとこないって？いいよ，より具体的に示そう。

(ex1) $\tan 60° = \sqrt{3}$ について，（$60°$ は x，$\sqrt{3}$ は Y）

これは，$x=60°$ と $Y=\sqrt{3}$ ということだけれど，右図に示すように，$x=60°$ によって定まる直線（動径）と直線 $X=1$ との交点 P の Y 座標が $\sqrt{3}$ になっているのが分かるね。

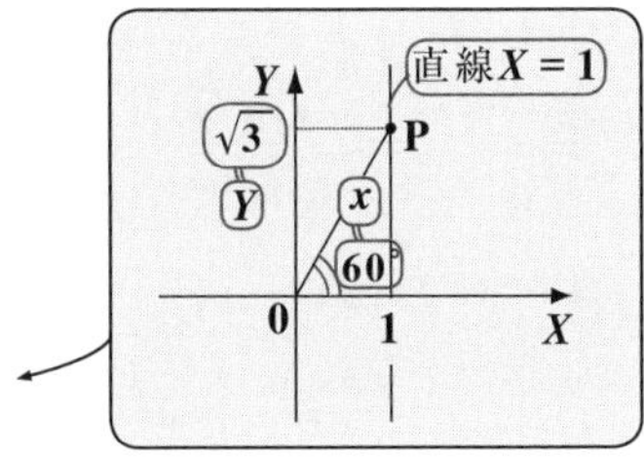

(ex2) $\tan 135° = -1$ について，（$135°$ は x，-1 は Y）

これは，$x=135°$ と $Y=-1$ ということだけれど，右図に示すように，$x=135°$ によって定まる直線（動径）と直線 $X=1$ との交点 P の Y 座標が -1 になっているのが分かるね。

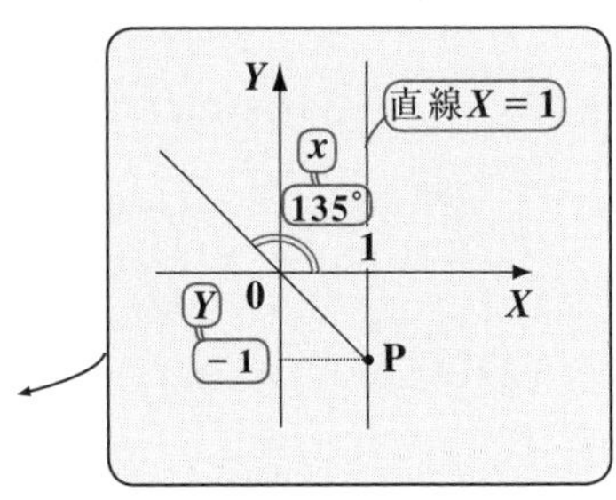

$\tan x$ の値 Y は，このような XY 座標平面上での図形的な意味をもっていたんだね。納得いった？

それでは，話を三角方程式に戻そう。$\sin x$，$\cos x$，$\tan x$ それぞれの三角方程式の問題をこれから解いていくことにしよう。

(a) 方程式 $4\cos^2 x - 3 = 0$ $(0^\circ \leqq x \leqq 180^\circ)$ を解こう。

与えられた方程式を変形して，

$\cos^2 x = \frac{3}{4}$，$\cos x = \pm\sqrt{\frac{3}{4}} = \pm\frac{\sqrt{3}}{2}$ より，

$\cos x = \frac{\sqrt{3}}{2}$ または $-\frac{\sqrt{3}}{2}$

これは，$X = \frac{\sqrt{3}}{2}$ または $X = -\frac{\sqrt{3}}{2}$ とみる。

よって，$x = 30^\circ$ または 150° が解になる。

(b) 方程式 $4 - 3\sqrt{2}\sin x - 2\cos^2 x = 0$ $(0^\circ \leqq x \leqq 180^\circ)$ を解こう。

これは,ちょっと難しい？ ポイントは基本公式 $\cos^2 x + \sin^2 x = 1$ から，$\cos^2 x = 1 - \sin^2 x$ として，これを方程式に代入すれば，$\sin x$ の 2 次方程式が出来るんだよ。それじゃ，いくよ。

$4 - 3\sqrt{2}\sin x - 2\cos^2 x = 0$ ……① $(0^\circ \leqq x \leqq 180^\circ)$

ここで，$\cos^2 x = 1 - \sin^2 x$ を①に代入して，

$4 - 3\sqrt{2}\sin x - 2(1 - \sin^2 x) = 0$

$2\sin^2 x - 3\sqrt{2}\sin x + 2 = 0$

ここで，$\sin x = t$ とすると，$2t^2 - 3\sqrt{2}t + 2 = 0$ となって t の 2 次方程式となる。つまり，$\sin x$ を t と考えれば，これはたすきがけで解ける $\sin x$ の 2 次方程式なんだね。

$2 \quad -\sqrt{2}$
$1 \quad -\sqrt{2}$

$(2\sin x - \sqrt{2})(\sin x - \sqrt{2}) = 0$

$\therefore \sin x = \frac{\sqrt{2}}{2}$ または $\sqrt{2}$

（$\frac{\sqrt{2}}{2} = \frac{1}{\sqrt{2}}$，$\sqrt{2} \fallingdotseq 1.4$）

ここで，$0^\circ \leqq x \leqq 180^\circ$ より，$0 \leqq \sin x \leqq 1$ だから，

$\sin x = \sqrt{2}$ となることはない。

$\therefore \sin x \neq \sqrt{2}$　　よって，$\sin x = \dfrac{1}{\sqrt{2}}$

これを $Y = \dfrac{1}{\sqrt{2}}$ とおく。

$x = 135°$　$x = 45°$　$Y = \dfrac{1}{\sqrt{2}}$

$\therefore x = 45°$ または $135°$ となって答えだ！

(c) 方程式 $\sqrt{3}\tan^2 x - 2\tan x - \sqrt{3} = 0$ $(0° \leqq x \leqq 180°,\ x \neq 90°)$ を解こう。

これも，$\tan x = t$ とおくと，$\sqrt{3}t^2 - 2t - \sqrt{3} = 0$ と2次方程式になるね。よって，これはたすきがけで解ける $\tan x$ の2次方程式なんだね。

$$\sqrt{3}\tan^2 x - 2\tan x - \sqrt{3} = 0$$

$\sqrt{3}$ ╲╱ 1
1 ╱╲ $-\sqrt{3}$

$$(\sqrt{3}\tan x + 1)(\tan x - \sqrt{3}) = 0$$

$\therefore \tan x = \sqrt{3}$ または $-\dfrac{1}{\sqrt{3}}$

よって，$x = 60°$ または $150°$

となるんだね。

もちろん，これの図形的な意味は右図のようになるんだね。

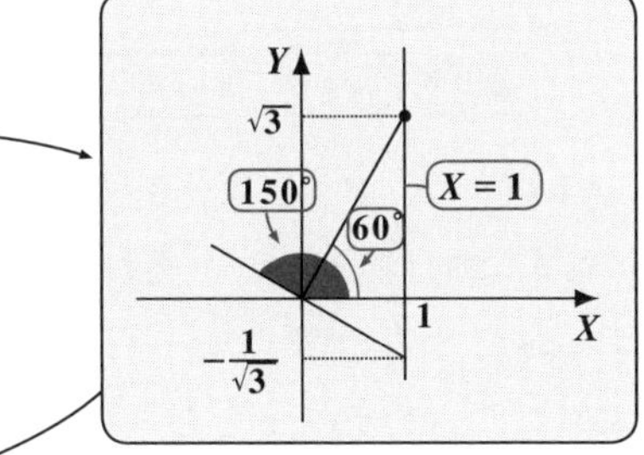

大丈夫だった？

今回は，特に盛り沢山の内容だったから，この後はよ～く復習して，シッカリ自分のものにしてくれ。反復練習すればモリモリ実力アップできるはずだ。頑張ってくれ！

14th day　正弦定理と余弦定理

みんな，おはよう！ 三角比(図形と計量)の講義も，今日で3日目になるけど，どう？ 調子は出てきてる？ いいね。今回は，“**三角比の図形への応用**”がテーマになる。具体的には，“**正弦定理**(せいげんていり)”，“**余弦定理**(よげんていり)”，“**三角形の面積**”，そして“**内接円**(ないせつえん)**の半径**”の4つのテーマを勉強する。共通テストでも頻出の非常に重要な公式ばかりだから，特に力を入れて解説するつもりだ。

● まず，三角形の記号法を押さえよう！

これから解説する正弦定理など4つの公式は，すべて三角形に関するものなんだ。ここではまず，これらの公式の基となる三角形の記号法(きごうほう)(記号の使い方)について知っておいてほしい。

図1の三角形ABCを見てくれ。ここで，

（これを，△ABCとも表すよ。）

図1 三角形ABCの記号法

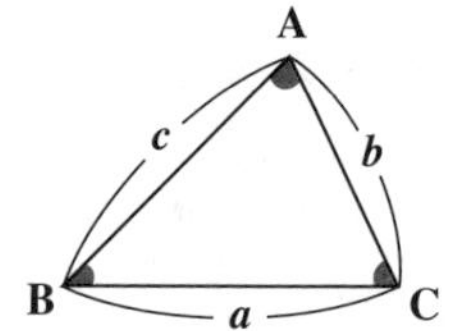

(i) △ABCのA，B，Cは，3つの頂点を表すと同時に，それぞれの三角形の内角(ないかく)も表していることに気をつけよう。だから，たとえばsinAとはsin∠BACのことだね。

（これは，∠CABと表してもいい。）

(ii) さらに，3つの頂点A，B，Cの対辺(たいへん)の長さをそれぞれa，b，cと表す。

（各頂点と向かい合う辺のこと）

以上が，△ABCの記号上の約束事で，これを基にして，三角比に関するさまざまな公式が出来ているので，シッカリ頭にたたき込んでくれ。

● 正弦定理とは，sinの入った公式だ！

では，正弦定理について解説しよう。まず，**正弦定理**を次に示すよ。

（sinのこと）

正弦定理

$$\frac{a}{\sin A} = \frac{b}{\sin B} = \frac{c}{\sin C} = 2R$$

(R : △ABC の外接円の半径)

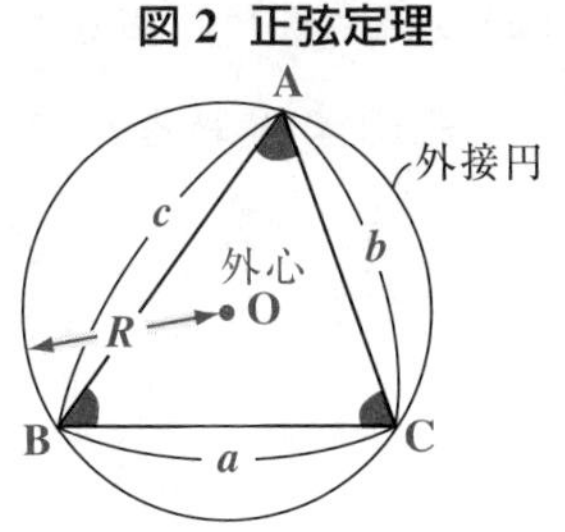

図 2 正弦定理

正弦とは sin のことだから，文字通り sin の入った公式になっているね。ここで，図 2 に示すように，A, B, C は，△ABC の 3 つの内角，そして，a, b, c が，3 つの頂点 A, B, C のそれぞれの対辺の長さになっているんだね。

一般に，△ABC の 3 つの頂点を通る円を，△ABC の**外接円**(がいせつえん)といい，その中心を**外心**(がいしん)，そしてその半径を R で表す。

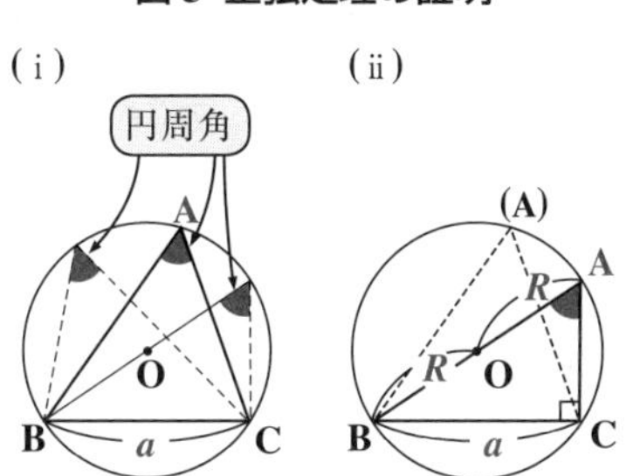

図 3 正弦定理の証明

図 3(ⅰ) に示すように，同じ弧 $\overset{\frown}{BC}$ に対する円周角は等しいので，図 3(ⅰ) の辺 AB が，外心 O を通るように移動したものが，図 3(ⅱ) なんだね。すると，直径 AB に対する円周角 C = 90° となり，また AB = 2R (外接円の直径) となる。よって，

(ⅱ) の直角三角形 ABC から，sin A が，$\sin A = \frac{a}{2R}$ と定義できるんだね。これから，$\frac{a}{\sin A} = 2R$ が導ける。同様に，$\frac{b}{\sin B} = 2R$ も，$\frac{c}{\sin C} = 2R$ も導けるので，正弦定理 $\frac{a}{\sin A} = \frac{b}{\sin B} = \frac{c}{\sin C} = 2R$ (R : 外接円の半径) が成り立つことが示せるんだね。この長い正弦定理は，実際にはその一部，たとえば，$\frac{b}{\sin B} = 2R$ や，$\frac{a}{\sin A} = \frac{c}{\sin C}$ などの形で利用することが多いんだよ。

それでは，次の例題で正弦定理の問題を解いてみよう。公式は実際に使ってみることによって，本当にマスターできるんだからね。

(*a*) $\angle A = 60°$，$\angle B = 45°$，$a = 3$ の△ABC がある。このとき，b と外接円の半径 R を求めてみよう。

まず，∠A と a，∠B と b の関係から

正弦定理 $\dfrac{\overset{3}{a}}{\sin \underset{60°}{A}} = \dfrac{b}{\sin \underset{45°}{B}}$ を使って，

辺の長さ b が求まるね。

$$\frac{3}{\sin 60°} = \frac{b}{\sin 45°}, \quad \frac{3}{\frac{\sqrt{3}}{2}} = \frac{b}{\frac{1}{\sqrt{2}}}$$

$$\sqrt{2}b = \frac{2 \times 3}{\sqrt{3}} \qquad \therefore\ b = \frac{2\sqrt{3}}{\sqrt{2}} = \sqrt{2} \cdot \sqrt{3} = \sqrt{6}$$ が求まる。

次，正弦定理 $\dfrac{a}{\sin A} = 2R$ から，外接円の半径 R も

$$R = \frac{\overset{3}{a}}{2\sin \underset{60°}{A}} = \frac{3}{2 \cdot \frac{\sqrt{3}}{2}} = \frac{3}{\sqrt{3}} = \sqrt{3}$$ と求まるんだね。

どう？ 正弦定理の使い方も，これで分かっただろう？

● 余弦定理は，メリー・ゴーラウンドで覚えよう！

次，余弦定理（よげんていり）について解説しよう。まず，**余弦定理**を下に示すよ。

（cos のこと）

余弦定理 (Ⅰ)

(ⅰ) $a^2 = b^2 + c^2 - 2bc\cos A$

(ⅱ) $b^2 = c^2 + a^2 - 2ca\cos B$

(ⅲ) $c^2 = a^2 + b^2 - 2ab\cos C$

図 4 メリー・ゴーラウンド
(余弦定理の覚え方！)

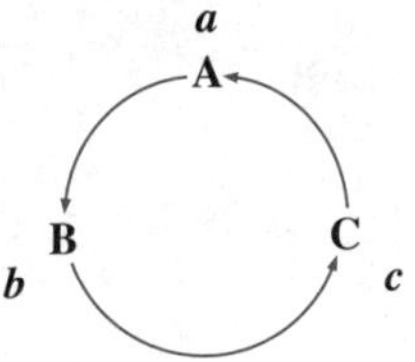

余弦定理の名前の通り，どれも cos の入った公式になってるね。初めて

余弦定理を見た人のほとんどが，ヒェーって感じるだろうね。でも，この公式には，**2**通りの覚え方があるので，それ程苦労しなくても頭に定着させることが出来ると思う。

最初の**1**つが“メリー・ゴーラウンド”による覚え方だ。図**4**に示すように，$\mathbf{A}(a) \to \mathbf{B}(b) \to \mathbf{C}(c)$ … と，メリー・ゴーラウンドのようにくるくる回るリズムをつかむと，余弦定理はスムーズに覚えられるんだよ。

まず，(ⅰ)の余弦定理を見てごらん。

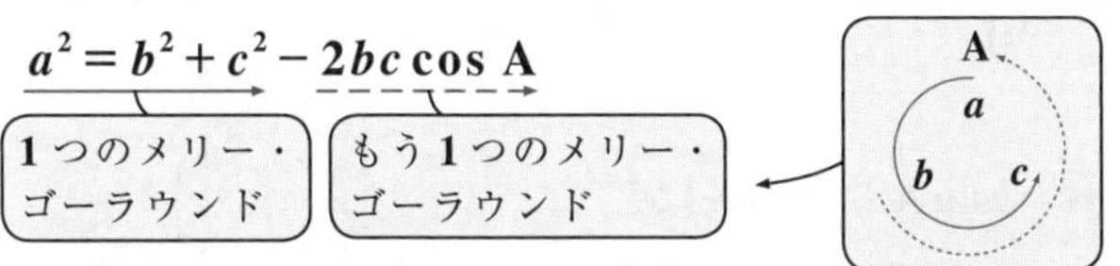

ね，a, b, c と b, c, A のように，キレイに回っているだろう。

(ⅱ)，(ⅲ)も同様に，メリー・ゴーラウンドになってるのが分かるね。

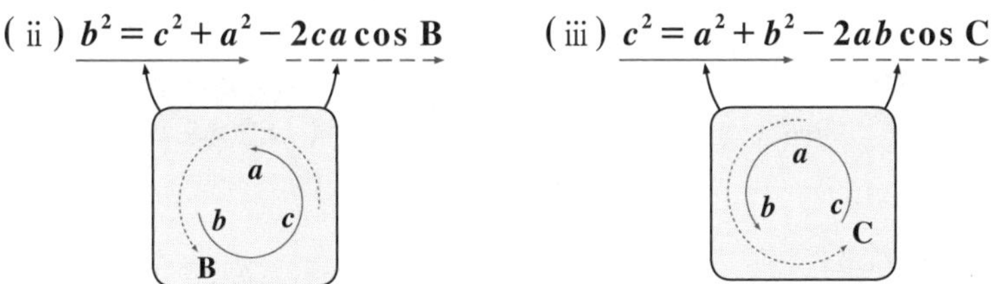

次，もう**1**つの覚え方は，“ピンセット”の形を利用したものだ。たとえば，(ⅰ)の公式を使って $a^2(a)$ を求めたかったら，図**5**に示すように，b と c とその間の角 **A** でできたピンセットで，$a(a^2)$ をはさむと覚えておけば，

(ⅰ) $a^2 = b^2 + c^2 - 2bc\cos A$ の式がスムーズに出て

b と c と **A** だけで出来た式

くるはずだ。(ⅱ)，(ⅲ)の公式も同様に考えればいいんだね。図**5**(ⅱ)では，$b(b^2)$ が，(ⅲ)では $c(c^2)$ がピンセットではさまれてるね。

これで，はじめは複雑に思えた余弦定理も，ずい分なじみを持てるようになったと思う。エッ，でも，何故この公式が出てきたのか分からないって？ いいよ。(ⅰ)を例にとって，余弦定理を証明してお

図5 ピンセット（余弦定理の覚え方）

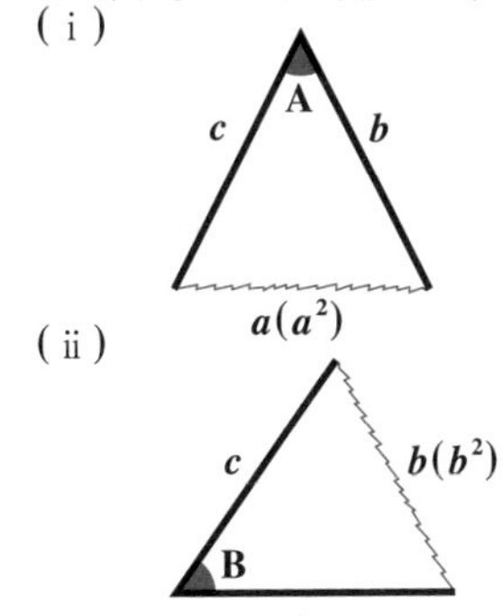

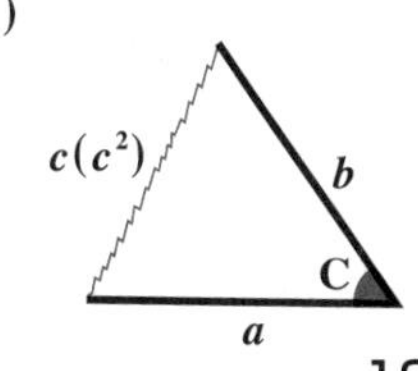

くことにしよう。

図 **6**(ⅰ)のような，**3** 辺の長さが a, b, c の△**ABC** を考える。ここで，図 **6**(ⅱ)のような xy 座標系をとり，この三角形の頂点 **A** が原点 **O** と，そして，辺 **AB** が x 軸の正の部分と一致するようにおいてみよう。さらに，頂点 **C** から x 軸に下ろした垂線の足を **H** とおく。

ここで，まず，直角三角形 **COH** について考えてみるよ。すると，

$\mathrm{CO}=b$，$\mathrm{OH}=b\cos\mathrm{A}$，$\mathrm{CH}=b\sin\mathrm{A}$ になるのは大丈夫？ よく分からん？いいよ。図 **7**(ⅰ)を見てくれ。$\mathrm{OC}=b$ となるのはいいね。ここで，直角三角形を使った三角比の定義から，

$\cos\mathrm{A}=\dfrac{\mathrm{OH}}{b}$，$\sin\mathrm{A}=\dfrac{\mathrm{CH}}{b}$ となるので，
$\mathrm{OH}=b\cos\mathrm{A}$，$\mathrm{CH}=b\sin\mathrm{A}$ となるんだね。今度は大丈夫だね。じゃ，次，図 **7**(ⅱ)に示すように，直角三角形 **BCH** について考えよう。

$\mathrm{BC}=a$，$\mathrm{CH}=b\sin\mathrm{A}$ となるのはいいね。
そして，$\mathrm{HB}=\underbrace{\mathrm{OB}}_{c}-\underbrace{\mathrm{OH}}_{b\cos A}=c-b\cos\mathrm{A}$ となるのも大丈夫だね。（図 **6**(ⅱ)参照）さァ，ここまでくれば，後はこの直角三角形 **BCH** に"**三平方の定理**"（さんぺいほうのていり）を用いると，余弦定理(ⅰ) $a^2=b^2+c^2-2bc\cos\mathrm{A}$ が導ける。早速やってみよう！三平方の定理より，

$$a^2=\underbrace{(b\sin\mathrm{A})^2}_{b^2\cdot\sin^2\mathrm{A}}+\underbrace{(c-b\cos\mathrm{A})^2}_{c^2-2bc\cos\mathrm{A}+b^2\cdot\cos^2\mathrm{A}}$$
$$=b^2\cdot\sin^2\mathrm{A}+c^2-2bc\cos\mathrm{A}+b^2\cdot\cos^2\mathrm{A}$$
$$=b^2\underbrace{(\sin^2\mathrm{A}+\cos^2\mathrm{A})}_{1\text{（基本公式）}}+c^2-2bc\cos\mathrm{A}$$

∴余弦定理(ⅰ) $a^2=b^2+c^2-2bc\cos\mathrm{A}$ が，
キレイに導けた！

図 6 余弦定理の証明(Ⅰ)

(ⅰ)

(ⅱ)

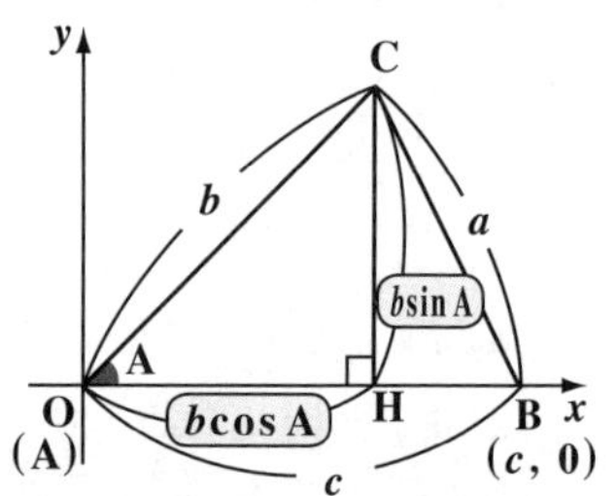

図 7 余弦定理の証明(Ⅱ)

(ⅰ)直角三角形 COH

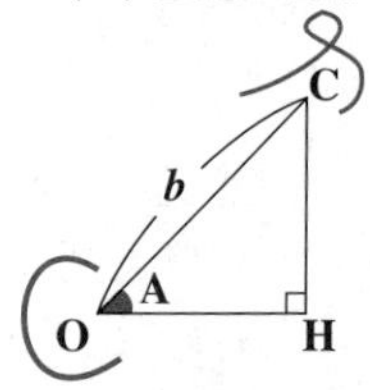

(ⅱ)直角三角形 BCH

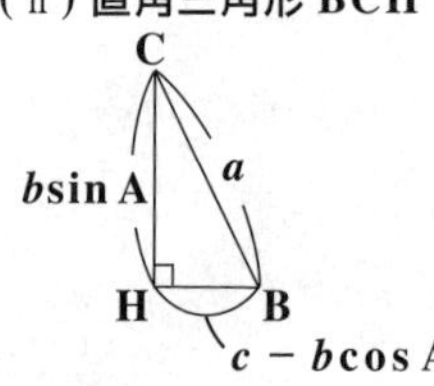

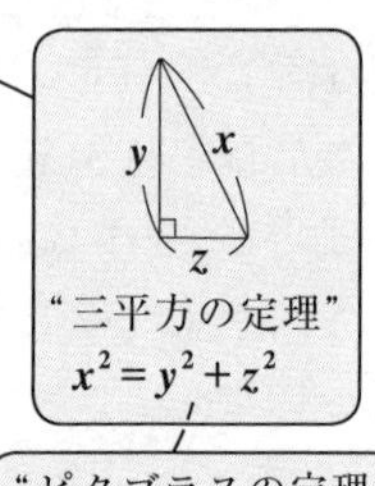

"ピタゴラスの定理"
ともいう。

(ⅱ),(ⅲ) の余弦定理も同様に導けるから，やる気のある人は自分でやってみてごらん。フ～，疲れたって？ そうだね。公式の証明って意外と大変なんだよ。だから，今よく分からないって人も，焦ることはない。公式を実際に使いながら，その公式に慣れてきた後，もう 1 度この証明を見返してみるといい。それでは次，もう 1 つの余弦定理についても解説しておこう。これは，余弦定理 (Ⅰ) からすぐに導けるんだよ。

余弦定理 (Ⅱ)

(ⅰ) $\cos A = \dfrac{b^2 + c^2 - a^2}{2bc}$　　(ⅱ) $\cos B = \dfrac{c^2 + a^2 - b^2}{2ca}$

(ⅲ) $\cos C = \dfrac{a^2 + b^2 - c^2}{2ab}$

余弦定理 (Ⅰ) の (ⅰ) $a^2 = b^2 + c^2 - 2bc\cos A$ を変形すると，

$2bc\cos A = b^2 + c^2 - a^2$ より，両辺を $2bc$ (>0) で割って，余弦定理 (Ⅱ) の (ⅰ) $\cos A = \dfrac{b^2 + c^2 - a^2}{2bc}$ の公式が導けるんだね。残りの 2 つも同様だよ。この式のスゴイところは，右辺がどれも，a，b，c だけからできているので，三角形の 3 辺の長さ a，b，c が与えられれば，3 つの内角 A，B，C のいずれも cos の形で計算できる，ってことなんだ。そして，この余弦定理 (Ⅱ) も "メリー・ゴーラウンド" で覚えると忘れないと思うよ。つまり，

$\cos A = \dfrac{b^2 + c^2 - a^2}{2bc}$，　$\cos B = \dfrac{c^2 + a^2 - b^2}{2ca}$，　$\cos C = \dfrac{a^2 + b^2 - c^2}{2ab}$

というわけだ！ 大丈夫だね。それでは，例題で練習しておこう。

(*b*) △ABC において，AB = 3，CA = $2\sqrt{2}$，∠A = 45° のとき，辺 BC の長さを求めよう。

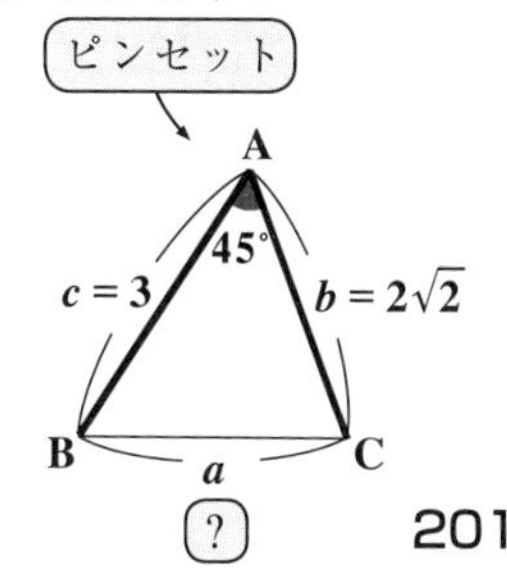

右図から，$b = 2\sqrt{2}$ (CA)，$c = 3$ (AB)，∠A = 45°

より，余弦定理（Ⅰ）の（ⅰ）を使って，
$a^2\ (=\mathrm{BC}^2)$ をまず求めよう。

$$a^2 = b^2 + c^2 - 2bc\cos \mathrm{A} = (2\sqrt{2})^2 + 3^2 - 2\cdot 2\sqrt{2}\cdot 3\cdot \underbrace{\cos 45^\circ}_{\frac{1}{\sqrt{2}}}$$

$$= 8 + 9 - 12 = 5$$

$\therefore\ a = \mathrm{BC} = \sqrt{5}$ となって，答えだね。

(*c*) **$\triangle\mathrm{ABC}$ において，$\mathrm{AB} = 3$，$\mathrm{BC} = \sqrt{13}$，$\mathrm{CA} = 1$ のとき，$\angle\mathrm{A}$ を求めてみよう。**

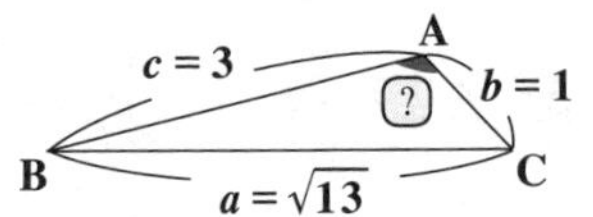

右図から，$a = \sqrt{13}$，$b = 1$，$c = 3$ の 3 辺が与えられているので，余弦定理（Ⅱ）の（ⅰ）を使って，まず $\cos \mathrm{A}$ を求め，それから $\angle\mathrm{A}$ の値を求めればいいんだね。

$$\cos \mathrm{A} = \frac{b^2 + c^2 - a^2}{2bc} = \frac{1^2 + 3^2 - (\sqrt{13})^2}{2\cdot 1\cdot 3}$$

$$= \frac{1 + 9 - 13}{6} = -\frac{3}{6} = -\frac{1}{2}$$

$\therefore\ \angle\mathrm{A} = 120^\circ$ が分かるね。

● 三角形の面積の公式もマスターしよう！

では次，$\triangle\mathrm{ABC}$ の面積 S を三角比を使って求める公式を，下に示そう。

三角形の面積

$\triangle\mathrm{ABC}$ の面積を S とおくと，

$$S = \frac{1}{2}ab\sin \mathrm{C} = \frac{1}{2}bc\sin \mathrm{A} = \frac{1}{2}ca\sin \mathrm{B}$$

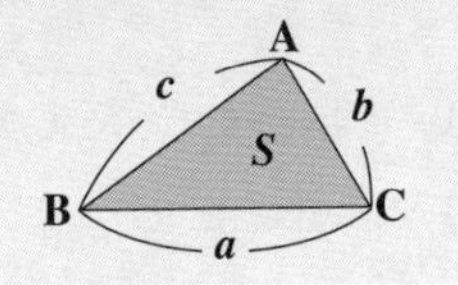

$\triangle\mathrm{ABC}$ の面積 S は，上に示した 3 つの公式のいずれで計算しても同じ結果になる。そして，これら 3 つの公式も次に示すように，“メリー・ゴーラウンド”と“ピンセット”で覚えることのできるパターンになってるんだ。

$$S=\frac{1}{2}ab\sin C=\frac{1}{2}bc\sin A=\frac{1}{2}ca\sin B$$

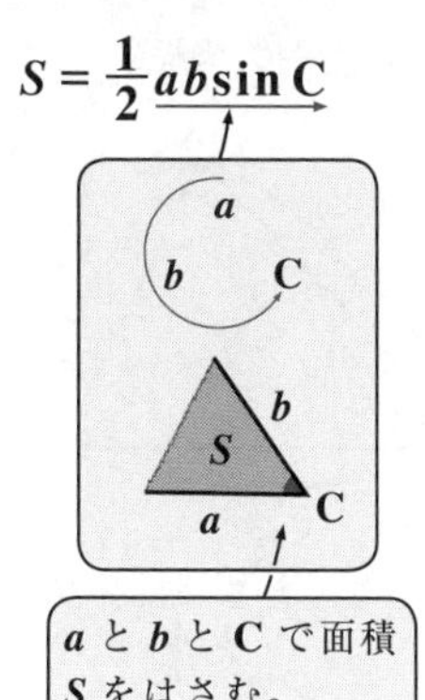

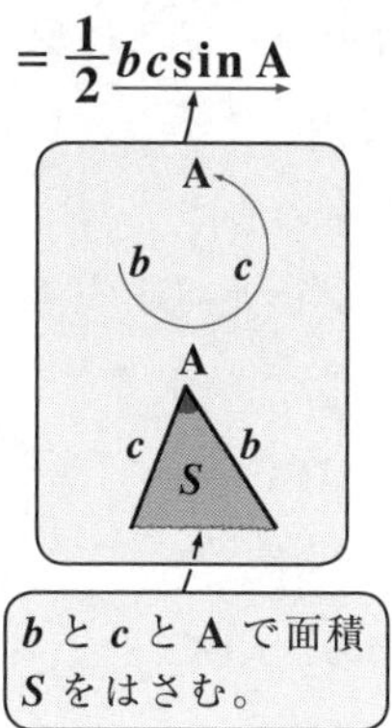

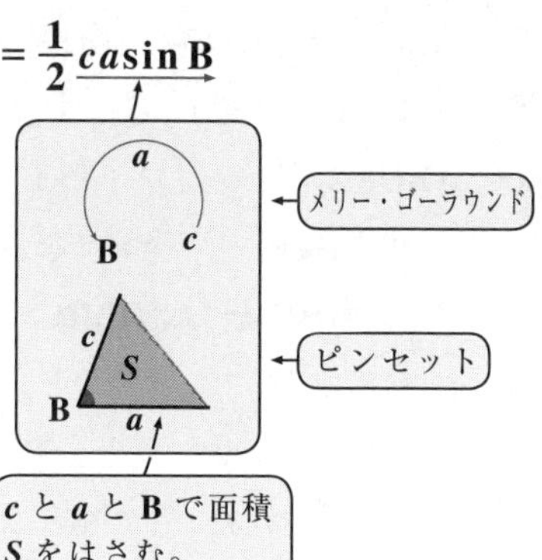

この公式も，$S=\frac{1}{2}ab\sin C$ についてのみだけど，証明を入れておくよ。

図8に示すように，△ABC の頂点 A から，辺 BC に下ろした垂線の足を H とおこう。そして，AH $= h$ とおくと，△ABC の面積 S は，

$S=\frac{1}{2}\cdot a\cdot h$ ……㋐ となるんだね。
（a：底辺，h：高さ）

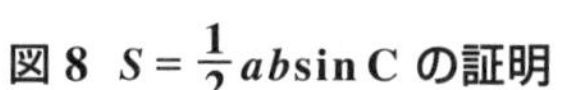
図8 $S=\frac{1}{2}ab\sin C$ の証明

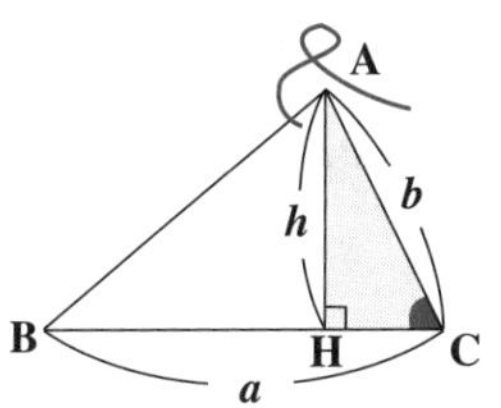

ここで，直角三角形 AHC により三角比 $\sin C$ が定義できるので，

$\sin C=\frac{h}{b}$ となる。よって，$h=b\sin C$ ……㋑

この㋑を㋐に代入すると，

$S=\frac{1}{2}a\cdot b\sin C$ となって，公式が導けるんだね。

$S=\frac{1}{2}bc\sin A$，$S=\frac{1}{2}ca\sin B$ も同様に導けるんだよ。

● 内接円の半径 r も求めよう！

さァ，今日の講義の最終テーマ，“**内接円**（ないせつえん）**の半径 r**” について解説しよう。△ABC の**内接円**というのは，図9に示すように，△ABC の3つの辺に接するカワイイ円のことで，この内接円の中心を**内心 I** と呼ぶことも覚えておこう。

図9 △ABC の内接円

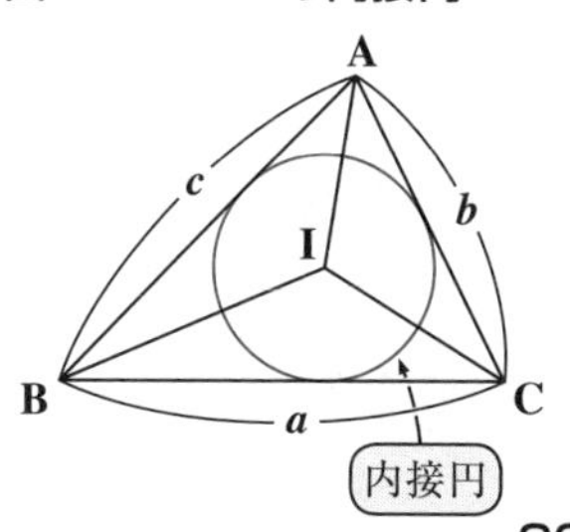

それでは，この△**ABC** の内接円の半径 r を求めてみよう。図 **10**（ⅰ）に示すように，内心 **I** から△**ABC** の **3** つの辺に下ろした垂線の長さは，すべて内接円の半径 r になるのはいいね。ここで，△**ABC** を **IA, IB, IC** で切断して，図 **10**（ⅱ）に示すように，**3** つの三角形，△**IBC**，△**ICA**，△**IAB** にパカッ！ と分割する。当然，この **3** つの三角形の面積の総和は，元の△**ABC** の面積と等しいので，次式が成り立つ。

図 10　内接円の半径 r

（ⅰ）

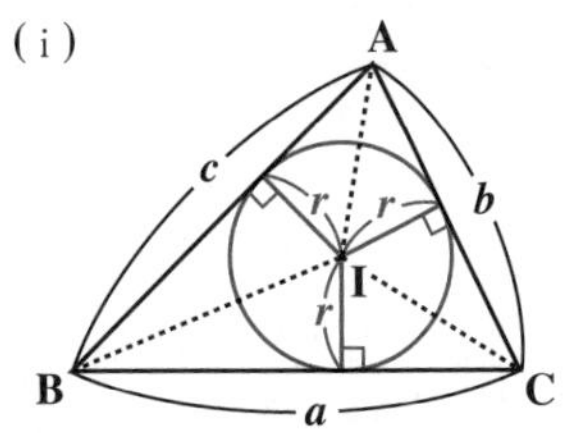

（ⅱ）パカッ！と **3** つに分割

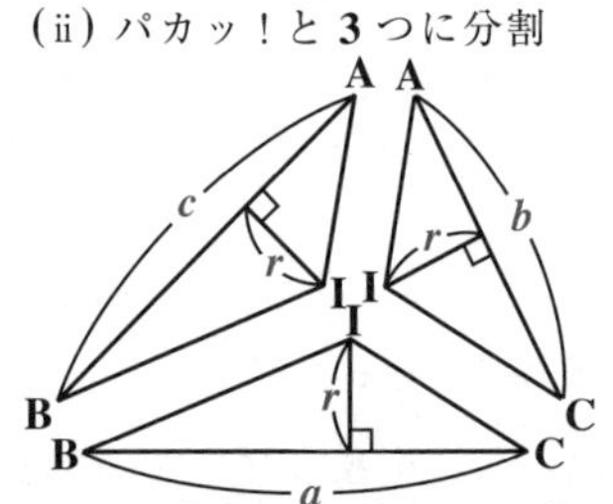

$\triangle ABC = \underline{\triangle IBC} + \underline{\underline{\triangle ICA}} + \triangle IAB$ ……㋐

（それぞれ，三角形の面積を表すものとする。）

ここで，△**ABC** の面積を S とおき，また，$\underline{\triangle IBC} = \underline{\frac{1}{2}ar}$，$\underline{\underline{\triangle ICA}} = \underline{\underline{\frac{1}{2}br}}$，$\triangle IAB = \frac{1}{2}cr$ だから，これらを全て㋐に代入すると，

$S = \frac{1}{2}ar + \frac{1}{2}br + \frac{1}{2}cr$

これから，$S = \frac{1}{2}(a+b+c)r$ と，r を求める公式が導けたんだね。

内接円の半径 r

$$S = \frac{1}{2}(a+b+c)\cdot r$$

（r：△**ABC** の内接円の半径）

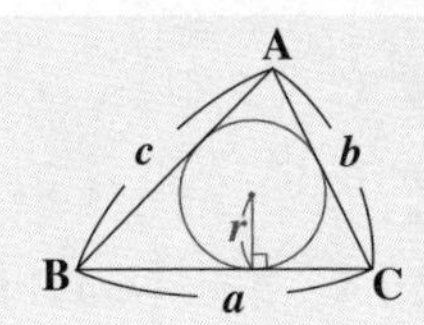

r を求める公式だから，$r = \frac{2S}{a+b+c}$ としてもいいんだけれど，$S = \frac{1}{2}(a+b+c)r$ の方が，この基となったパカッ！と分割された **3** つの三角形のイメージが湧くので，これを，内接円の半径 r を求める公式としよう。この公式から，△**ABC** の面積 S と，**3** 辺の長さ a，b，c が分かれば，内接円の半径 r が求まることが分かるはずだ。

● 三角比と図形の応用問題にチャレンジしよう！

以上で，三角比と図形の**4**つのテーマについての解説が終わったんだよ。もう**1**度，**4**つの公式：

正弦定理，余弦定理，三角形の面積，内接円の半径

が，頭の中に定着しているかどうか確認してくれ。大丈夫？
よし，それじゃ，これらの公式を使う応用問題にチャレンジしてみよう！
難しいかも知れないけれど，これで確実に実力がアップするよ。

練習問題 32	三角比と図形（Ⅰ）	CHECK 1	CHECK 2	CHECK 3

△ABC について，AB = 4，BC = 2，CA = 3 であるとき，

(1) cosA と sinA を求めよ。

(2) △ABC の面積 S を求めよ。

(3) △ABC の内接円の半径 r を求めよ。

(1) では△**ABC** の **3** 辺の長さが分かっているので，余弦定理 (Ⅱ) を用いて**cosA** を求め，そして**sinA** も求めよう。**(2)** では，三角形の面積の公式を使う。そして**(3)** では，内接円の半径 r を求める公式を利用しよう。解法の流れに乗って解いていくのがポイントだ！

(1) 右図より，$c = \text{AB} = 4$，$a = \text{BC} = 2$，$b = \text{CA} = 3$
と，△**ABC** の **3** 辺の長さが与えられているので，
△**ABC** に余弦定理 (Ⅱ) を用いて，**cos A** を
求めると，

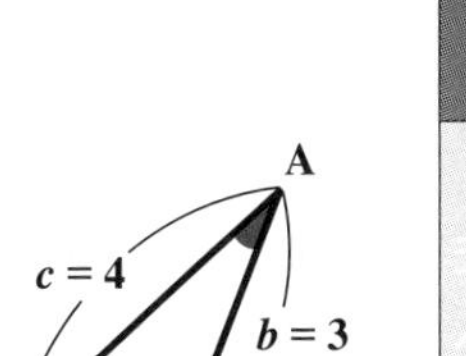

$$\cos A = \frac{b^2+c^2-a^2}{2bc} = \frac{3^2+4^2-2^2}{2\cdot3\cdot4}$$

余弦定理 (Ⅱ)

$$= \frac{9+16-4}{24} = \frac{21}{24} \qquad \therefore \cos A = \frac{7}{8}$$

$\cos^2 A + \sin^2 A = 1$ より，（$\cos^2 A = \left(\frac{7}{8}\right)^2$）

$$\sin^2 A = 1 - \frac{49}{64} = \frac{64-49}{64} = \frac{15}{64}$$

sinA の値を求めたら，面積 $S = \frac{1}{2}b\cdot c\cdot \sin A$ の公式が使えるようになるんだね。

ここで，$0 < \angle A < 180°$ より，$\underline{\sin A > 0}$ だから，

$\sin A = \sqrt{\frac{15}{64}} = \frac{\sqrt{15}}{8}$ ……①　←（$\sin A = -\sqrt{\frac{15}{64}}$ は考えなくていい！）

(2) 次に△ABC の面積 S を求める。①より，

（△ABC の面積 S は $S = \frac{1}{2}b \cdot c \cdot \sin A$）

$S = \frac{1}{2} \cdot \underset{3}{b} \cdot \underset{4}{c} \cdot \underset{\frac{\sqrt{15}}{8}}{\sin A} = \frac{1}{2} \cdot 3 \cdot 4 \cdot \frac{\sqrt{15}}{8} = \frac{3\sqrt{15}}{4}$ となる。

さァ，面積 S と 3 辺の長さ a, b, c が分かったから，いよいよ△ABC の内接円の半径 r を求めることができるね。

(3) △ABC の内接円の半径を r とおくと，公式を用いて，

$\underset{\frac{3\sqrt{15}}{4}}{S} = \frac{1}{2}(\underset{2}{a} + \underset{3}{b} + \underset{4}{c}) \cdot r$ より，

$\frac{3\sqrt{15}}{4} = \frac{1}{2}(2+3+4) \cdot r \qquad \frac{3\sqrt{15}}{4} = \frac{9}{2}r$

∴内接円の半径 $r = \frac{3\sqrt{15}}{4} \times \frac{2}{9} = \frac{\sqrt{15}}{2 \cdot 3} = \frac{\sqrt{15}}{6}$ となるんだね。

どう？解法の流れをうまくつかめた？それじゃ，もう 1 題やってみよう！

練習問題 33	三角比と図形（Ⅱ）	CHECK 1	CHECK 2	CHECK 3

△ABC の頂点 A, B, C の対辺をそれぞれ，a, b, c とする。

$\angle A = 45°$，$b = \sqrt{3} + 1$, $c = \sqrt{2}$ のとき，a, ∠C, ∠B をこの順に求めよ。

a を余弦定理，∠C を正弦定理で求めればいいね。

・$b=\sqrt{3}+1$, $c=\sqrt{2}$, $\angle A=45°$ より，

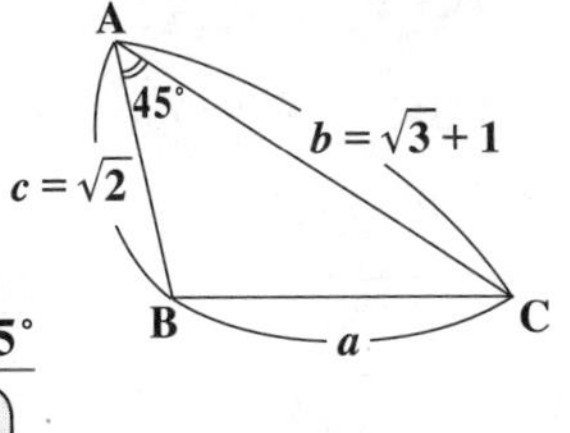

△ABC に余弦定理を用いると，

$$a^2=b^2+c^2-2bc\cos A$$
$$=(\sqrt{3}+1)^2+(\sqrt{2})^2-2\cdot(\sqrt{3}+1)\cdot\sqrt{2}\cdot\underbrace{\cos45°}_{\frac{1}{\sqrt{2}}}$$
$$=3+2\sqrt{3}+1+2-2\sqrt{3}-2$$
$$=4$$

これ，"なぜなら" 記号

$\therefore a^2=4$ より，$a=\sqrt{4}=2$ $(\because a>0)$ となるね。

・$a=2$, $c=\sqrt{2}$, $\sin A=\sin 45°=\dfrac{1}{\sqrt{2}}$ より，正弦定理を用いて，

∠C を求める。

$$\frac{\overset{2}{a}}{\underset{\frac{1}{\sqrt{2}}}{\sin A}}=\frac{\overset{\sqrt{2}}{c}}{\sin C}，\quad \frac{2}{\frac{1}{\sqrt{2}}}=\frac{\sqrt{2}}{\sin C}，\quad 2\sqrt{2}=\frac{\sqrt{2}}{\sin C}$$

$\therefore \sin C=\dfrac{1}{2}$ より，$\angle C=30°$ または $150°$

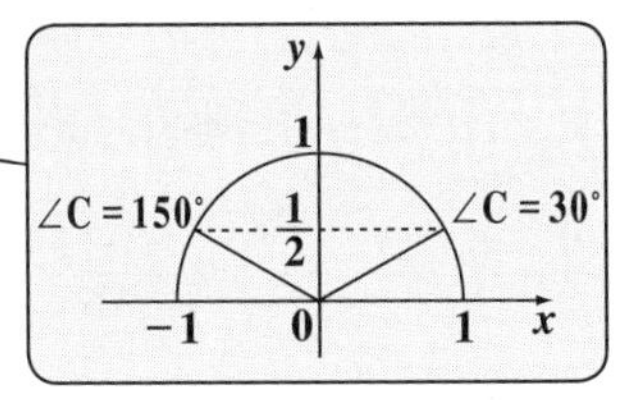

ところが，$\angle C=150°$ とすると，

$$\angle A+\angle B+\angle C=45°+\underbrace{\angle B}_{\oplus}+150°>180°$$

となって，三角形の 3 つの内角の和 $\angle A+\angle B+\angle C=180°$ に矛盾する。

$\therefore \angle C=30°$ が答えだ。

・$\angle A=45°$, $\angle C=30°$ より，

$\underbrace{\angle A}_{45°}+\angle B+\underbrace{\angle C}_{30°}=180°$ から，$45°+\angle B+30°=180°$

$\therefore \angle B=180°-75°=105°$ となる。大丈夫だった？

● ヘロンの公式もマスターしよう！

△ABCの3辺の長さ a, b, c が与えられたとき，これを基に，cos や sin の値を求めることなしに，直接△ABCの面積 S を計算できる便利な"**ヘロンの公式**"についても解説しておこう。

ヘロンの公式

△ABCの3辺の長さ a, b, c が与えられているとき，$s=\dfrac{a+b+c}{2}$ とおくと，

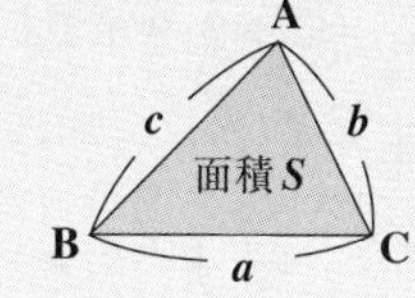

△ABCの面積は，次のヘロンの公式：

$S=\sqrt{s\cdot(s-a)\cdot(s-b)\cdot(s-c)}$ ……(*) により求められる。

この公式を早速使ってみよう。P205の練習問題32で，△ABCの3辺の長さが，BC $=a=2$，CA $=b=3$，AB $=c=4$ であるので，

まず，$s=\dfrac{a+b+c}{2}=\dfrac{2+3+4}{2}=\dfrac{9}{2}$

よって，ヘロンの公式(*)により，この△ABCの面積 S は，

$$S=\sqrt{s(s-a)(s-b)(s-c)}=\sqrt{\frac{9}{2}\cdot\left(\frac{9}{2}-2\right)\cdot\left(\frac{9}{2}-3\right)\cdot\left(\frac{9}{2}-4\right)}$$

$$=\sqrt{\frac{9}{2}\cdot\frac{5}{2}\cdot\frac{3}{2}\cdot\frac{1}{2}}=\sqrt{\frac{3^2\cdot 15}{16}}=\frac{3\sqrt{15}}{4}$$ と求められる。

これは，P205で，公式：$S=\dfrac{1}{2}bc\sin A$ を用いて算出した結果と一致するんだね。

実は，ヘロンの公式は，この公式：$S=\dfrac{1}{2}bc\sin A$ から導かれるものだから，当然結果も一致するんだね。この証明については，「**元気が出る数学 I·A**」で解説しているので興味のある人は，これで勉強してくれたらいいよ。

でも，公式は証明より，利用するものだから，便利な道具と考えて，どんどん使って慣れていくことにしよう。

(*ex*) **3** 辺の長さ $a=3+\sqrt{3}$, $b=3-\sqrt{3}$, $c=4$ である△**ABC** の面積 S をヘロンの公式 (*) により求め, △**ABC** の内接円の半径 r を求めてみよう。

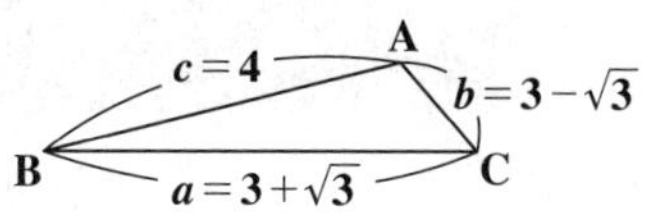

△**ABC** の **3** 辺の長さ a, b, c が与えられているので, ヘロンの公式を利用して, まず△**ABC** の面積 S を求めよう。

$s=\frac{1}{2}(a+b+c)$ とおくと, $s=\frac{1}{2}(3+\sqrt{3}+3-\sqrt{3}+4)=\frac{10}{2}=5$ となる。

よって, ヘロンの公式 (*) を用いて, △**ABC** の面積 S を求めると,

$$S=\sqrt{s\cdot(s-a)\cdot(s-b)\cdot(s-c)}=\sqrt{5\times\{5-(3+\sqrt{3})\}\{5-(3-\sqrt{3})\}(5-4)}$$

$$=\sqrt{5\times\underbrace{(2-\sqrt{3})\times(2+\sqrt{3})}_{2^2-(\sqrt{3})^2=4-3=1}\times 1}=\sqrt{5\times1\times1}=\sqrt{5}$$

次に, △**ABC** の内接円の半径 r を, 公式 : $\underbrace{S}_{\sqrt{5}}=\frac{1}{2}(a+b+c)\cdot r$ を使って求めると,

$\sqrt{5}=\frac{1}{2}(3+\sqrt{3}+3-\sqrt{3}+4)\cdot r$ より, $5r=\sqrt{5}$

$\therefore r=\frac{\sqrt{5}}{5}$ となることが導けるんだね。面白かった?

今回も, 盛り沢山の内容だったから, よ〜く反復練習しておこう。それでは, 三角比も大きな山場を越えたけれど, さらに次回は, 三角比の空間図形への応用についてもチャレンジしていこう!

それじゃ, 今日の講義はこれまでだ! みんな, 元気で…!!

15th day　三角比の空間図形への応用

みんな，おはよう！今回で，三角比(図形と計量)の講義も最終回になる。最後のテーマは，"**三角比の空間図形への応用**"なんだね。つまり，話が**2**次元から**3**次元になるので，これを苦手とする人は多いと思う。

でも，この手の問題も処理の仕方をキチンと押さえておけば，それ程恐れることもないんだね。今回は，ポイントを押さえながら，問題として出題されやすい"**角すい**"(三角すいや四角すいなど)を中心に詳しく分かりやすく解説しよう。

● 立体図形の解法のポイントは 3 つだ！

平面図形以上に立体図形を苦手としている人は多いと思う。また，立体図形の解法を詳しく説明した本が少ないのも，その理由かも知れないね。でも，東大などの最難関大でなくても，意外と立体図形は出題されることが多いので，その解法のポイントを是非マスターしてほしいと思う。

立体図形を解いていく上で，常に念頭に置いてほしいことが，次に挙げる**3**つのポイントなんだよ。これは，具体的に問題を解いていく際にも，示していこうと思う。

立体図形の解法の 3 つのポイント

(i) 立体図形の内の必要なパーツ(部品)を取り出して考える。
(ii) 立体図形の断面を考える。
(iii) 立体図形の見方(見る向き)を変えて考える。

必要に応じて，上の**3**つのポイントを意識的に駆使しながら立体図形の問題を解いていくと，これまで手も足も出なかった問題が，意外とすんなり解けることに気付くと思う。今回は，具体的な練習問題を中心に，これまで勉強した"**三角比**"の知識も使いながら，立体図形の問題，特に今回は"**角(かく)すい**"の問題に取り組んでいこうと思う。"**角すい**"とは，三角すいや四角すい，五角すい，等の総称なんだね。

ここでまず，まず図1(ⅰ)，(ⅱ)に示すように，角すいだけでなく**円すい**にも当てはまる体積Vの計算公式を示しておこう。図に示すように，これらの底面積をS，高さをhとおくよ。すると，この体積Vは次の公式で計算できる。

図1 角すいと円すいの体積V

(ⅰ) 角すい

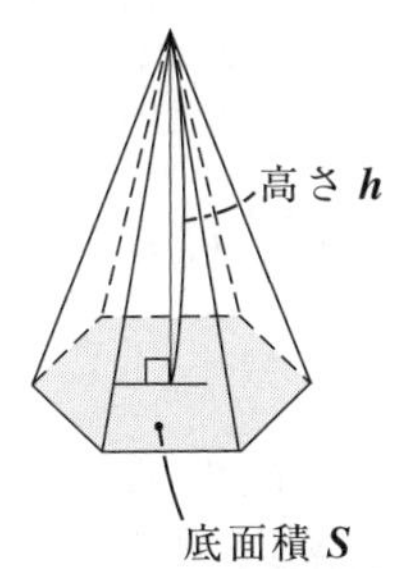

(ⅱ) 円すい

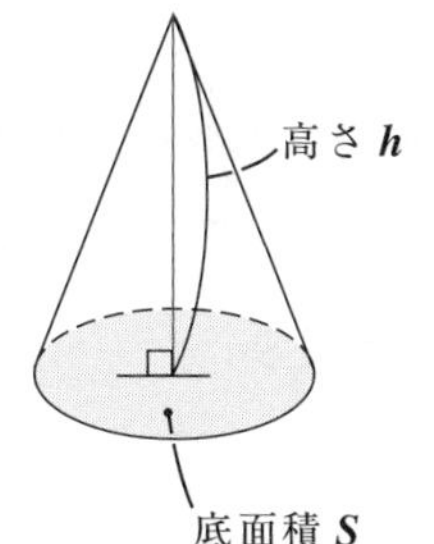

角すいや円すいの体積V

角すいや円すいの体積Vは，

$V=\frac{1}{3}S\cdot h$ ……(*) (S：底面積，h：高さ)となる。

高さhは，角すいや円すいの頂点から，底面に向かって下ろした垂線の長さのことだ。この体積Vの計算公式$V=\frac{1}{3}S\cdot h$は，正角すいや直円すいだけでなく，斜めに傾いた角すいや円すいの体積を求めるのにも利用できる。

図2 1辺の長さがaの正四面体

それでは，図2に示すような1辺の長さがaの正四面体ABCDの体積Vを求めてみようか？

(1辺の長さがaの4枚の正三角形からできた三角すいのことだ。)

まず，底面を正三角形BCDとみると，この1辺の長さaの正三角形の面積が底面積Sとなる。そして，頂点Aから，底面BCDにおろした垂線の足をHとおき$AH=h$とおくと，hが，この正四面体の高さとなり，体積Vは，$V=\frac{1}{3}S\cdot h$ …(*)の公式から求めることができるんだね。

(ⅰ) **1** 辺の長さが a の正三角形 **BCD** を **1** つのパーツとして取り出して，この面積を求めると，三角形の面積の公式より

$$S=\frac{1}{2}\cdot a\cdot a\cdot \underbrace{\sin 60^\circ}_{\frac{\sqrt{3}}{2}}=\frac{\sqrt{3}}{4}a^2 \quad \cdots ①$$

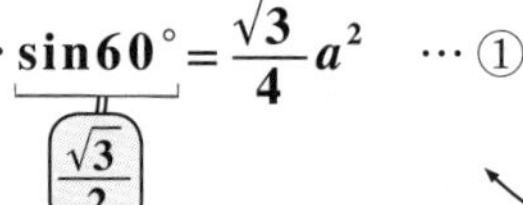

（S：底面積）

B
60°
a
a
底面積 S
C
D
a

三角形の面積は，ピンセットでつまむ要領で求めるんだね。

となる。この①は，**1** 辺の長さが a の正三角形の面積の公式として覚えよう。

(ⅱ) 次に，この四面体 **ABCD** を垂線 **AH** と辺 **AD** を含む平面で切った断面を考えると，これは右図に示すように△ **AMD** となる。正四面体の対称性から，この点 **M** は，辺 **BC** の中点になるはずなので，直角三角形 **AMC** は，

$\mathbf{AC}=a$，$\mathbf{MC}=\frac{1}{2}a$ で，

$\angle\mathbf{MAC}=30^\circ$，$\angle\mathbf{AMC}=90^\circ$

の直角三角形より，

$\mathbf{AM}=\frac{\sqrt{3}}{2}a$　となる。

同様に，$\mathbf{DM}=\frac{\sqrt{3}}{2}a$

$\therefore\ \mathbf{AM}=\mathbf{DM}=\frac{\sqrt{3}}{2}a$　となる。

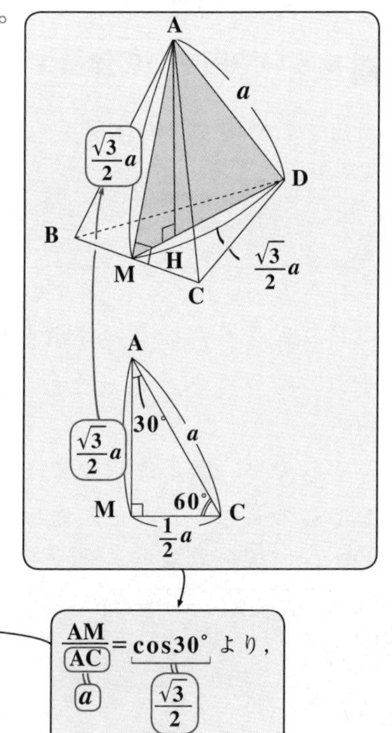

ここまでは，大丈夫？

では次，この断面の△ **AMD** について，$\angle\mathbf{AMD}=\theta$ とおくと，

余弦定理より,

$$\cos\theta = \frac{\left(\frac{\sqrt{3}}{2}a\right)^2 + \left(\frac{\sqrt{3}}{2}a\right)^2 - a^2}{2 \cdot \frac{\sqrt{3}}{2}a \cdot \frac{\sqrt{3}}{2}a}$$

$$= \frac{\left(\frac{3}{4} + \frac{3}{4} - 1\right)a^2}{\frac{3}{2}a^2}$$

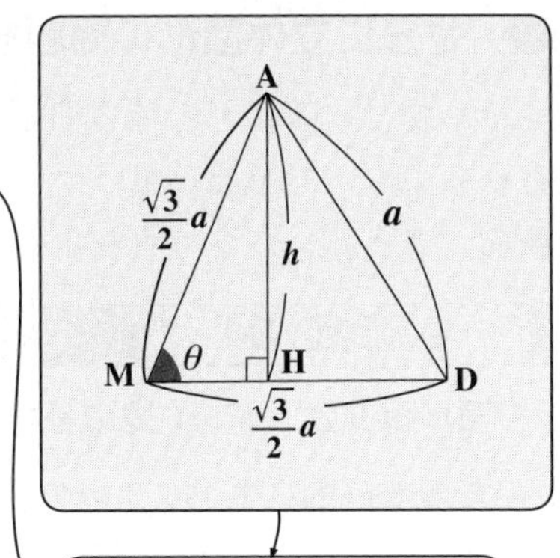

$$= \frac{\frac{1}{2}}{\frac{3}{2}} = \frac{2}{6} = \frac{1}{3}$$ となる。

余弦定理：
$$\cos\theta = \frac{AM^2 + MD^2 - AD^2}{2 \cdot AM \cdot MD}$$

ここで, $0 < \theta < 90°$ より, $\sin\theta > 0$

$$\therefore \sin\theta = \sqrt{1 - \cos^2\theta}$$

$$= \sqrt{1 - \left(\frac{1}{3}\right)^2} = \sqrt{\frac{9-1}{9}}$$

$$= \frac{\sqrt{8}}{3} = \frac{2\sqrt{2}}{3}$$

公式：
ここで, $\sin\theta$ より
$\sin\theta \neq -\sqrt{1-\cos^2\theta}$ だね。

よって, $\sin\theta = \frac{h}{AM}$ より,

$\sin\theta = \frac{2\sqrt{2}}{3}$, $AM = \frac{\sqrt{3}}{2}a$

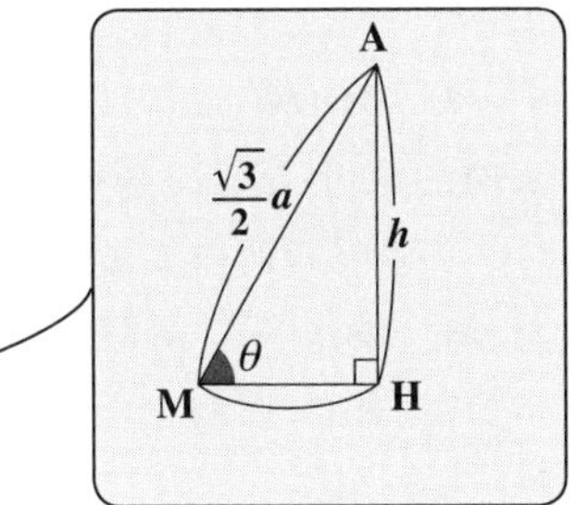

$$h = \frac{2\sqrt{2}}{3} \cdot \frac{\sqrt{3}}{2}a = \frac{\sqrt{6}}{3}a \quad \cdots ②$$

以上より, 正四面体 **ABCD** の底面積 S…①と高さ h…②が分かったので, この体積 V は, 次のように求まるんだね。

$$V = \frac{1}{3} \cdot \underbrace{\frac{\sqrt{3}}{4}a^2}_{S} \cdot \underbrace{\frac{\sqrt{6}}{3}a}_{h} = \frac{3\sqrt{2}}{36}a^3 = \frac{\sqrt{2}}{12}a^3$$ 納得いった？

この一連の流れが, スラスラ出てくるように練習してくれ！

それでは, さらに, 練習問題で, 練習しておこう！

● さらに立体図形の問題を解いてみよう！

それでは，これから練習問題で，さらに立体図形の問題を解いてみることにしよう。今回は，**3** つのポイントの内，(ⅰ) パーツで考える，と (ⅱ) 断面で考える，の **2** つを利用して解いていくことになるんだよ。

練習問題 34　四角すい　CHECK 1　CHECK 2　CHECK 3

右図に示すように，1 辺の長さが 2 の正方形を底面にもち，3 辺の長さが l，l，2 の 4 つの二等辺三角形を側面にもつ四角すい OABCD がある。$\angle OAC = 60°$ のとき，l と，この四角すいの体積 V，および表面積 T を求めよ。

四角すい **OABCD** の頂点 **O** から底面の正方形 **ABCD** に下した垂線の足を **H** とおき，この立体の断面の **1** 部である直角三角形 **OAH** で考えると話が見えてくるはずだ。まず，正方形 **ABCD** から考えていくことにしよう。

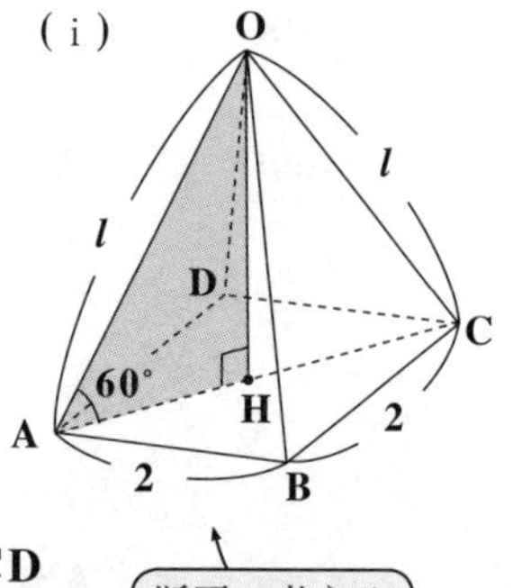

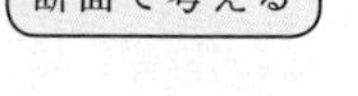

図 (ⅱ) に示すように，点 **H** は正方形 **ABCD** の **2** つの対角線 **AC** と **BD** の交点であり，$AH = \frac{1}{2}AC$ となる。ここで，$\triangle ABC$ は，辺の長さが，**2**，**2**，$2\sqrt{2}$ $(= AC)$ の直角二等辺三角形なので，$AH = \frac{1}{2} \cdot 2\sqrt{2} = \sqrt{2}$ となる。

よって，図 (ⅲ) に示すように，直角三角形

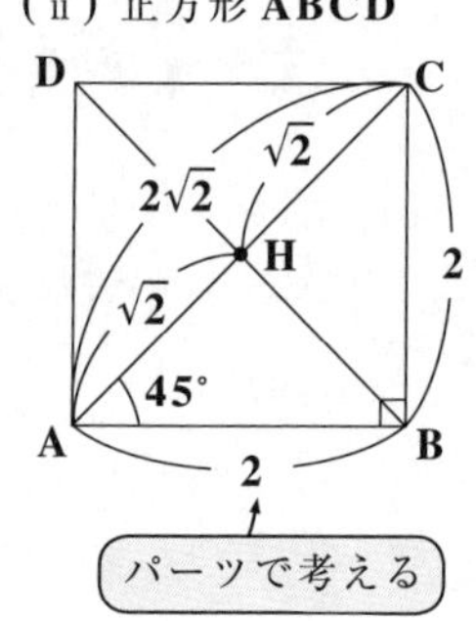

OAH において，**OA** = l，**AH** = $\sqrt{2}$，∠**OAH** = 60° であり，ここで **OH** = h とおくと，三角比の定義より，

$$\underset{\frac{1}{2}}{\cos 60^\circ} = \frac{\sqrt{2}}{l},\quad \frac{1}{2} = \frac{\sqrt{2}}{l}$$

∴ $l = 2\sqrt{2}$ と，l の値が求まる。

また，$\underset{\frac{\sqrt{3}}{2}}{\sin 60^\circ} = \frac{h}{\underset{2\sqrt{2}}{l}}$，$h = \frac{\sqrt{3}}{2} \times 2\sqrt{2}$

∴ $h = \sqrt{6}$ ← 四角すい **OABCD** の高さ

以上より，四角すい **OABCD** の体積 V は底面積 $S = 2^2 = 4$ より，

$$V = \frac{1}{3} \cdot S \cdot h = \frac{1}{3} \cdot 4 \cdot \sqrt{6} = \frac{4\sqrt{6}}{3}$$ となる。

次，側面の二等辺三角形 **OAB** について考える。(図 (v) 参照) 頂点 **O** から辺 **AB** に下ろした垂線の足を **M** とおくと，**M** は辺 **AB** の中点になる。よって，△**OAM** は，**OA** = l = $2\sqrt{2}$，**AM** = 1 の直角三角形になる。

直角三角形 **OAM** に三平方の定理を用いて，

$$\underset{(2\sqrt{2})^2}{OA^2} = \underset{1^2}{AM^2} + OM^2,\quad OM^2 = 8 - 1 = 7$$

∴ $OM = \sqrt{7}$ ← △**OAB** の高さ

∴ $\triangle OAB = \frac{1}{2} \cdot \underset{底辺}{AB} \cdot \underset{高さ}{OM} = \frac{1}{2} \cdot 2 \cdot \sqrt{7} = \sqrt{7}$ となる。

△OAB の面積を表すものとする。

(iii) 直角三角形 OAH

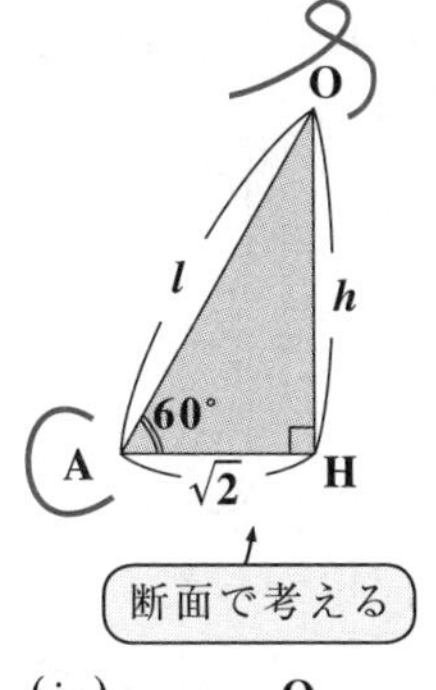

(iv)

高さ $h = \sqrt{6}$

O, D, C, H, A, B

底面積 $S = 2^2 = 4$

(v)

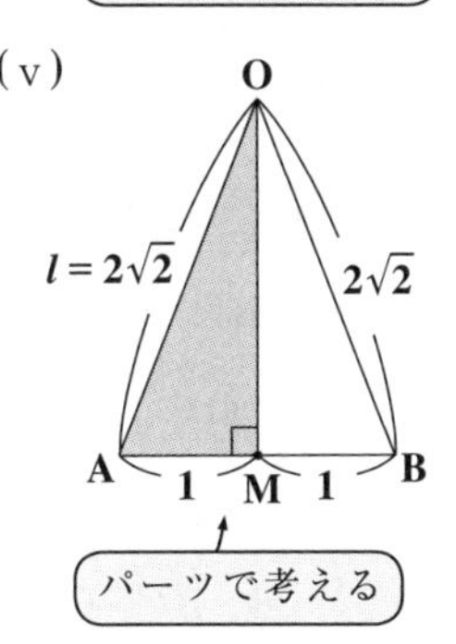

(vi)

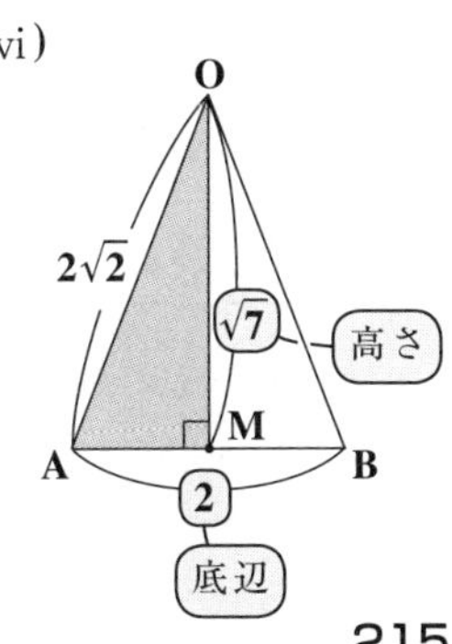

以上より，求める四角すい OABCD の表面積 T は，

$T = \underbrace{S}_{\text{底面積}} + \underbrace{4\times\triangle OAB}_{\text{4つの二等辺三角形の面積の和}} = 4 + 4\sqrt{7} = 4(\sqrt{7}+1)$ となって，答えだね。

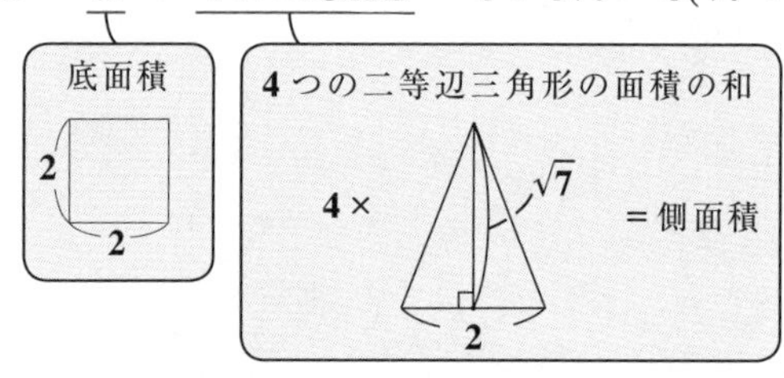

どう？ 面白かった？ 四角すい OABCD の断面やパーツを取り出して考えながら，答えを順次求めていったんだね。初めは，解答通りにトレースしていっていいけれど，その内，解答を見ずに，自分の頭で自然とこのように考えられるようになると，スバラシイよ。頑張って練習してくれ。

それでは，次，三角すい（**四面体**（しめんたい））について，練習問題で練習しておこう。

三角すいは，4つの面の三角形から出来るので，このように呼ぶこともある。

最後の問題なので，結構レベルの高い問題だけど，ポイント（iii）“立体図形の見方（見る向き）を変えて考える。”を使うと，解法の大きな流れが見えてくると思うよ。それじゃ，準備はいい？ ファイナル問題にチャレンジだ !!

練習問題 35　四面体（三角すい）　CHECK 1　CHECK 2　CHECK 3

四面体 OABC について，$OA = 1$，$OB = \sqrt{2}$，$OC = 2$，$OA \perp OB$，$OB \perp OC$，$OC \perp OA$ であるとき，次の各問いに答えよ。

(1) 四面体 OABC の体積 V を求めよ。

(2) 3 辺 AB，BC，CA の長さを求め，$\cos\angle CAB$，$\sin\angle CAB$ を求め，さらに $\triangle ABC$ の面積 S を求めよ。

(3) 頂点 O から $\triangle ABC$ に下ろした垂線の足を H とするとき，OH の長さを求めよ。

四面体（三角すい）OABC の各パーツに着目しながら，導入に従って解いていくことが大事だよ。特に，(3) の OH は，(1) と (2) の結果を利用して導けるんだよ。ポイントは，(iii)“見方を変える”ことだ！

四面体 **OABC** について，

$$\begin{cases} OA=1,\ OB=\sqrt{2},\ OC=2 \\ OA\perp OB,\ OB\perp OC,\ OC\perp OA \end{cases}$$ より，

図 (i) のような四面体 (三角すい) になる。

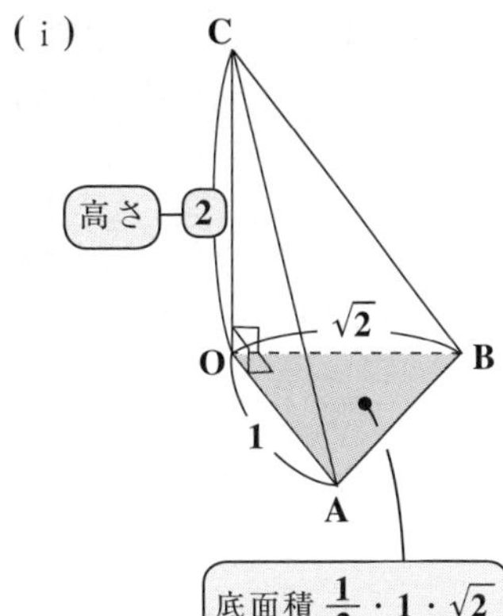

(1) この四面体 **OABC** の体積 V は，

$$V=\frac{1}{3}\cdot\underbrace{\frac{1}{2}\cdot1\cdot\sqrt{2}}_{\text{底面積}}\cdot\underbrace{2}_{\text{高さ}}=\frac{\sqrt{2}}{3}$$ となる。

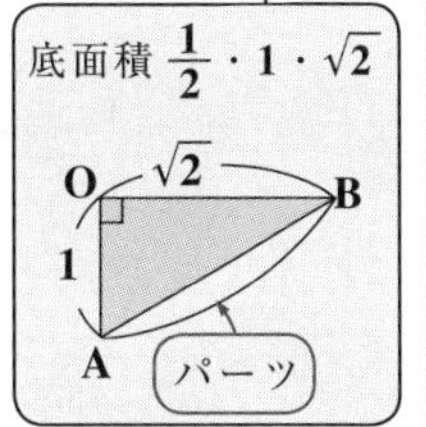

(2) 与えられた条件より，△**OAB**，△**OBC**，△**OCA** は，いずれも直角三角形となるので，三平方の定理を用いて，まず，**AB**，**BC**，**CA** の値を求めよう。

・直角三角形 **OAB** に三平方の定理を用いて，

$AB^2=1^2+(\sqrt{2})^2=3$

$\therefore\ AB=\sqrt{3}$ となる。

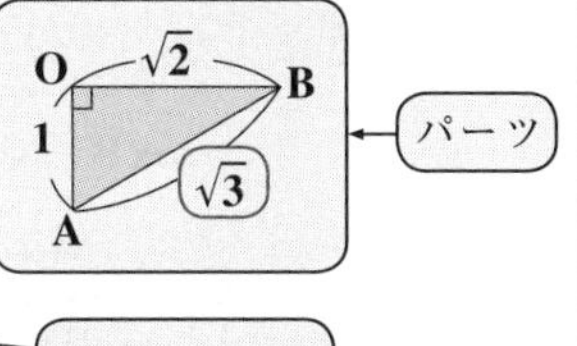

・直角三角形 **OBC** に三平方の定理を用いて，

$BC^2=(\sqrt{2})^2+2^2=6$

$\therefore\ BC=\sqrt{6}$ だね。

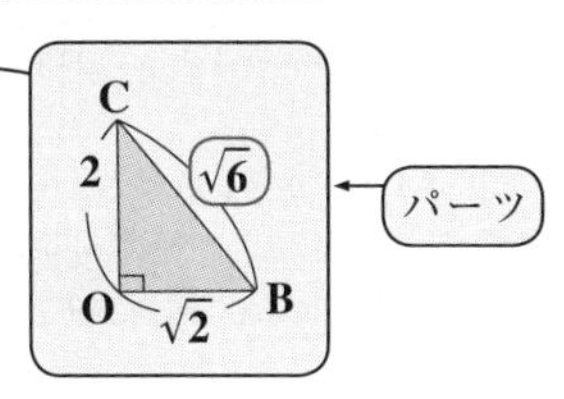

・直角三角形 **OCA** に三平方の定理を用いて，

$CA^2=1^2+2^2=5$

$\therefore\ CA=\sqrt{5}$ となる。

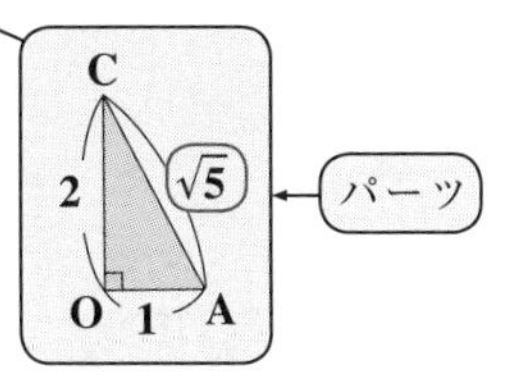

以上より，図 (ii) に示すように，△**ABC** の **3** 辺の長さ $a=BC=\sqrt{6}$，$b=CA=\sqrt{5}$，$c=AB=\sqrt{3}$ が分かったので，今度は △**ABC** に余弦定理を用いれば，$\cos A$

$$\cos A=\frac{b^2+c^2-a^2}{2bc}$$

の値が求まる。

次に，$\sin A>0$ より，$\sin^2 A=1-\cos^2 A$，$\sin A=\sqrt{1-\cos^2 A}$ から，$\sin A$ も求まる。

そして，これから，△**ABC** の面積 S は公式 $S=\frac{1}{2}bc\sin A$ を用いて算出できる。

この流れに乗って，解答していこう。

(ii) △**ABC**

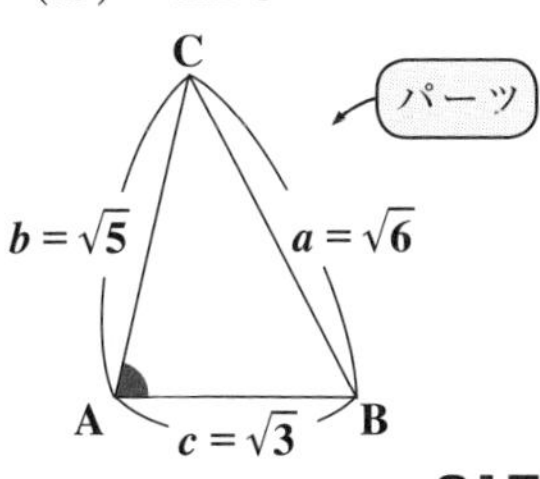

・△ABC に余弦定理を用いて，

$$\cos A = \frac{(\sqrt{5})^2 + (\sqrt{3})^2 - (\sqrt{6})^2}{2 \cdot \sqrt{5} \cdot \sqrt{3}} = \frac{5+3-6}{2\sqrt{15}}$$

$$= \frac{2}{2\sqrt{15}} = \frac{1}{\sqrt{15}}$$ となる。

・$\sin^2 A + \cos^2 A = 1$ より，$\sin^2 A = 1 - \cos^2 A$

ここで，$0° < \angle A < 180°$ より，$\sin A > 0$

よって，$\sin A = \sqrt{1 - \cos^2 A} = \sqrt{1 - \frac{1}{15}} = \sqrt{\frac{15-1}{15}}$

（$\cos^2 A = \left(\frac{1}{\sqrt{15}}\right)^2$）

$\sin A > 0$ より，$\sin A = -\sqrt{1-\cos^2 A}$ は考える必要がない！

$$= \sqrt{\frac{14}{15}} = \frac{\sqrt{14}}{\sqrt{15}}$$ となる。

sin A, cos A の分母を有理化していないが，こちらの方がシンプルな表現なので，このままでいいと思う。もちろん，$\cos A = \frac{\sqrt{15}}{15}$，$\sin A = \frac{\sqrt{210}}{15}$ としてもいい。

以上より，△ABC の面積 S は

$$S = \frac{1}{2} \cdot b \cdot c \cdot \sin A = \frac{1}{2} \cdot \sqrt{5} \cdot \sqrt{3} \cdot \frac{\sqrt{14}}{\sqrt{15}} = \frac{\sqrt{14}}{2}$$ となって，答えだ。

（$b = \sqrt{5}$，$c = \sqrt{3}$，$\sin A = \frac{\sqrt{14}}{\sqrt{15}}$）

(3) では，次のように見方を変えると解法の糸口が見えてくる。

参考

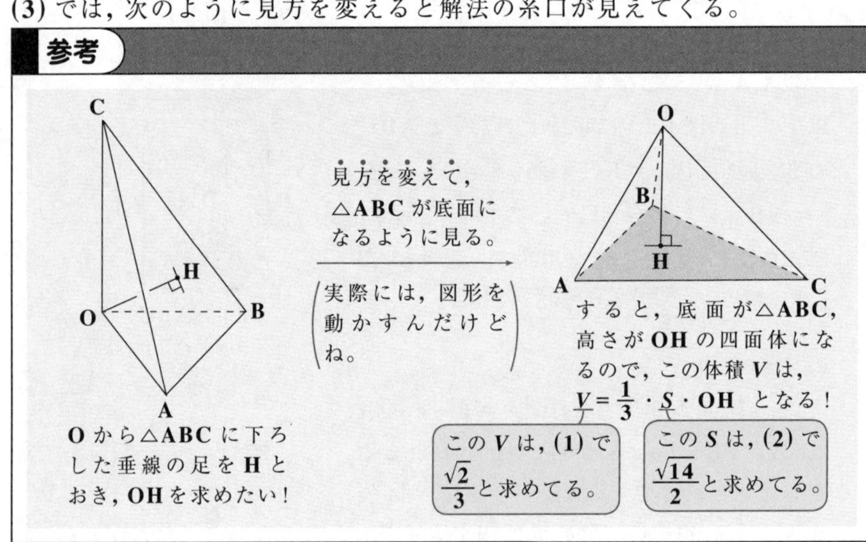

(1) の結果より，四面体 **OABC** の体積 $V=\frac{\sqrt{2}}{3}$ だね。

次に，この四面体 **OABC** において，△**ABC** を底面と見ると，**OH** はこの四面体の高さとなる。よって，四面体 **OABC** の体積 V は，

$$\underbrace{V}_{\frac{\sqrt{2}}{3}}=\frac{1}{3}\cdot\underbrace{S}_{\triangle ABC\text{ の面積 }\frac{\sqrt{14}}{2}}\cdot OH=\frac{1}{3}\cdot\frac{\sqrt{14}}{2}\cdot OH=\frac{\sqrt{14}}{6}\cdot OH$$ ((2) の結果より)

以上より，$\frac{\sqrt{14}}{6}\cdot OH=\frac{\sqrt{2}}{3}$ となる。

$$\therefore\ OH=\frac{\sqrt{2}}{3}\cdot\frac{6}{\sqrt{14}}=\frac{2\sqrt{2}}{\sqrt{14}}=2\cdot\sqrt{\frac{2}{14}}=\frac{2}{\sqrt{7}}=\frac{2\sqrt{7}}{7}$$ が答えだね。

計算も大変だったけれど，考え方が面白かっただろう？ この面白い！って気持ちが大事だよ。解法の流れがシッカリ頭に焼きつけられるからだ。また，この問題もよ～く練習しておくといいよ。

以上で，三角比（図形と計量）の講義はすべて終了です！フ～疲れたって！？そうだね，かなり内容が濃かったからね。でも，一休みしてまた元気が出たら，繰り返し練習しておくことだね。

数学で強くなりたかったら，方法はただ **1** つ！「良問を繰り返し解いて，自分のものにする。」ことなんだね。では，次回は，数学 I の最後のテーマ "**データの分析**" について解説する。それまで，みんな元気でな。また会おう…。

第4章● 図形と計量　公式エッセンス

1. 半径 r の半円による三角比の定義

$$\cos\theta = \frac{x}{r},\quad \sin\theta = \frac{y}{r},\quad \tan\theta = \frac{y}{x}\ (x \neq 0)$$

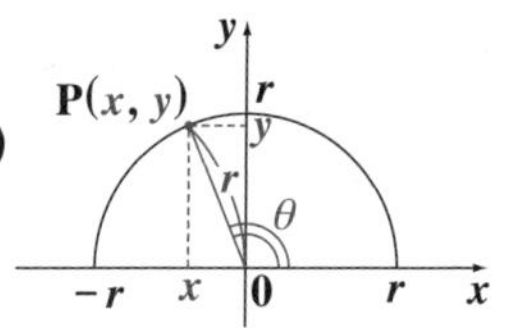

2. 三角比の基本公式

(1) $\cos^2\theta + \sin^2\theta = 1$　(2) $\tan\theta = \dfrac{\sin\theta}{\cos\theta}$　(3) $1 + \tan^2\theta = \dfrac{1}{\cos^2\theta}$

3. 正弦定理

$$\frac{a}{\sin A} = \frac{b}{\sin B} = \frac{c}{\sin C} = 2R$$

(R：△ABC の外接円の半径)

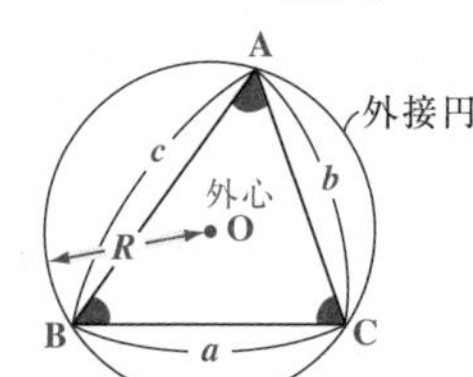

4. 余弦定理

(ⅰ) $a^2 = b^2 + c^2 - 2bc\cos A$

(ⅱ) $b^2 = c^2 + a^2 - 2ca\cos B$

(ⅲ) $c^2 = a^2 + b^2 - 2ab\cos C$

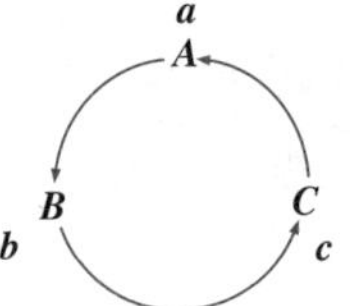

5. 三角形の面積 S

$$S = \frac{1}{2}ab\sin C = \frac{1}{2}bc\sin A = \frac{1}{2}ca\sin B$$

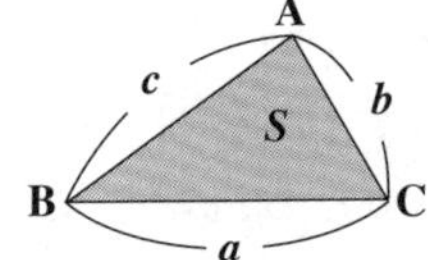

6. 三角形の内接円の半径 r

$$S = \frac{1}{2}(a+b+c)r$$　(S：△ABC の面積)

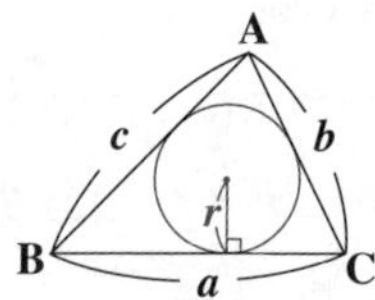

7. 円すいや角すいの体積 V

$$V = \frac{1}{3}S\cdot h$$　(S：底面積，h：高さ)

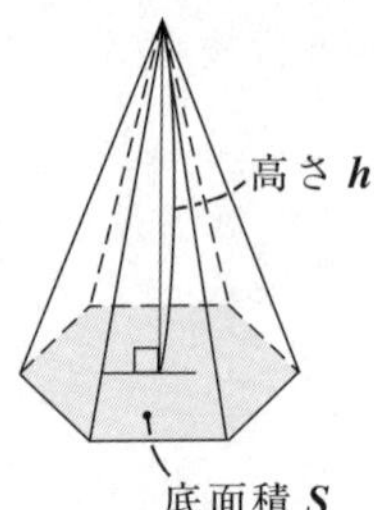

第 5 章
CHAPTER

5 データの分析

▶ データの整理と分析

▶ 2 変数データの相関

16th day　データの整理と分析

みんな，今日も元気そうだね。数学Ⅰもいよいよ最終テーマの“**データの分析**”の講義に入ろう。お店で売られている **20** 個のリンゴの重量やクラス **10** 名全員の試験の得点結果など…，世の中には沢山の数値で表されるデータが存在するんだね。

この講義では，これらのデータを整理してまとめ，**度数分布表**(どすうぶんぷひょう)とそのグラフ(**ヒストグラム**)で表したり，また，このデータ分布を表す**代表値**(だいひょうち)を求めたりしてみよう。さらに，**箱ひげ図**(はこひげず)や，散らばり具合を表す**分散**(ぶんさん)と**標準偏差**(ひょうじゅんへんさ)についても解説するつもりだ。

エッ，言葉が難しそうだって？ そうだね。でも今回も **1** つ **1** つ丁寧に教えるから，すべて理解できるはずだよ。頑張ろう！

● データから度数分布表を作ってみよう！

データ分析については，具体例で学ぶのが一番なので，ここでは，次のような **10** 名のクラスの生徒の数学のテストの得点結果を用いて，解説することにしよう。

75，56，88，45，36，63，69，96，78，64

具体的には，山田さんが **75** 点，佐藤君が **56** 点，…などのことなんだけれど，これらは，あくまでも **10** 個の数値のデータとして考えるんだね。そして，これらを整理して，**度数分布表**を作り，さらに**ヒストグラム**を描く手順について解説しよう。

(ⅰ) まず，最初にやることは，大小関係がバラバラに並んだ元データを小さい順に並べることから始めよう。すると，

36，**45**，**56**，**63**，**64**，**69**，**75**，**78**，**88**，**96** ……①

(x_1，x_2，x_3，x_4，x_5，x_6，x_7，x_8，x_9，x_{10})

となるね。このようにデータを小さい順に並べて，順に $x_1, x_2, x_3, \cdots, x_{10}$ のように表すことも覚えておこう。さらに，これらの数値データをまとめて，変量(へんりょう) X とおき，

$X = x_1,\ x_2,\ x_3,\ \cdots,\ x_{10}$ のように表したりもするんだね。

(ⅱ) では次，①のデータを 0 以上 10 未満，10 以上 20 未満，…，90 以上 100 以下のように，各階級（かいきゅう）に分類してみると，次の①′のようになるのはいいね。

$0 \leqq X < 10$　$10 \leqq X < 20$　$90 \leqq X \leqq 100$

36，45，56，63，64，69，75，78，88，96 ……①′

$30 \leqq X < 40$　$40 \leqq X < 50$　$50 \leqq X < 60$　$60 \leqq X < 70$　$70 \leqq X < 80$　$80 \leqq X < 90$　$90 \leqq X \leqq 100$

最後のみ，100 以下になることに要注意だ！

今回の例では，上のように階級の幅を 10 にとって分類したけれど，これに特に決まりがあるわけではないんだね。これは，まとめる人がどのように整理したかによる。たとえば，$0 \leqq X < 20$，$20 \leqq X < 40$，…，$80 \leqq X \leqq 100$ のように階級の幅を 20 にとって整理したって，もちろん構わない。

①′のように，階級幅 10 で分類するとき，各階級に入る数値データの個数のことを**度数**（どすう）という。また，各階級の真ん中の値を**階級値**（かいきゅうち）という。上の例でいうと，

・階級 $0 \leqq X < 10$ の度数は 0　←この階級に入るデータは 0 個だからね。

階級値は，0 と 10 の相加平均をとって，$\dfrac{0+10}{2} = 5$ となる。

・階級 $30 \leqq X < 40$ の度数は 1　←データ $x_1 = 36$ が 1 個だけこの階級に入る。

階級値は 35

・階級 $60 \leqq X < 70$ の度数は 3　←データ $x_4 = 63$，$x_5 = 64$，$x_6 = 69$ の 3 個だけこの階級に入る。

階級値は 65

・階級 $90 \leqq X \leqq 100$ の度数は 1　←データ $x_{10} = 96$ が 1 個だけこの階級に入る。

階級値は 95

以上，途中を少し省略して示したけれど，このように各階級に度数を対応させたものを**度数分布**（どすうぶんぷ）と呼ぶ。そして，これは，次のように表の形で表現すると分かりやすい。これを**度数分布表**（どすうぶんぷひょう）と呼ぶんだね。

(iii) このように10個の得点データXを度数分布表で表すと表1のようにキレイにまとめて示すことができる。ここで，表1の1番右の欄の**相対度数**（そうたいどすう）とは各階級の度数を全データの個数(全度数)（この場合，10のこと）で割ったもののことなんだね。したがって，相対度数の総和は当然1となるのも大丈夫だね。

表1　度数分布表

得点 X	階級値	度数	相対度数
$30 \leqq X < 40$	35	1	0.1
$40 \leqq X < 50$	45	1	0.1
$50 \leqq X < 60$	55	1	0.1
$60 \leqq X < 70$	65	3	0.3
$70 \leqq X < 80$	75	2	0.2
$80 \leqq X < 90$	85	1	0.1
$90 \leqq X \leqq 100$	95	1	0.1
総計		10	1

($0 \leqq X < 10$，$10 \leqq X < 20$，$20 \leqq X < 30$ における度数は0なので，当然省略できる。)

では，各階級の相対度数を，式の形でも表しておこう。

$$(\text{各階級の相対度数}) = \frac{(\text{各階級の度数})}{(\text{度数の総計})}$$

(iv) それでは，表1の度数分布表を基に，横軸に変量(得点)X，縦軸に度数f（一般に度数はfで表すことが多い）をとって，この数学の得点を図1のような棒グラフで表すこともできるんだね。この度数分布を表すグラフのことを，**ヒストグラム**と呼ぶ。これも覚えておこう。

図1　ヒストグラム

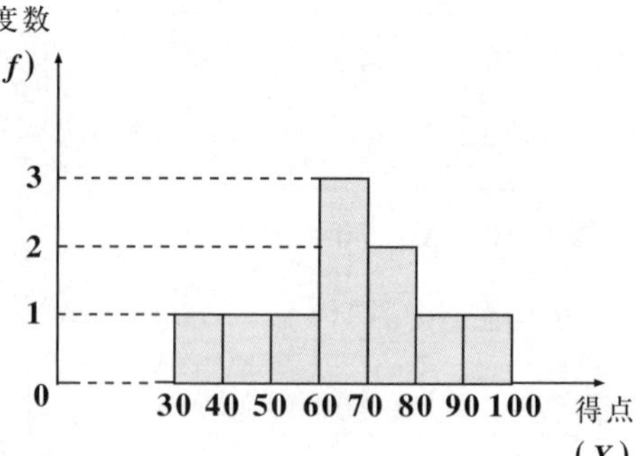

このように，与えられた数値データを

(i) 小さい順に並べ，
(ii) 各階級に分類して度数を調べ，
(iii) 度数分布表を作り，そして，
(iv) ヒストグラムを描くことによって，キチンと整理することができるんだね。この一連の流れをシッカリ頭に入れておこう。

● データ分布の代表値を求めてみよう！

これまで解説してきたように，与えられた数値データからその度数分布を求めることができるわけだけれど，その分布の特徴を **1** つの数値で表してみることにしよう。このような数値は分布を代表する値として**代表値**(だいひょうち)と呼ばれるんだね。

エッ，何のことか，よく分からんって!? たとえば，**10** 名のクラスの数学の得点について，「平均点は，○○です。」と，よく先生がおっしゃってるはずだ。この (i) 平均点(へいきんてん)も代表値の **1** つなんだね。では，他にも代表値があるのかって？ ウン，これ以外にも，(ii) **メジアン**(**中央値**(ちゅうおうち))と (iii) **モード**(**最頻値**(さいひんち))というものがあるんだね。言葉が難しそうだけれど，先程解説した数学のテストの **10** 個の得点データを使って，**1** つずつ順に解説していくことにしよう。

(i) **平均値 $\overline{X}$** について，

変量 X の平均値として，$\overline{X}$(エックス・バー) または m と表す。

次の **10** 個の数学の試験の得点データ：

36，45，56，63，64，69，75，78，88，96 ……①′

の場合，これらの総和をデータの個数 **10** で割ったものが，平均値 $\overline{X}$ となるんだね。よって，

この場合，平均点のこと

$$\overline{X}=\frac{36+45+56+63+64+69+75+78+88+96}{10}$$

$=\frac{670}{10}=67$ (点) となるんだね。この平均値が，得点データの分布の特徴を表す代表値の **1** つなんだ。

では，一般論として，平均値の公式を示しておこう。

平均値 $\overline{X}$

n 個のデータ $x_1，x_2，x_3，\cdots，x_n$ の平均値 $\overline{X}(=m)$ は，

$\overline{X}=m=\frac{x_1+x_2+x_3+\cdots+x_n}{n}$ である。

つまり，「データの総和をデータの個数で割る」と覚えておけばいい

んだね。ここで，元の得点データを整理した後の表 1′ に示す度数分布表のみがある場合の平均値の求め方についても解説しておこう。ここでは，元データはないものとすると，表 1′ から読み取れるのは，階級値を元にした以下の

表 1′　度数分布表

階級値	度数
35	1
45	1
55	1
65	3
75	2
85	1
95	1

各階級の真ん中の値

35，45，55，65，65，65，75，75，85，95

（65 が 3つ，75 が 2つ）

の **10** 個のデータになるので，この場合，平均値 $\overline{X}$ の近似値として，

$$\overline{X} \fallingdotseq \frac{35+45+55+65\times3+75\times2+85+95}{10}$$

$=\dfrac{660}{10}=66$ (点)　が求められる。この計算法も頭に入れておこう。

（本当の平均値 $\overline{X}=67$ とは，1 だけずれている。）

(ii) **メジアン** (中央値) について，

これも，**10** 個の数学のテストの得点データで解説しよう。

$\underset{x_1}{36}$，$\underset{x_2}{45}$，$\underset{x_3}{56}$，$\underset{x_4}{63}$，$\underset{x_5}{64}$，$\underset{x_6}{69}$，$\underset{x_7}{75}$，$\underset{x_8}{78}$，$\underset{x_9}{88}$，$\underset{x_{10}}{96}$　……①′

$$(\text{メジアン})=\frac{x_5+x_6}{2}$$

メジアン (中央値) とは，①′ のように，データを小さい順に並べたとき，ちょうど真ん中にくる値のことなんだね。

したがって，**7** 個のように，奇数個のデータの場合，これを小さい順に並べて，x_1，x_2，x_3，x_4，x_5，x_6，x_7 としたとき **4** 番目の値 x_4 がメジアン (中央値) になるんだね。

（真ん中の値 (メジアン) $=x_4$）

しかし，今回の得点データのように，**10** 個，すなわち偶数個のデータの場合，真ん中にくる数は，x_5 と x_6 の **2** つになるので，この **2** つの相加平均をとって，これをメジアン (中央値) とするんだね。

したがって，①′の中央値は，

メジアン（中央値）$=\dfrac{x_5+x_6}{2}=\dfrac{64+69}{2}=\dfrac{133}{2}=66.5$（点）

となるんだね。大丈夫だった？

それでは，メジアン（中央値）も一般論として，その公式を示しておこう。

メジアン（中央値）

n を 0 以上の整数とする。

（i）$2n+1$ 個（奇数個）のデータを小さい順に並べたものを，

$\underbrace{x_1,\ x_2,\ \cdots,\ x_n}_{n\text{ 個のデータ}},\ \underbrace{x_{n+1}}_{\text{メジアン}},\ \underbrace{x_{n+2},\ x_{n+3},\ \cdots,\ x_{2n+1}}_{n\text{ 個のデータ}}$ とおくと，

メジアンは，x_{n+1} となる。

（$n=3$ のとき，7 個のデータであり，その中央値は $x_{3+1}=x_4$ となったんだね。）

（ii）$2n$ 個（偶数個）のデータを小さい順に並べたものを，

$\underbrace{x_1,\ x_2,\ \cdots,\ x_{n-1}}_{n-1\text{ 個のデータ}},\ \underbrace{x_n,\ x_{n+1}}_{\text{メジアン }\frac{x_n+x_{n+1}}{2}},\ \underbrace{x_{n+2},\ \cdots,\ x_{2n}}_{n-1\text{ 個のデータ}}$ とおくと，

メジアンは，$\dfrac{x_n+x_{n+1}}{2}$ となる。

（$n=5$ のとき，10 個のデータであり，その中央値は $\dfrac{x_5+x_6}{2}$ となったんだね。）

具体例を先に示したので，このメジアンの公式の意味も理解できたと思う。よく分からないという人は，（i）では，$n=3$，（ii）では，$n=5$ とおいて考えると，具体例と同じになるので分かると思う。

このメジアンも，元のデータがなくて，表 1′ の度数分布表のみのときは，近似的に階級値を用いて，

$\underset{x_1}{35},\ \underset{x_2}{45},\ \underset{x_3}{55},\ \underset{x_4}{65},\ \underset{x_5}{65},\ \underset{x_6}{65},\ \underset{x_7}{75},\ \underset{x_8}{75},\ \underset{x_9}{85},\ \underset{x_{10}}{95}$ の 10 個の

データとなるので，メジアンの近似値は $\dfrac{x_5+x_6}{2}=\dfrac{65+65}{2}=65$ だね。

(iii) **モード(最頻値)**について

これについても，数学のテストの $\mathbf{10}$ 個の得点データを例にとって解説するけど，このモード(最頻値)については，初めから，元データではなくて，表 $\mathbf{1'}$ の度数分布表や図 $\mathbf{1}$ のヒストグラムを基にして求めることになるんだね。

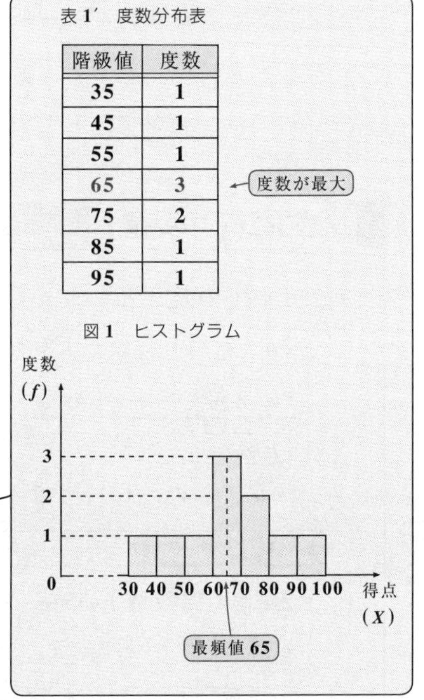

表 1′　度数分布表

階級値	度数
35	1
45	1
55	1
65	3
75	2
85	1
95	1

図 1　ヒストグラム

モード(最頻値)とは，度数が最も大きい階級の階級値のことなんだ。したがって，右の表 $\mathbf{1'}$ や図 $\mathbf{1}$ から明らかに $60 \leqq X < 70$ のとき，度数は $\mathbf{3}$ となって最大値をとるので，この階級値 $\mathbf{65}$ が，このデータ分布のモード(最頻値)ということになるんだね。納得いった？

それでは，次の練習問題でさらに練習しておこう。

練習問題 36　データ分布と代表値　CHECK 1　CHECK 2　CHECK 3

ある 13 名の生徒の英語のテストの得点データを小さい順に示す。

26, 38, 48, 50, 65, 66, 68, 69, 76, 78, 89, 98, 100

(1) このデータを $0 \leqq X < 10$, $10 \leqq X < 20$, …のような各階級に分類して，度数分布表を求めよ。

(2) このデータの 3 つの代表値，すなわち(i)平均値，(ii)メジアン，(iii)モードの値を求めよ。

小さい順にデータが与えられているので，手順通りに求めればいいね。

(1) 与えられた13個の得点データ X は既に小さい順に並んでいるので，これを，

メジアン

$\underset{x_1}{26}$，$\underset{x_2}{38}$，$\underset{x_3}{48}$，$\underset{x_4}{50}$，$\underset{x_5}{65}$，$\underset{x_6}{66}$，$\underset{x_7}{68}$，$\underset{x_8}{69}$，$\underset{x_9}{76}$，$\underset{x_{10}}{78}$，$\underset{x_{11}}{89}$，$\underset{x_{12}}{98}$，$\underset{x_{13}}{100}$

$20 \leqq X < 30$ (x_1)，$30 \leqq X < 40$ (x_2)，$40 \leqq X < 50$ (x_3)，$50 \leqq X < 60$ (x_4)，$60 \leqq X < 70$ (x_5～x_8)，$70 \leqq X < 80$ (x_9, x_{10})，$80 \leqq X < 90$ (x_{11})，$90 \leqq X \leqq 100$ (x_{12}, x_{13})

とおき，$0 \leqq X < 10$，$10 \leqq X < 20$，… に分けて度数を求めて整理すると，右のような度数分布表が得られる。

「度数分布表を求めよ」と言われた場合，特に指定がなければ，階級値や相対度数は書かなくてもいいと思う。

度数分布表

得点 X	度数
$20 \leqq X < 30$	1
$30 \leqq X < 40$	1
$40 \leqq X < 50$	1
$50 \leqq X < 60$	1
$60 \leqq X < 70$	4
$70 \leqq X < 80$	2
$80 \leqq X < 90$	1
$90 \leqq X \leqq 100$	2

(2) この得点のデータの3つの代表値を求める。

(i) 平均値を $\overline{X}$ とおくと，

$$\overline{X} = \frac{26+38+48+50+65+66+68+69+76+\cdots+100}{13}$$

13 ← データの個数

$$= \frac{871}{13} = 67\ (\text{点})$$ となる。

(ii) 13個(奇数個)のデータなので，そのメジアン(中央値)は，

$x_7 = 68$ となる。 ← 1つのデータの値で決まる！

(iii) 度数分布表により，$60 \leqq X < 70$ の度数が4で最大だね。よって，この階級値，すなわち $\frac{60+70}{2} = \frac{130}{2} = 65$ が，モード(最頻値)になるんだね。

以上，(i)平均値67，(ii)メジアン68，そして(iii)モード65と，値は微妙に異なるけれど，これらが，この得点のデータをそれぞれの意味で表す代表値ということになるんだね。

● 箱ひげ図にチャレンジしよう！

では次，データ分布を 1 つの代表値で表すのではなく，その分布の特徴をより詳しく表現する**箱ひげ図**(はこひげず)について解説しよう。これは，長方形の箱の両側にひげがそれぞれ伸びた形をしているので，こんな呼び方をするんだろうね。

この箱ひげ図は，与えられたデータから**中央値 (第 2 四分位数**(しぶんいすう) **)** と，最小値と最大値，それに**第 1 四分位数**と**第 3 四分位数**の 5 つの数値を抽出して，作られるんだ。エッ，また難しそうな用語が出てきたって !? 大丈夫！これから，詳しく解説するからね。

それではここでも，これまで使ってきた次の小さい順に並べた 10 個の数学の得点データ①′を利用して，実際に箱ひげ図を作ってみよう。

$$\underset{x_1}{36},\ \underset{x_2}{45},\ \underset{x_3}{56},\ \underset{x_4}{63},\ \underset{x_5}{64},\ \underset{x_6}{69},\ \underset{x_7}{75},\ \underset{x_8}{78},\ \underset{x_9}{88},\ \underset{x_{10}}{96}\ \cdots\cdots ①'$$

最小値 x_{min} (x_1)　第 1 四分位数 q_1 (x_3)　中央値 $q_2=m_e$ (第 2 四分位数) (x_5, x_6)　第 3 四分位数 q_3 (x_8)　最大値 x_{max} (x_{10})

この①′のデータから，最小値が $x_1=36$，最大値が $x_{10}=96$ であること，また，データの個数が偶数の 10 個なので，中央値 (メジアン) が $\frac{x_5+x_6}{2}=66.5$ であり，これが①′のデータを 2 等分することになる。ここまではいいね。ここで，最小値 x_1 は x_{min}，最大値 x_{10} は x_{max} と表すことにしよう。

ここでさらに，①′のデータを 4 等分して考えてみることにしよう。

(ⅰ) まず，前半の 5 個のデータ x_1, x_2, x_3, x_4, x_5 の中央値の $x_3(=56)$ が，第 1 四分位数になり，

(ⅱ) 次に，後半の 5 個のデータ $x_6, x_7, x_8, x_9, x_{10}$ の中央値 $x_8(=78)$ が，第 3 四分位数になるんだね。

したがって，①′のデータ全体の中央値 $\frac{x_5+x_6}{2}=66.5$ は，2 番目の四分位数ということになるので，これを第 2 四分位数とも呼ぶんだね。

では，以上の結果を，得点軸 X の数直線で表したものを図 2 に示そう。図 2 に示すように，これから箱ひげ図が簡単に作成できる。

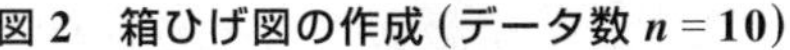

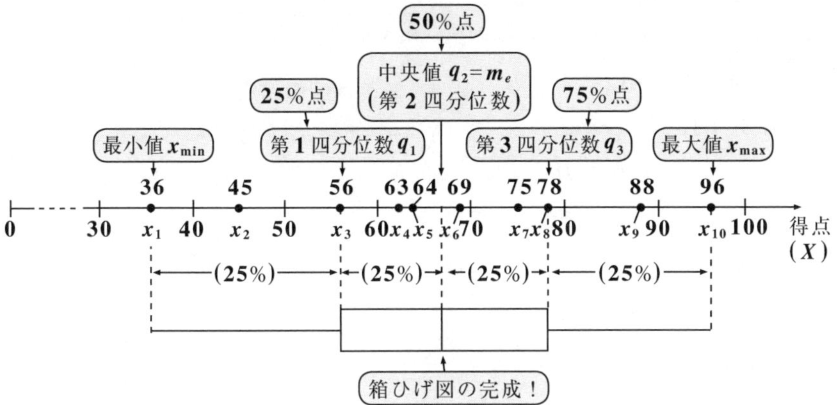

どう？図**2**から，箱ひげ図の描き方が分かるだろう？ つまり，第**1**四分位数から第**3**四分位数の範囲で**1**つの箱(長方形)を作り，中央値(第**2**四分位数)の位置に縦線を入れる。そして，この箱の両端から，それぞれ最小値と最大値に向けてひげ(線分)を引けば，箱ひげ図が完成することになるんだね。(パチパチ!!)

何故こんなものを作るのかというと，図**2**に示すように，両側のひげと仕切られた箱の**4**つの範囲に，それぞれ$\frac{1}{4}$(=**25**%)ずつデータが存在することになるので，このシンプルな箱ひげ図からヒストグラムの大体の形状を類推することができるからなんだね。したがって，

・第**1**四分位数の表す点を**25% 点**と呼び，q_1とおき，
・第**2**四分位数(中央値)の表す点を**50% 点**と呼び，q_2とおき，
・第**3**四分位数の表す点を**75% 点**と呼び，q_3とおくことにしよう。

ただし，このデータの最大値から最小値までを**4**等分する**3**つの点(**25**%点q_1，**50**%点q_2，**75**%点q_3)は，データの個数が，今回の**10**個のように偶数であれば，正確に**4**等分する位置にくるんだけれど，このデータの個数が奇数のときは，ほぼ**4**等分する点になることにも気を付けよう。ただし，これもデータの個数が大きくなれば気にならなくなるんだけれどね。

よく意味が分からないって？ いいよ，具体的に，データの数nが，偶

数の例として $n=8$ のときと，奇数の例として，$n=7$ と 9 のときの箱ひげ図の描き方を示すことによって，解説しよう。

(i) $n=8$ (偶数) のときを図 3(i) に示した。この場合，4 分割された各範囲にデータがそれぞれ 2 個ずつ入っているので，25% ずつきれいに 4 等分されているのが分かるね。

(ii) $n=7$ (奇数) のときを図 3(ii) に示す。この場合，中央値 (50%点 q_2) は x_4 で，前半分の x_1，x_2，x_3 の中央値として，x_2 が 25%点 q_1 になり，後半分の x_5，x_6，x_7 の中央値として，x_6 が 75%点 q_3 になるんだね。

でも，ここで，左のひげの範囲では，

x_1 ―― x_2

と見ると，1.5 個分のデータが入り，箱の左側の範囲では，

図 3　箱ひげ図の作成

(i) データ数 $n=8$ のとき

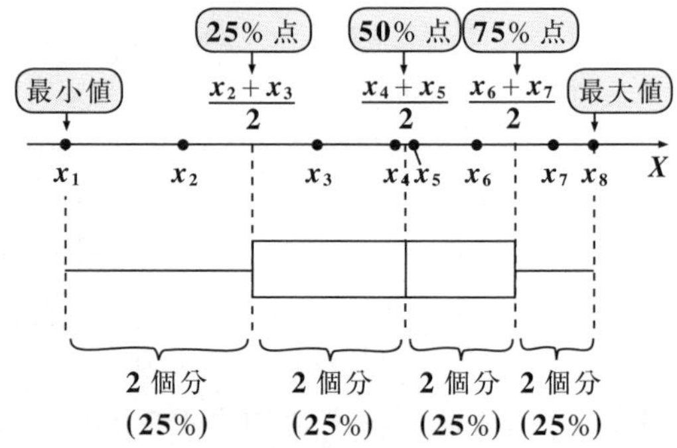

(ii) データ数 $n=7$ のとき

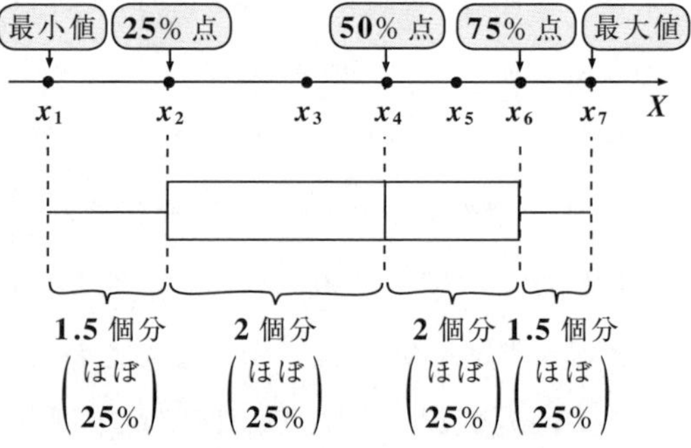

(iii) データ数 $n=9$ のとき

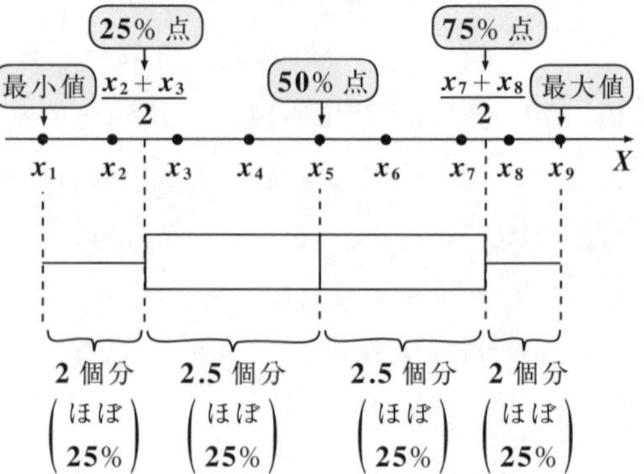

x_2 x_3 x_4 と考えると，**2** 個分のデータが入っていることになるね。同様に，箱の右の範囲には **2** 個分，右側のひげには **1.5** 個分のデータが入っていると考えると，トータルで，$1.5+2+2+1.5=7$ 個のデータとして，つじつまが合うんだね。しかし，これら **4** 分割された範囲に正確にデータの個数は **4** 等分されているわけではないので，各 **4** つの範囲にほぼ **25%** ずつのデータがあるとしか言えないんだね。これは，全データの個数が奇数のときの，箱ひげ図の特徴と言えるんだね。

(iii) $n=9$ (奇数) のときを，図 **3**(iii) に示した。

この場合，中央値 (**50%** 点 q_2) が x_5 となるのはいいね。そして，前半分の x_1，x_2，x_3，x_4 の中央値として $\dfrac{x_2+x_3}{2}$ が **25%** 点 q_1 になり，後半分の x_6，x_7，x_8，x_9 の中央値として $\dfrac{x_7+x_8}{2}$ が **75%** 点 q_3 になるのも大丈夫だね。しかし，このときも，(ii) $n=7$ のときと同様に考えると，左のひげ，左の箱の部分，右の箱の部分，そして右のひげに入るデータの個数は，順に **2**，**2.5**，**2.5**，**2** となるので，この **4** 分割されたそれぞれの範囲には，ほぼ **25%** ずつのデータが入るとしか言えないんだね。

したがって，一般論としてもデータの個数が奇数のときは，**4** つの分割された範囲には，ほぼ **25%** ずつのデータが入っているとしか言えないんだけれど，現実問題として扱うデータの個数がたとえば $n=1001$ 個のように大きい場合，各 **4** つの範囲には，順に **250**，**250.5**，**250.5**，**250** のデータが入っていると考えられるので，データの個数が奇数でも大きければほぼ正確に各範囲に **25%** ずつデータが入っていると考えていいんだね。納得いった？

あるヒストグラムが与えられると，それから箱ひげ図は一意(いちい)に決まるんだ

"ただ **1** つに" という意味

けれど，ある箱ひげ図に対応するヒストグラムは **1** つではなく，実は沢山存在する。しかし，ここで，箱ひげ図と典型的なヒストグラムの関係の

例を**4**つ，図**4**(ⅰ)(ⅱ)(ⅲ)(ⅳ)に示しておこう。

(ⅰ)(ⅱ)(ⅲ)(ⅳ)の下に示した箱ひげ図の各**4**つの範囲にほぼ**25**%ずつのデータが入ることと，ヒストグラムの面積がデータの個数と比例することから考えて，このようなヒストグラムと箱ひげ図の関係になるんだね。自分が納得いくまで，よ～くながめてみるといいよ。

図4　箱ひげ図とヒストグラムの関係

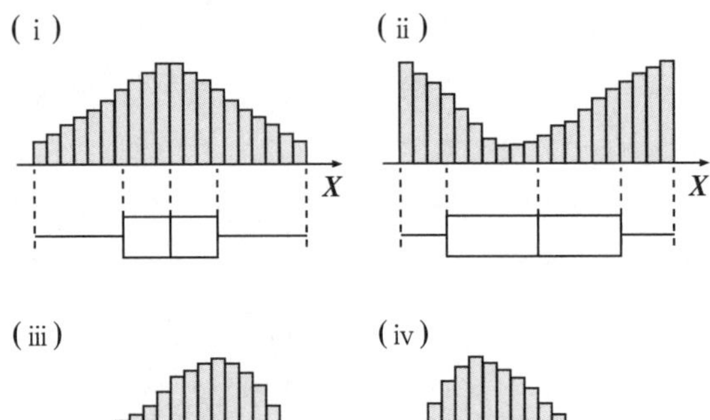

では，最後に**範囲**(はんい)と**四分位範囲**(しぶんいはんい)と**四分位偏差**(しぶんいへんさ)についても解説しておこう。図**5**に示すように，箱ひげ図が与えられたとき，データの最小値から最大値までの長さを**範囲**という。また，箱の長さを**四分位範囲**という。そして，この四分位範囲

（箱の長さ：**25**%点から**75**%点までの範囲，つまり，q_3-q_1）

を**2**で割ったものを**四分位偏差**と呼ぶんだね。これも覚えておこう。

図5　四分位範囲と四分位偏差

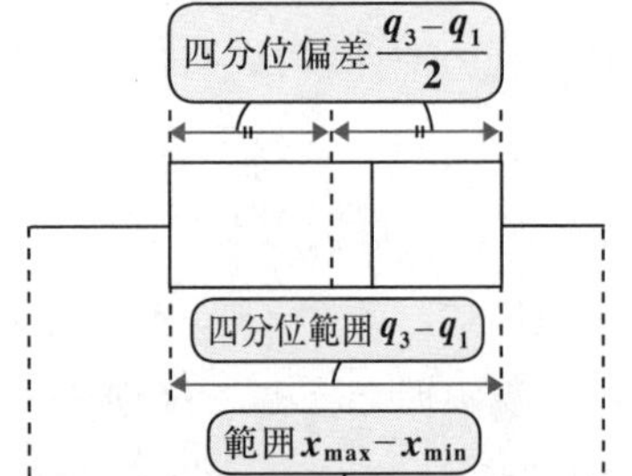

それでは，他のデータと極端に離れた値のデータ，すなわち"**外れ値**(はずれち)"についても解説しておこう。

● 外れ値を調べてみよう！

“**外れ値**(はずれち)” について，例を使って解説しよう。ある数学の小テストを受けた **10** 人の生徒の得点結果を小さい順に並べて示すと，

3，5，7，9，10，11，12，14，19，50 であった。

(x_1 = 3, x_2 = 5, x_3 = 7 = q_1, x_4 = 9, x_5 = 10, x_6 = 11, $q_2=\frac{10+11}{2}=10.5$, x_7 = 12, x_8 = 14 = q_3, x_9 = 19, x_{10} = 50)

50点だけ異常に大きい！外れ値の可能性あり！

このデータの平均 m は，$m=\frac{1}{10}(x_1+x_2+\cdots+x_{10})=14$ となる。

50 だけ極端に大きなデータになっているので，これが “**外れ値**” であるか否かを調べてみよう。

まず，図 **6** に，この得点データの箱ひげ図を示すと，

$q_1=7$，$q_2=10.5$，$q_3=14$ であることが分かる。

図6　箱ひげ図と外れ値

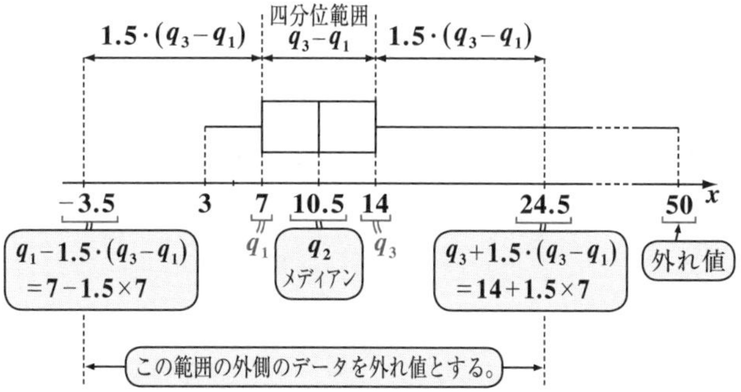

外れ値の定義は複数あるが，ここでは，$q_3+1.5\cdot(q_3-q_1)$（四分位範囲）を最大値とし，$q_1-1.5\cdot(q_3-q_1)$ を最小値とする範囲の外側にあるデータを “**外れ値**” と定義することにしよう。すると，この範囲の最大値は，$q_3+1.5\cdot(q_3-q_1)=14+1.5\times7=14+10.5=24.5$ であり，**50** はこれより大きいので，$x_{10}=50$ は “**外れ値**” となる。

では，外れ値は何らかのミスによって誤入したデータなので，除外すべきなのか？というとそうとも限らない。例えば，**50** 点満点の難しいテストであった場合，**1** 人だけ極端に優秀な生徒が満点をとったのかもしれないからだね。もちろん，これが，**20** 点満点のテストだったとすると，$x_{10}=50$ はあり得ないので除外することになる。

$x_{10}=50$ を除外した場合，その平均点を m' とおくと，$m'=\frac{1}{9}(x_1+x_2+\cdots+x_9)$

$=10$ となって，元の平均値

$m=\frac{1}{10}(x_1+x_2+\cdots+x_{10})=14$

と比べてかなり小さくなる。

3, 5, 7, 9, 10, 11, 12, 14, 19

x_1 = x_{min}　$q_1{}'=6.5$　$q_2{}'$ メディアン　$q_3{}'=13$　x_9 = x_{max}

しかし，右に示すように，$x_{10}=50$ を除いたデータのメディアン(中央値) $q_2{}'$ は 10 となって，元の $q_2=10.5$ とあまり変わらない。モード(最頻値)もあまり変化せず，代表値としては，平均値のみが大きく変化する可能性があるんだね。

● データの散らばり度は分散と標準偏差を調べる！

図7(i)，(ii)に示すように，同じ平均値をもった2組のデータでも，(i)のようにデータのバラツキが小さく平均値付近にほとんどのデータが存在するものと，(ii)のようにバラツキが大きいものとが存在するんだね。

図7　データの散らばりの違い

(i) 散らばりが小さい

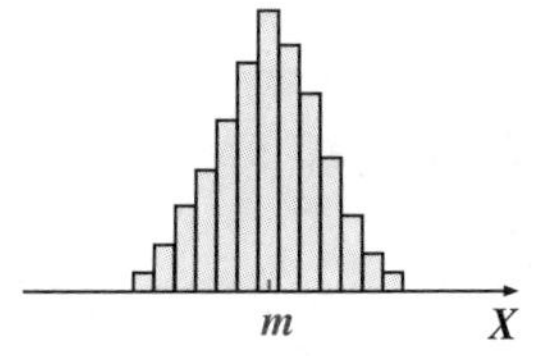

(ii) 散らばりが大きい

このようなデータの散らばり具合の大きさを数値で表す指標を**分散**(ぶんさん) S^2，または，**標準偏差**(ひょうじゅんへんさ) S というんだね。

では，具体例を使って，この分散 S^2 と標準偏差 S の求め方を解説しておこう。5人があるゲームを行って得た得点結果のデータを次に示す。

$\underset{x_1}{4}$, $\underset{x_2}{1}$, $\underset{x_3}{5}$, $\underset{x_4}{8}$, $\underset{x_5}{7}$　まず，このデータの平均値 m を求めると，

$m=\frac{1}{5}(x_1+x_2+x_3+x_4+x_5)=\frac{1}{5}(4+1+5+8+7)=\frac{25}{5}=5$ となるんだね。

よって，各データの値と m との差を求めると，これがストレートなバラツキを示す**偏差**(へんさ)という量になる。これも具体的に求めると，

$x_1-m=4-5=-1$ ……①　　$x_2-m=1-5=-4$ ……②

$x_3-m=5-5=0$ ……③　　$x_4-m=8-5=3$ ……④

$x_5-m=7-5=2$ ……⑤　となるんだね。

ここで，これらの偏差①～⑤の総和をとって，総偏差とでもしたいところなんだけれど，実際に①＋②＋③＋④＋⑤を実行すると，
$(-1)+(-4)+0+3+2=0$　となってしまう。
これは，各偏差の⊕と⊖で打ち消し合うからなんだね。では，散らばり具合(バラツキ度)をどう表せばいいか？…，そうだね。①～⑤の各偏差を **2** 乗して，その和をとれば，偏差の⊕，⊖に関わらず，**2** 乗してすべて **0** 以上の数の和になるので，バラツキの大きさを示す指標になり得るんだね。
この各偏差の **2** 乗を**偏差平方**(へんさへいほう)と呼び，その総和を**偏差平方和**(へんさへいほうわ)という。
では，今回のデータの偏差平方和を求めると，①²+②²+③²+④²+⑤² より，

$$(x_1-m)^2+(x_2-m)^2+(x_3-m)^2+(x_4-m)^2+(x_5-m)^2$$
$$=(4-5)^2+(1-5)^2+(5-5)^2+(8-5)^2+(7-5)^2$$
$$=(-1)^2+(-4)^2+0^2+3^2+2^2$$
$$=1+16+9+4=30$$　となるんだね。

ここで，この偏差平方和はバラツキが小さなデータでも，データの個数が大きければ，たし算する項が増えて，大きくなるという欠点がある。したがって，この偏差平方和をデータの個数で割った偏差平方の平均値が，データの散らばり具合を示す指標になる。これを**分散** S^2 と定義するんだね。よって，今回のデータの分散 S^2 は，

分散 $S^2=\frac{1}{⑤}\times\underline{30}=6$　となるんだね。

(データの個数)　(偏差平方和 $=(x_1-m)^2+(x_2-m)^2+\cdots+(x_5-m)^2$)

ただし，分散を求める際にデータを **2** 乗して，単位が変わっているので，これを元の状態に戻すために，分散 S^2 の正の平方根をとったものを**標準偏差** S という。よって，今回の例では，　($\sqrt{\ }$ のこと)
標準偏差 $S=\sqrt{S^2}=\sqrt{6}$　となるんだね。納得いった？
以上，今回の **5** 個のデータの例で求めた分散 S^2 と標準偏差 S を式の形で表すと，

分散 $S^2=\dfrac{(x_1-m)^2+(x_2-m)^2+\cdots+(x_5-m)^2}{5}$

標準偏差 $S=\sqrt{S^2}$

ということになるんだね。

それでは，これを一般化して，x_1，x_2，…，x_n の n 個の数値データの分布の分散 S^2 と標準偏差 S の公式を次にまとめて示そう。

分散 S^2 と標準偏差 S

n 個の数値データ x_1，x_2，…，x_n の散らばり具合を示す指標として分散 S^2 と標準偏差 S は次の式で求められる。

(ⅰ) 分散 $S^2=\dfrac{(x_1-m)^2+(x_2-m)^2+\cdots+(x_n-m)^2}{n}$ ……$(*)$

(ⅱ) 標準偏差 $S=\sqrt{S^2}$

$\left(\text{ただし，} m \text{ は平均値，すなわち } m=\dfrac{x_1+x_2+\cdots+x_n}{n} \text{ である。}\right)$

データの個数が，例題の **5** から，一般の自然数 n に変化しただけだから特に問題はないと思う。(ⅰ)の分散 S^2 は，「偏差平方和をデータの個数 n で割ったもの」と，また(ⅱ)の標準偏差 S は，「分散 S^2 の $\sqrt{\quad}$ をとったもの」と覚えておけばいいんだね。納得いった？

ここで，(ⅰ)の分散 S^2 の公式 $(*)$ の右辺を変形してみよう。

$$S^2=\frac{1}{n}\{\underbrace{(x_1-m)^2}_{x_1^2-2mx_1+m^2}+\underbrace{(x_2-m)^2}_{x_2^2-2mx_2+m^2}+\cdots+\underbrace{(x_n-m)^2}_{x_n^2-2mx_n+m^2}\}$$

（n 個の和）

$$=\frac{1}{n}(x_1^2-2mx_1+m^2+x_2^2-2mx_2+m^2+\cdots+x_n^2-2mx_n+m^2)$$

$$=\frac{1}{n}\{(x_1^2+x_2^2+\cdots+x_n^2)-2m\underbrace{(x_1+x_2+\cdots+x_n)}_{n\cdot m}+\underbrace{(m^2+m^2+\cdots+m^2)}_{n\cdot m^2}\}$$

（n 個の和）

$\because\ m=\dfrac{1}{n}(x_1+x_2+\cdots+x_n)$ だからね。

$$=\frac{1}{n}\{(x_1^2+x_2^2+\cdots+x_n^2)\underbrace{-2m\cdot n\cdot m+n\cdot m^2}_{-2n\cdot m^2+n\cdot m^2=-n\cdot m^2}\}$$

$n\cdot m^2=a$ とおくと，$-2a+a=-a$ となるからね。

$$=\frac{1}{n}\{(x_1^2+x_2^2+\cdots+x_n^2)-n\cdot m^2\}$$

以上より，次の公式も導かれる。

$$S^2 = \frac{1}{n}(x_1{}^2 + x_2{}^2 + \cdots + x_n{}^2) - m^2 \quad \cdots\cdots(*)'$$

これは，分散 S^2 の計算式とも呼ばれるもので，「データの2乗平均から，平均値の2乗を引いたもの」と覚えておいてくれたらいい。

それでは，次の練習問題で，分散 S^2 と標準偏差 S を求めてみよう。

練習問題 37　分散と標準偏差　CHECK 1　CHECK 2　CHECK 3

10点満点の英語の小テストを受けた8人の生徒の得点データを次に示す。

8，5，7，3，6，2，9，8

このデータの分散 S^2 と標準偏差 S を求めよ。

まず，$x_1 = 8$，$x_2 = 5$，…，$x_8 = 8$ とおいて，平均値 m を求め，偏差平方和を8で割って，分散 S^2 を求めればいいんだね。

8個の得点データを

$x_1 = 8$，$x_2 = 5$，$x_3 = 7$，$x_4 = 3$，$x_5 = 6$，$x_6 = 2$，$x_7 = 9$，$x_8 = 8$

とおいて，この平均値 m を求めると，

$$m = \frac{1}{8}(x_1 + x_2 + \cdots + x_8) = \frac{1}{8}(8+5+7+3+6+2+9+8)$$

$$= \frac{48}{8} = 6$$ となる。

したがって，偏差平方和を，データの個数8で割ったものが分散 S^2 より

（偏差平方和：$(x_1 - m)^2 + (x_2 - m)^2 + \cdots + (x_8 - m)^2$ のこと）

$$S^2 = \frac{1}{8}\{\underbrace{(x_1-m)^2}_{(8-6)^2} + \underbrace{(x_2-m)^2}_{(5-6)^2} + \underbrace{(x_3-m)^2}_{(7-6)^2} + \underbrace{(x_4-m)^2}_{(3-6)^2} + \underbrace{(x_5-m)^2}_{(6-6)^2}$$

$$+ \underbrace{(x_6-m)^2}_{(2-6)^2} + \underbrace{(x_7-m)^2}_{(9-6)^2} + \underbrace{(x_8-m)^2}_{(8-6)^2}\}$$

$$= \frac{1}{8}\{2^2 + (-1)^2 + 1^2 + (-3)^2 + 0^2 + (-4)^2 + 3^2 + 2^2\}$$

$\therefore$ 分散 $S^2=\dfrac{4+1+1+9+16+9+4}{8}=\dfrac{44}{8}=\dfrac{11}{2}=5.5$ となる。

よって，この正の平方根が標準偏差 S より

標準偏差 $S=\sqrt{\dfrac{11}{2}}=\sqrt{\dfrac{22}{4}}=\dfrac{\sqrt{22}}{2}\fallingdotseq 2.345$ となるんだね。

参考 1

分散 S^2 を求めるのに右のような偏差や偏差平方の表を用いると，間違いなく結果を出せるので，利用するといいよ。
分散の計算法については既に教えているので，この表を利用した算出法の意味もよく分かると思う。

表

データNo	データ	偏差 x_k-m	偏差平方 $(x_k-m)^2$
x_1	8	2	4
x_2	5	-1	1
x_3	7	1	1
x_4	3	-3	9
x_5	6	0	0
x_6	2	-4	16
x_7	9	3	9
x_8	8	2	4
合計	48	0	44

偏差平方和

平均値 $m=\dfrac{48}{8}=6$

分散 $S^2=\dfrac{44}{8}=\dfrac{11}{2}=5.5$

参考 2

平均値 $m=6$ が求まったとして，分散 S^2 を $(*)'$ から求めてもいいよ。

$(*)'$ より，

分散 $S^2=\underbrace{\dfrac{1}{8}(8^2+5^2+7^2+3^2+6^2+2^2+9^2+8^2)}-\underbrace{6^2}_{m^2}$

データの 2 乗平均 $\dfrac{1}{8}(x_1{}^2+x_2{}^2+\cdots+x_8{}^2)$ のこと

$=\dfrac{64+25+49+9+36+4+81+64}{8}-36$

$=\dfrac{332}{8}-36=\dfrac{83}{2}-36=\dfrac{11}{2}$ と，同じ結果が導ける。

● $Y=aX+b$ の平均値や分散を求めよう！

定数 a, b を用いて，変量 X を変換して，新たな変量 $Y=aX+b$ を定義するものとしよう。

ここで，変量 X の平均値が m_X，分散が $S_X{}^2$，標準偏差が $S_X\left(=\sqrt{S_X{}^2}\right)$ であったとする。このとき，変量 Y の平均値 m_Y と分散 $S_Y{}^2$ と標準偏差 $S_Y\left(=\sqrt{S_Y{}^2}\right)$ は，次の公式により求めることができるんだね。

$Y=aX+b$ の m_Y, $S_Y{}^2$, S_Y

変量 X の平均値が m_X，分散が $S_X{}^2$，標準偏差が S_X であるとき，
新たな変量 $Y=aX+b$ (a, b：定数) の平均値 m_Y，分散 $S_Y{}^2$，標準偏差 S_Y は次のように求められる。

(i) $m_Y=am_X+b$ …(＊1)　(ii) $S_Y{}^2=a^2\cdot S_X{}^2$ …(＊2)　(iii) $S_Y=|a|S_X$ …(＊3)

この公式も，便利な道具と考えて，実際に次の練習問題で使ってみよう。

練習問題 38　m_Y, $S_Y{}^2$, S_Y の計算　CHECK 1　CHECK 2　CHECK 3

変量 X の平均値 m_X，分散 $S_X{}^2$，標準偏差 S_X が次のように与えられているとき，下に示す新たな各変量 Y の平均値 m_Y，分散 $S_Y{}^2$，標準偏差 S_Y を求めよ。

(1) $m_X=10$，$S_X{}^2=4$，$S_X=2$ のとき，変量 Y を $Y=2X+3$ で定義する。

(2) $m_X=20$，$S_X{}^2=5$，$S_X=\sqrt{5}$ のとき，変量 Y を $Y=-3X+1$ で定義する。

(1)(2) 共に，(＊1), (＊2), (＊3) の公式を使って，m_Y, $S_Y{}^2$, S_Y を求めればいいんだね。

(1) $m_X=10$，$S_X{}^2=4$，$S_X=2$ の変量 X を使って，新たな変量 Y を $Y=2X+3$ で定義すると，Y の平均値 m_Y，分散 $S_Y{}^2$，標準偏差 S_Y は，
(＊1)(＊2)(＊3) より，$m_Y=2\cdot m_X+3=2\times10+3=23$，
$S_Y{}^2=2^2\cdot S_X{}^2=4\times4=16$，$S_Y=\sqrt{S_Y{}^2}=\sqrt{16}=4$ となる。

$Y=aX+b$ のとき，
・$m_Y=am_X+b$ ………(＊1)
・$S_Y{}^2=a^2\cdot S_X{}^2$ ………(＊2)
・$S_Y=\sqrt{S_Y{}^2}=|a|S_X$ …(＊3)

(2) $m_X=20$，$S_X{}^2=5$，$S_X=\sqrt{5}$ の変量 X を使って，新たな変量 Y を $Y=-3X+1$ で定義すると，Y の平均値 m_Y，分散 $S_Y{}^2$，標準偏差 S_Y は，公式より，$m_Y=-3\cdot m_X+1=-3\times20+1=-59$，
$S_Y{}^2=(-3)^2\cdot S_X{}^2=9\times5=45$，$S_Y=\sqrt{S_Y{}^2}=\sqrt{3^2\times5}=3\sqrt{5}$ ← $S_Y=|-3|\cdot S_X=3\sqrt{5}$ でもよい。

大丈夫だった？ 今回の講義も盛り沢山な内容だったから，よ～く復習しておこう！では，次回も分かりやすく教えるから，楽しみにしてくれ！

17th day　データの相関

みんな，おはよう！　今日で，「初めから始める数学 I」の講義も最終回になる。エッ！おなごり惜しいって!?　…オイオイ，キミ達の数学人生はまだ始まったばかりだ。だから，この後もまだまだ教える内容は沢山あるんだよ。今日は1つの区切りだと考えてくれたらいいんだね (^o^)!

前回の講義では，数学のテストの得点データのように，1変数のデータの代表値や散らばり具合について調べたんだね。今回は，これをさらに一歩進めて2変数のデータの分析について調べよう。

2変数のデータとは，例えば，n 人のプレーヤーが，A と B の2つのゲームを行った結果得られた得点などが挙げられる。1人目の人の A と B 2つのゲームの得点の組を (x_1, y_1) とおき，2人目の人の得点，3人目の人の得点，…，n 人目の人の得点についても同様に，(x_2, y_2), (x_3, y_3), …, (x_n, y_n) とおくと，A のゲームの得点データ $(x_1, x_2, x_3, \cdots, x_n)$ と B のゲームの得点データ $(y_1, y_2, y_3, \cdots, y_n)$ の2変数のデータが与えられたことになるんだね。大丈夫？

そして，これら2変数のデータは，座標平面上の**散布図**(さんぷず)によってグラフで表せる。また，これらの2変数のデータの関係は，**共分散**(きょうぶんさん)や**相関係数**(そうかんけいすう)といった指標で表現することもできるんだね。また，用語が難しそうだけれど，最後まで，分かりやすく解説するから，シッカリ勉強していこう！

● 2変数のデータの散布図を求めよう！

では，この2変数のデータについても，具体例で解説することにしよう。6人の生徒が受けた数学と英語のそれぞれ10点満点の小テストの得点結果を，まず下に示そう。

$$(\underset{x_1}{6}, \underset{y_1}{5}),\ (\underset{x_2}{9}, \underset{y_2}{7}),\ (\underset{x_3}{3}, \underset{y_3}{3}),\ (\underset{x_4}{10}, \underset{y_4}{9}),\ (\underset{x_5}{8}, \underset{y_5}{5}),\ (\underset{x_6}{6}, \underset{y_6}{7}) \quad \cdots\cdots①$$

具体的には，6人の内，山田君の数学と英語の得点の組が，(6, 5) であり，同様に鈴木さんの得点の組が (9, 7)，…，ということなんだけれど，これ

を **6** 組の **2** 変数の得点データとして，①に示したんだね。ここで，

数学の得点データを $X = \underbrace{x_1}_{6}, \underbrace{x_2}_{9}, \underbrace{x_3}_{3}, \underbrace{x_4}_{10}, \underbrace{x_5}_{8}, \underbrace{x_6}_{6}$ とおき，

英語の得点データを $Y = \underbrace{y_1}_{5}, \underbrace{y_2}_{7}, \underbrace{y_3}_{3}, \underbrace{y_4}_{9}, \underbrace{y_5}_{5}, \underbrace{y_6}_{7}$ とおくと，**2** 変数（“**2** 変量”ともいう）の得点データが与えられていることが，明確になるだろう。

ここで，**6** 組のデータ

$(x_1, y_1) = (6, 5)$，$(x_2, y_2) = (9, 7)$，$(x_3, y_3) = (3, 3)$，
$(x_4, y_4) = (10, 9)$，$(x_5, y_5) = (8, 5)$，$(x_6, y_6) = (6, 7)$ 　は，

図 **1** に示すように XY 座標平面上の **6** 個の点として表すことができる。このように，各データを XY 座標平面上の点で表したものを**散布図**（さんぷず）と呼ぶんだね。

図 1　散布図（正の相関）

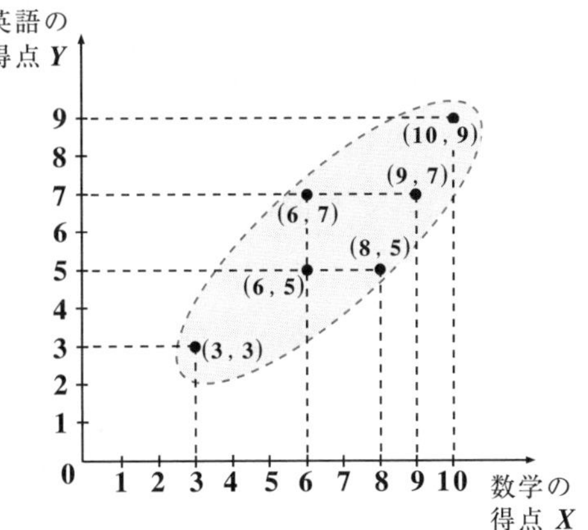

このようにグラフにして，ヴィジュアル化すると直感的に全データを表す点が明らかに右上がりの傾向を示していることが分かるだろう。

つまり，この例では，「数学の得点の高い人は，英語の得点も高く，逆に数学の得点の低い人は英語の得点も低い」傾向があることを示しているんだね。このように，**2** つの変数（変量）X と Y の間に，

(ⅰ) 図 **1** のように，一方が増加すると他方も増加する傾向があるとき，X と Y の間に**正の相関**（せいのそうかん）があるといい，

(ⅱ) 逆に右図のように，一方が増加すると他方が減少する傾向があるとき，X と Y の間に**負の相関**（ふのそうかん）があるという。

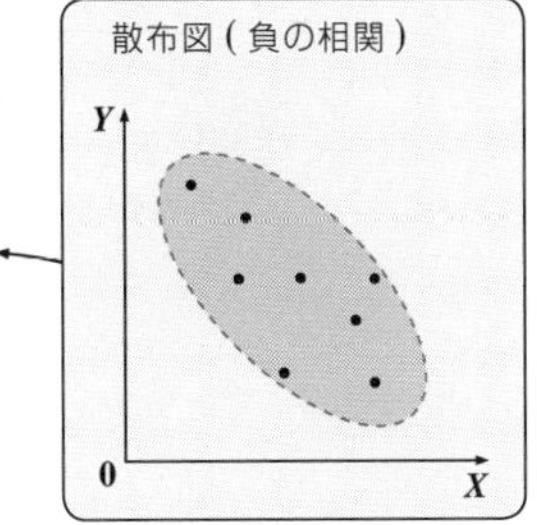

(iii) そして，右図に示すように，正の相関も負の相関も認められないとき，X と Y の間には相関はないというんだね。納得いった？

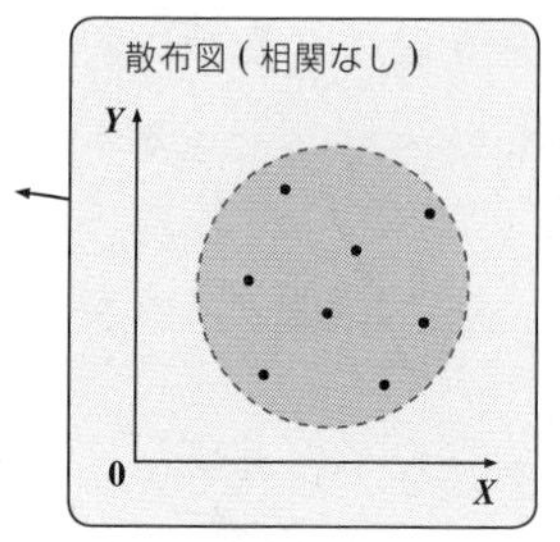

エッ，でも，(i) 正の相関や (ii) 負の相関，それに (iii) 相関なしの関係といったって，視覚的なもので，何か頼りない感じがするって…!? ，なかなか鋭い指摘だね。確かに，正の相関や負の相関の程度を表す指標は存在する。これを**相関係数**(そうかんけいすう)と呼ぶんだけどね。この相関係数を求めるには，その前に**共分散**(きょうぶんさん)についても教えなければならない。これから順を追って解説しよう。

● 相関係数にチャレンジしよう！

では，これから 2 変数の n 組のデータ (x_1, y_1)，(x_2, y_2)，…，(x_n, y_n) の共分散 S_{XY} と相関係数 r_{XY} の求め方について解説しよう。でも，いきなり一般論では難しすぎるので，ここでも先程使った 6 組の数学と英語の小テストの得点データ①を利用することにしよう。

$(\underset{x_1}{6}, \underset{y_1}{5})$，$(\underset{x_2}{9}, \underset{y_2}{7})$，$(\underset{x_3}{3}, \underset{y_3}{3})$，$(\underset{x_4}{10}, \underset{y_4}{9})$，$(\underset{x_5}{8}, \underset{y_5}{5})$，$(\underset{x_6}{6}, \underset{y_6}{7})$ ……①

ここで，数学の得点データ $X = \underset{6}{x_1}, \underset{9}{x_2}, \underset{3}{x_3}, \underset{10}{x_4}, \underset{8}{x_5}, \underset{6}{x_6}$ と

英語の得点データ $Y = \underset{5}{y_1}, \underset{7}{y_2}, \underset{3}{y_3}, \underset{9}{y_4}, \underset{5}{y_5}, \underset{7}{y_6}$ の

平均値をそれぞれ m_X，m_Y とおいて求めてみると，

X の平均値 $m_X = \dfrac{6+9+3+10+8+6}{6}$ ← $m_X = \dfrac{x_1 + x_2 + \cdots + x_6}{6}$

$= \dfrac{42}{6} = 7$ (点) であり，

Y の平均値 $m_Y = \frac{5+7+3+9+5+7}{6}$ ← $m_Y = \frac{y_1+y_2+\cdots+y_6}{6}$

$= \frac{36}{6} = 6$ (点) となるんだね。

さらに, X, Y のそれぞれの標準偏差を S_X, S_Y とおいてこれも求めてみよう。これらは, 次のような表を用いるとすぐに求まるんだったね。

表1　S_X の計算

データNo	データ	偏差 $x_k - m_X$	偏差平方 $(x_k - m_X)^2$
x_1	6	−1	1
x_2	9	2	4
x_3	3	−4	16
x_4	10	3	9
x_5	8	1	1
x_6	6	−1	1
合計	42	0	32

平均値 $m_X = \frac{42}{6} = 7$

分散 $S_X{}^2 = \frac{32}{6} = \frac{16}{3}$

標準偏差 $S_X = \sqrt{\frac{16}{3}} = \frac{4}{\sqrt{3}}$

表2　S_Y の計算

データNo	データ	偏差 $y_k - m_Y$	偏差平方 $(y_k - m_Y)^2$
y_1	5	−1	1
y_2	7	1	1
y_3	3	−3	9
y_4	9	3	9
y_5	5	−1	1
y_6	7	1	1
合計	36	0	22

平均値 $m_Y = \frac{36}{6} = 6$

分散 $S_Y{}^2 = \frac{22}{6} = \frac{11}{3}$

標準偏差 $S_Y = \sqrt{\frac{11}{3}}$

どう？ 以上の計算はスラスラできたかな？ 前回教えた内容だからね。時間がかかった人は, 前回の復習をもう 1 度やっておこう。

では次, 2 変数のデータ X と Y の**共分散** S_{XY} について, 解説しよう。実は今回の例の共分散 S_{XY} は, 次の式で求められるんだね。

$$\text{共分散 } S_{XY} = \frac{1}{6}\{\underbrace{(x_1 - m_X)}_{-1}\underbrace{(y_1 - m_Y)}_{-1} + \underbrace{(x_2 - m_X)}_{2}\underbrace{(y_2 - m_Y)}_{1} + \cdots$$

$$\cdots + \underbrace{(x_5 - m_X)}_{1}\underbrace{(y_5 - m_Y)}_{-1} + \underbrace{(x_6 - m_X)}_{-1}\underbrace{(y_6 - m_Y)}_{1}\} \quad \cdots\cdots ②$$

1 数と式　2 集合と論理　3 2次関数　4 図形と計量　5 データの分析

よって，表 **1** と表 **2** を合体して，新たに $(x_k - m_X)(y_k - m_Y)$ の欄を加えた

（この添字 k が，$k = 1, 2, \cdots, 6$ と動く。）

次の表 **3** から，共分散 S_{XY} を求めることができるんだね。

表 3　共分散 S_{XY} の計算

（これが，新たな欄 → $(x_k - m_X)(y_k - m_Y)$）

データ No	データ X	偏差 $x_k - m_X$	偏差平方 $(x_k - m_X)^2$	データ Y	偏差 $y_k - m_Y$	偏差平方 $(y_k - m_Y)^2$	$(x_k - m_X)(y_k - m_Y)$
1	6	-1	1	5	-1	1	$1\ (=(-1)\times(-1))$
2	9	2	4	7	1	1	$2\ (=2\times1)$
3	3	-4	16	3	-3	9	$12\ (=(-4)\times(-3))$
4	10	3	9	9	3	9	$9\ (=3\times3)$
5	8	1	1	5	-1	1	$-1\ (=1\times(-1))$
6	6	-1	1	7	1	1	$-1\ (=(-1)\times1)$
合計	42	0	32	36	0	22	22

$\left(\text{標準偏差 } S_X = \frac{4}{\sqrt{3}}\right)$　$\left(\text{標準偏差 } S_Y = \sqrt{\frac{11}{3}}\right)$　共分散 $S_{XY} = \frac{22}{6} = \frac{11}{3}$

表 **3** の **1** 番右の欄に入る数値は，上から順に，

$(x_1 - m_X)\times(y_1 - m_Y) = (-1)\times(-1) = 1$

$(x_2 - m_X)\times(y_2 - m_Y) = 2\times1 \qquad\qquad = 2$

$(x_3 - m_X)\times(y_3 - m_Y) = (-4)\times(-3) = 12$

$(x_4 - m_X)\times(y_4 - m_Y) = 3\times3 \qquad\qquad = 9$

$(x_5 - m_X)\times(y_5 - m_Y) = 1\times(-1) \qquad = -1$

$(x_6 - m_X)\times(y_6 - m_Y) = (-1)\times1 \qquad = -1$　となるのはいいね。よって，

これらの合計 $1 + 2 + 12 + 9 + (-1) + (-1) = 24 - 2 = 22$　を，

データの個数 **6** で割ったものが，X と Y の共分散 S_{XY} になるんだね。

$\therefore S_{XY} = \frac{22}{6} = \frac{11}{3}$　となる。

そして，この共分散 S_{XY} を X と Y の標準偏差の積 $S_X \cdot S_Y$ で割ったものが，相関の度合を表す指標，すなわち**相関係数** r_{XY} となる。よって，この場合の X と Y の相関係数 r_{XY} は，

$$r_{XY} = \frac{S_{XY}}{S_X \cdot S_Y} = \frac{\frac{11}{3}}{\frac{4}{\sqrt{3}} \times \sqrt{\frac{11}{3}}} = \frac{\frac{11}{\cancel{3}}}{\frac{4 \times \sqrt{11}}{\cancel{3}}} = \frac{\sqrt{11}}{4} \fallingdotseq 0.829$$ と，求められるんだね。

一般に，この相関係数 r_{XY} は，$-1 \leqq r_{XY} \leqq 1$ の範囲の値をとる。そして，この相関係数の値と散布図の間には，次のような密接な関係がある。これは，図 2(ⅰ)～(ⅴ) と対応させて頭に入れておこう。

(ⅰ) $r_{XY} = -1$ のとき，すべての X と Y のデータは点 (m_X, m_Y) を通る負の傾きの直線上に存在する。負の相関が最も強い状態だ。

この傾きは，-1 とは限らない。$-\frac{1}{2}$，-2，…など負ならばなんでもいい。

(ⅱ) $-1 < r_{XY} < 0$ のとき，X と Y のデータには負の相関がある。r_{XY} が -1 に近い程，負の相関が強く，逆に r_{XY} が 0 に近い程，負の相関は弱くなる。

(ⅲ) $r_{XY} = 0$ のとき，X と Y のデータには相関は認められない。

(ⅳ) $0 < r_{XY} < 1$ のとき，X と Y のデータには正の相関がある。r_{XY} が 1 に近い程，正の相関が強く，逆に r_{XY} が 0 に近い程，正の相関は弱くなる。

(ⅴ) $r_{XY} = 1$ のとき，すべての X と Y のデータは点 (m_X, m_Y) を通る正の傾きの直線上に存在する。正の相関が最も強い状態なんだね。

この傾きは，1 とは限らない。$\frac{1}{2}$，2，…など正ならばなんでもいい。

図 2　相関係数と散布図の関係

(ⅰ) $r_{XY} = -1$　(ⅱ) $-1 < r_{XY} < 0$　(ⅲ) $r_{XY} = 0$　(ⅳ) $0 < r_{XY} < 1$　(ⅴ) $r_{XY} = 1$

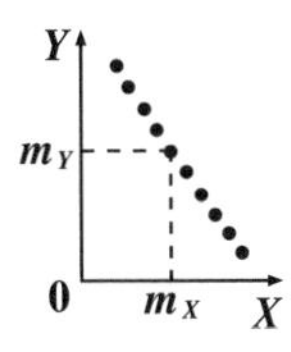

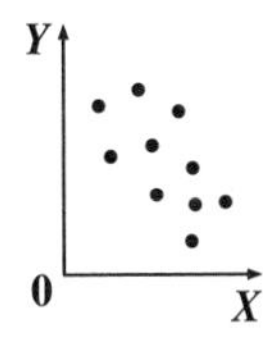

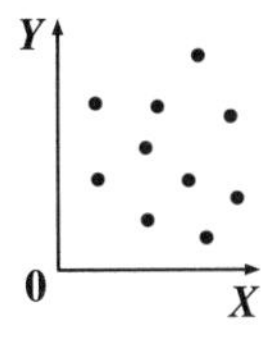

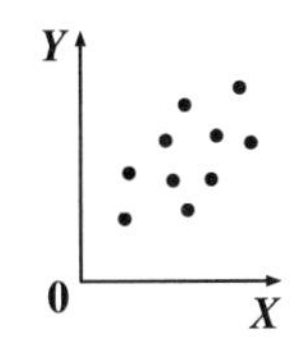

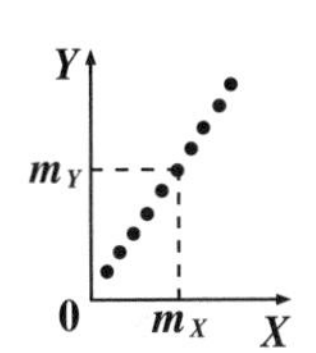

$r_{XY} = -1$ ←――→ $r_{XY} = 0$ ←――→ $r_{XY} = 1$

(強い) 負の相関 (弱い)　(弱い) 正の相関 (強い)

エッ，でもどうして，相関係数 r_{XY} は $-1 \leqq r_{XY} \leqq 1$ の範囲に入るのか？また，$r_{XY}=\pm 1$ のとき，データはすべて点 (m_X, m_Y) を通る正または負の傾きの直線上の点になるのかって !? …，ウ～ン，これらのことも確かに数学的にキチンと証明できるよ。でも，残念ながら，今のキミ達にそれを教えることはできないんだ。何故なら，n 次元ベクトル空間の内積の定義とか，大学数学レベルの知識が必要となるからなんだね。
だから今は，とにかく 2 変数のデータが出てきたら，それから共分散 S_{XY} や相関係数 r_{XY} はキチンと求められるように練習して，その意味を知っておいてくれたらいいんだよ。

では，さらに練習問題で練習しておこう。

練習問題 39	共分散と相関係数（Ⅰ）	CHECK 1	CHECK 2	CHECK 3

次の 5 組の 2 変数データがある。

$(\underset{x_1}{5}, \underset{y_1}{5}),\ (\underset{x_2}{9}, \underset{y_2}{3}),\ (\underset{x_3}{3}, \underset{y_3}{6}),\ (\underset{x_4}{11}, \underset{y_4}{2}),\ (\underset{x_5}{7}, \underset{y_5}{4})$

ここで，2 変数 X，Y を，

$X=5,\ 9,\ 3,\ 11,\ 7$　$Y=5,\ 3,\ 6,\ 2,\ 4$ とおくとき，X と Y の共分散 S_{XY} と相関係数 r_{XY} を求めよ。

5 組の 2 変数データの共分散 S_{XY} と相関係数 r_{XY} を求める問題なので，表を利用して X と Y の標準偏差 S_X と S_Y も求め，公式 $r_{XY}=\dfrac{S_{XY}}{S_X \cdot S_Y}$ を用いればいいんだね。

5 組の 2 変数データを
$(x_1, y_1)=(5, 5)$，$(x_2, y_2)=(9, 3)$，$(x_3, y_3)=(3, 6)$，
$(x_4, y_4)=(11, 2)$，$(x_5, y_5)=(7, 4)$　とおき，さらに変数を
$X=x_1, x_2, x_3, x_4, x_5$，$Y=y_1, y_2, y_3, y_4, y_5$　とおく。
X と Y の平均値をそれぞれ m_X，m_Y とおき，また，X と Y の標準偏差をそれぞれ S_X，S_Y とおき，さらに X と Y の共分散を S_{XY} とおいて，これらの値を，次の表から求めることにする。

表 4　標準偏差 S_X，S_Y と共分散 S_{XY} の計算

データ X から，平均 $m_X=7$ を引く　　データ Y から，平均 $m_Y=4$ を引く

データNo	データ X	偏差 x_k-m_X	偏差平方 $(x_k-m_X)^2$	データ Y	偏差 y_k-m_Y	偏差平方 $(y_k-m_Y)^2$	$(x_k-m_X)(y_k-m_Y)$
1	5	−2	4	5	1	1	$-2\ (=(-2)\times1)$
2	9	2	4	3	−1	1	$-2\ (=2\times(-1))$
3	3	−4	16	6	2	4	$-8\ (=(-4)\times2)$
4	11	4	16	2	−2	4	$-8\ (=4\times(-2))$
5	7	0	0	4	0	0	$0\ (=0\times0)$
合計	35	0	40	20	0	10	−20

平均値 $m_X=\frac{35}{5}=7$　　平均値 $m_Y=\frac{20}{5}=4$　　共分散

分散 $S_X{}^2=\frac{40}{5}=8$　　分散 $S_Y{}^2=\frac{10}{5}=2$　　$S_{XY}=\frac{-20}{5}=-4$

標準偏差 $S_X=\sqrt{8}=2\sqrt{2}$　　標準偏差 $S_Y=\sqrt{2}$

以上より，X の標準偏差 $S_X=2\sqrt{2}$，Y の標準偏差 $S_Y=\sqrt{2}$，

また，X と Y の共分散 $S_{XY}=-4$ が求まった。 ……………………………(答)

よって，これから求める相関係数 r_{XY} は

$r_{XY}=\frac{S_{XY}}{S_X\cdot S_Y}=\frac{-4}{2\sqrt{2}\cdot\sqrt{2}}=-\frac{4}{4}=-1$　と求まるんだね。 ………………(答)

ということは，これら5組のデータの散布図を描くと，平均値の点 $(m_X, m_Y)=(7, 4)$ を通る負の傾きの直線上に，5組のデータの点がすべて存在することになる。実際に散布図を描くと，その通りになっていることが確認できるね。

図 3　散布図

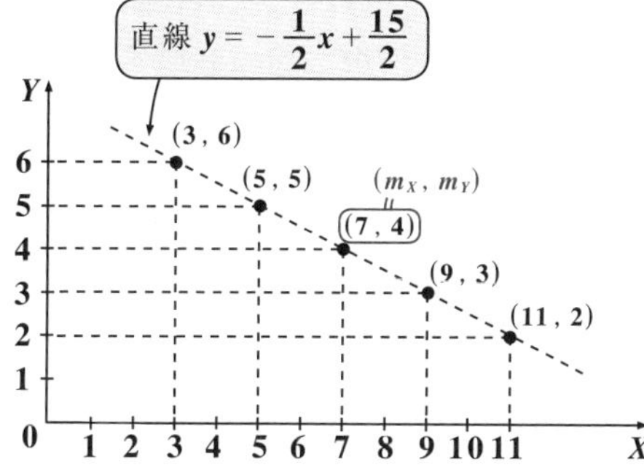

◆データの分析の補足◆

● 2元表を利用しよう！

ある高校で，500人の生徒にある数学と国語（現代文）のテストを行った。このテストについて，

$\begin{cases} \text{(i) 数学で，80点以上の生徒達を}A\text{，80点未満の生徒達を}\overline{A}\text{とおき，また，} \\ \text{(ii) 国語で，80点以上の生徒達を}B\text{，80点未満の生徒達を}\overline{B}\text{とおいて，} \end{cases}$

それぞれの人数を調べて集計すると，次のような表（i）（ii）の結果が得られた。

ここで，Aと$\overline{A}$を，それぞれ数学が得意な人達と不得意な人達とし，Bと$\overline{B}$もそれぞれ国語が得意な人達と不得意な人達と分類することにすると，表（i）から，数学が得意な人は全体の20％で，不得意な人は80％であることが分かる。同様に，表（ii）から，国語が得意な人は全体の40％で，不得意な人は60％であることが分かるんだね。

表（i） 数学のテスト結果
A：80点以上，$\overline{A}$：80点未満

数学	A	$\overline{A}$
度数	100	400
相対度数	20％	80％

表（ii） 国語（現代文）のテスト結果
B：80点以上，$\overline{B}$：80点未満

国語	B	$\overline{B}$
度数	200	300
相対度数	40％	60％

でも，このように数学と国語のデータを個別に見ている限り，これだけで終わってしまうんだけれど，学校側には，各生徒の数学と国語のデータは共にそろっているので，この2つのデータを併せて，集合論で学んだ$n(A\cap B)$，$n(A\cap\overline{B})$，$n(\overline{A}\cap B)$，$n(\overline{A}\cap\overline{B})$を，次の表（iii）や（iv）のような形

（$n(A\cap B)$：数学と国語が共に得意な人の人数）（$n(A\cap\overline{B})$：数学が得意で国語が不得意な人の人数）（$n(\overline{A}\cap B)$：数学が不得意で国語が得意な人の人数）（$n(\overline{A}\cap\overline{B})$：数学と国語が共に不得意な人の人数）

で表すことができるんだね。

これらを，表の形で表したものを，“**2元表**（にげんひょう）”といい，度数と相対度数で表したものを表(iii)と(iv)に示す。これらの表から，

- 数学と国語共に得意な生徒は全体の約**1**割(**9.6%**)であること，
- 数学も国語共に不得意な生徒は全体の約半分(**49.6%**)であること，
- 数学の得意な生徒(**100**人)の内，国語が不得意なものは約半分(**52**人)であるが，国語が得意な生徒(**200**人)の約**4**分の**3**(**152**人)が数学が不得意であること，…などが分かるんだね。

表(iii) 数学と国語のテスト結果(度数)

国語＼数学	A	$\overline{A}$	合計
B	**48**	**152**	**200**
$\overline{B}$	**52**	**248**	**300**
合計	**100**	**400**	**500**

表(iv) 数学と国語のテスト結果(相対度数)

国語＼数学	A	$\overline{A}$	合計
B	**9.6%**	**30.4%**	**40%**
$\overline{B}$	**10.4%**	**49.6%**	**60%**
合計	**20%**	**80%**	**100%**

このように，**2**つのデータを組合せて**2**元表にすることにより，より緻密な分析ができるようになるんだね。ン？では，これに英語のテスト結果を加えたらって？その場合は，**3**元表となって，**3**次元の表になるね。では，さらに，物理や化学や…のテスト結果を加えたら，多元表となって，もはや表の形式では表しづらくなるけれど，より本格的で緻密な様々な分析ができるようになるんだね。

以上で，数学Ⅰの講義はすべて終了です！みんな，よく頑張ったね!! ン？少し疲れたって？ …，そうだね。数学の内容は，課程が変わって，質・量共に大幅にアップしたからね。だから，今疲れている人は一休みしても全然構わないよ。でも，元気を回復したら，またもう1度初めから読み返してみることだ。今，読み終えて，数学Ⅰを完全に理解できたと思っている人も，意外と初めの方の内容を忘れていたりするものだからね。また，これまで理解が不完全だったところも読み返すことにより，理解が深まり，知識を本当に自分のものとすることができるようになるからなんだ。

数学に本当に強くなりたかったら，良い講義を受けて，後はそれを何度でも納得いくまで，繰り返し練習することなんだ。そして，ボクに習ったことも忘れるくらい，初めから自分で知っていたようなつもりになる位まで練習することだ！中学数学とは違って，高校数学のレベルはかなり高くなる。でも，大学受験数学のレベルはさらに高いので，この位シッカリと基礎力を培(つちか)っておかないと，本番では役に立たないからなんだね。

少し，先の話をしたね。先が長そうでウンザリするって!? でも数学というのは，「基本が固まれば，応用は速い！」ので，それ程心配することはないんだよ。この「初めから始める数学Ⅰ」の講義を，反復練習するだけでも，数学の実力は確実に，しかも相当大きくアップすることが実感できるから，さらにやる気も湧いてくるはずだ!!

キミ達の成長を心から楽しみにしているぞ！では，また会おうな。みんな元気で…

マセマ代表　馬場 敬之
高杉 豊

第5章●データの分析　公式エッセンス

1. n 個のデータ $x_1,\ x_2,\ x_3,\ \cdots,\ x_n$ の平均値 $\overline{X}$

$$\overline{X}=m=\frac{x_1+x_2+x_3+\cdots+x_n}{n}$$

2. メジアン (中央値)

(i) $2n+1$ 個 (奇数) 個のデータを小さい順に並べたもの：

$x_1,\ x_2,\ \cdots,\ x_n,\ x_{n+1},\ x_{n+2},\ x_{n+3},\ \cdots,\ x_{2n+1}$ のメジアンは，x_{n+1} となる。

(ii) $2n$ 個 (偶数) 個のデータを小さい順に並べたもの：

$x_1,\ x_2,\ \cdots,\ x_{n-1},\ x_n,\ x_{n+1},\ x_{n+2},\ \cdots,\ x_{2n}$ のメジアンは，$\dfrac{x_n+x_{n+1}}{2}$ となる。

3. 箱ひげ図作成の例 (データ数 $n=10$)

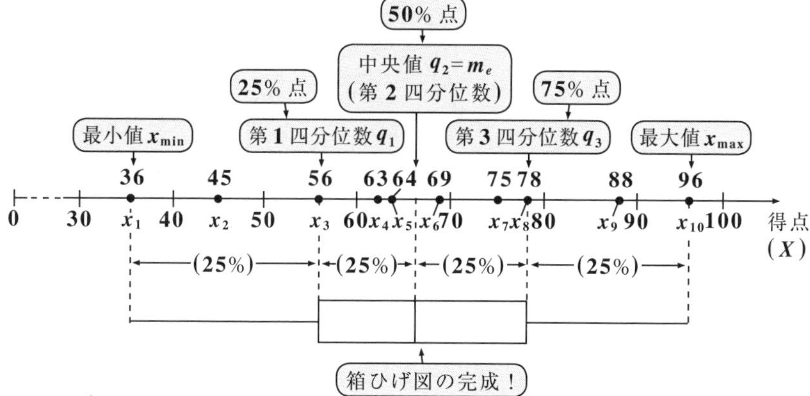

4. 分散 S^2 と標準偏差 S

(i) 分散 $S^2=\dfrac{(x_1-m)^2+(x_2-m)^2+\cdots+(x_n-m)^2}{n}$ ……(＊)

(ii) 標準偏差 $S=\sqrt{S^2}$

5. 共分散 S_{XY} と相関係数 r_{XY}

(i) 共分散 $S_{XY}=\dfrac{1}{n}\{(x_1-m_X)(y_1-m_Y)+(x_2-m_X)(y_2-m_Y)+\cdots+(x_n-m_X)(y_n-m_Y)\}$

(ii) 相関係数 $r_{XY}=\dfrac{S_{XY}}{S_X\cdot S_Y}$ 　(m_X：X の平均，m_Y：Y の平均
S_X：X の標準偏差，S_Y：Y の標準偏差)

◆◆◆ Appendix(付録) ◆◆◆

補充問題 1 　●数と式●

$x = \sqrt{4+\sqrt{7}}$, $y = \sqrt{4-\sqrt{7}}$ のとき，次の各式の値を求めよ。

(i) $x+y$ 　(ii) xy 　(iii) x^2+y^2 　(iv) x^3+y^3

ヒント！ まず，$x = \sqrt{\dfrac{8+2\sqrt{7}}{2}}$, $y = \sqrt{\dfrac{8-2\sqrt{7}}{2}}$ として，2 重根号をはずそう。後は，基本対称式と対称式の関係を利用すればいいんだね。

解答&解説

$$\cdot x = \sqrt{4+\sqrt{7}} = \sqrt{\frac{8+2\sqrt{7}}{2}} = \sqrt{\frac{\boxed{8}+2\sqrt{\boxed{7}}}{2}}$$

（たして7+1）（かけて7×1）

$$= \frac{\sqrt{7}+\sqrt{1}}{\sqrt{2}} = \frac{\sqrt{7}+1}{\sqrt{2}} \quad \cdots\cdots ①$$

$$\cdot y = \sqrt{4-\sqrt{7}} = \sqrt{\frac{8-2\sqrt{7}}{2}} = \sqrt{\frac{\boxed{8}-2\sqrt{\boxed{7}}}{2}}$$

（たして）（かけて）

$$= \frac{\sqrt{7}-\sqrt{1}}{\sqrt{2}} = \frac{\sqrt{7}-1}{\sqrt{2}} \quad \cdots\cdots ②$$ となる。

2 重根号のはずし方
- $\sqrt{a+b+2\sqrt{ab}} = \sqrt{a}+\sqrt{b}$ （たして）（かけて）
- $\sqrt{a+b-2\sqrt{ab}} = \sqrt{a}-\sqrt{b}$ （たして）（かけて）

$(a>b>0)$

(i) ①，②より，$x+y = \dfrac{\sqrt{7}+1}{\sqrt{2}} + \dfrac{\sqrt{7}-1}{\sqrt{2}} = \dfrac{2\sqrt{7}}{\sqrt{2}} = \sqrt{14}$ …………③ …(答)

(ii) ①，②より，$x \cdot y = \dfrac{\sqrt{7}+1}{\sqrt{2}} \times \dfrac{\sqrt{7}-1}{\sqrt{2}} = \dfrac{(\sqrt{7})^2-1^2}{2} = \dfrac{7-1}{2} = 3$ …④ …(答)

(iii) ③，④の基本対称式を用いて，

$$x^2+y^2 = (x+y)^2 - 2xy = 14-6 = 8$$

（$x+y$ は $\sqrt{14}$（③より），xy は 3（④より）） ……(答)

基本対称式と対称式
- $x^2+y^2 = (x+y)^2-2xy$
- $x^3+y^3 = (x+y)^3-3xy(x+y)$

(iv) ③，④の基本対称式を用いて，

$$x^3+y^3 = (x+y)^3 - 3xy\cdot(x+y)$$

（$\sqrt{14}$）（3）（$\sqrt{14}$）

$$= (\sqrt{14})^3 - 3\times3\times\sqrt{14} = 14\sqrt{14} - 9\sqrt{14} = (14-9)\sqrt{14} = 5\sqrt{14}$$

……(答)

 Term・Index 

あ行

か行

さ行

た行

な行

は行

ま行

や行

わ行

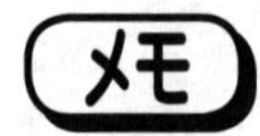

メモ

スバラシク面白いと評判の
初めから始める数学 I
改訂 2

著　者　馬場 敬之　高杉 豊
発行者　馬場 敬之
発行所　マセマ出版社
〒 332-0023 埼玉県川口市飯塚 3-7-21-502
TEL 048-253-1734　FAX 048-253-1729
Email：info@mathema.jp
https://www.mathema.jp

編　集　山﨑 晃平
校閲・校正　清代 芳生　秋野 麻里子　馬場 貴史
制作協力　久池井 茂　久池井 努　印藤 治
滝本 隆　栄 瑠璃子　真下 久志
間宮 栄二　町田 朱美
カバーデザイン　児玉 篤　児玉 則子
ロゴデザイン　馬場 利貞
印刷所　中央精版印刷株式会社

令和 4 年 1 月 14 日　初版　4 刷
令和 5 年 7 月 12 日　改訂 1　4 刷
令和 6 年 7 月 17 日　改訂 2　初版発行

ISBN978-4-86615-343-8 C7041
落丁・乱丁本はお取りかえいたします。